Michael Weitz

Biokraftstoffe
Potenzial, Zukunftsszenarien und
Herstellungsverfahren im wirtschaftlichen Vergleich

Weitz, Michael, Biokraftstoffe – Potenzial, Zukunftsszenarien
und Herstellungsverfahren im wirtschaftlichen Vergleich,
Hamburg, Diplomica GmbH

Umschlaggestaltung: Elisabeth Lutz, Hamburg

ISBN-10: 3-8324-9352-2
ISBN-13: 978-3-8324-9352-3

© Diplomica GmbH, Hamburg 2006

Bibliographische Information der Deutschen Bibliothek

Die Deutsche Bibliothek verzeichnet diese Publikation in der
Deutschen Nationalbibliografie; detaillierte bibliografische
Daten sind im Internet über http://dnb.ddb.de abrufbar.

Diese Studie basiert auf einer gleichnamigen Diplomarbeit vom
August 2003 und wurde 2006 vollständig aktualisiert und
überarbeitet.

Dieses Werk ist urheberrechtlich geschützt. Die dadurch begründeten Rechte, insbesondere die der Übersetzung, des Nachdrucks, des Vortrags, der Entnahme von Abbildungen und Tabellen, der Funksendung, der Mikroverfilmung oder der Vervielfältigung auf anderen Wegen und der Speicherung in Datenverarbeitungsanlagen, bleiben, auch bei nur auszugsweiser Verwertung, vorbehalten. Eine Vervielfältigung dieses Werkes oder von Teilen dieses Werkes ist auch im Einzelfall nur in den Grenzen der gesetzlichen Bestimmungen des Urheberrechtsgesetzes der Bundesrepublik Deutschland in der jeweils geltenden Fassung zulässig. Sie ist grundsätzlich vergütungspflichtig. Zuwiderhandlungen unterliegen den Strafbestimmungen des Urheberrechtes. Die Wiedergabe von Gebrauchsnamen, Handelsnamen, Warenbezeichnungen usw. in diesem Werk berechtigt auch ohne besondere Kennzeichnung nicht zu der Annahme, dass solche Namen im Sinne der Warenzeichen- und Markenschutz-Gesetzgebung als frei zu betrachten wären und daher von jedermann benutzt werden dürften. Die Informationen in diesem Werk wurden mit Sorgfalt erarbeitet. Dennoch können Fehler nicht vollständig ausgeschlossen werden und die Diplomica GmbH, die Autoren oder Übersetzer übernehmen keine juristische Verantwortung oder irgendeine Haftung für evtl. verbliebene fehlerhafte Angaben und deren Folgen.

Inhalt

Abbildungsverzeichnis 7

Tabellenverzeichnis 8

Abkürzungsverzeichnis 10

1. Einleitung 13
2. Politische und wirtschaftliche Abhängigkeiten von billigen Kraftstoffen 15
   2.1. Abhängigkeiten der Vereinigten Staaten von Amerika 16
   2.2. Abhängigkeiten der Europäischen Union 17
   2.3. Abhängigkeiten der Entwicklungsländer 18
3. Gegenwärtige und zukünftige Kraftstoffversorgung 19
   3.1. Stand der deutschen und globalen Biokraftstofferzeugung 19
   3.2. Ausblick auf eine fossile Zukunft 20
4. Argumente für die Substitution fossiler durch biogene Kraftstoffe 25
   4.1. Versorgungssicherheit 25
   4.2. CO_2-Emissionen 29
   4.3. Vorteile einer nachhaltigen Energiebereitstellung 31
5. Politische Leitlinien und Förderbedingungen für Biokraftstoffe 33
   5.1. Leitlinien und Förderbedingungen der Europäischen Union 33
   5.2. Leitlinien und Förderbedingungen der Bundesrepublik Deutschland 36
6. Kraftstoffstrategien wichtiger Ölkonzerne und Kfz-Hersteller 41
   6.1. Kraftstoffstrategien wichtiger Ölkonzerne 41
      6.1.1. Shell 42
      6.1.2. British Petroleum (BP) 44
      6.1.3. ExxonMobil 45
      6.1.4. TotalFinaElf 47
      6.1.5. ChevronTexaco 47
   6.2. Kraftstoffstrategien wichtiger Kraftfahrzeughersteller 48
      6.2.1. Volkswagen 48
      6.2.2. DaimlerChrysler 50
      6.2.3. Ford 51
      6.2.4. General Motors (GM) 52
      6.2.5. Toyota 53
7. Biokraftstoffe 55
   7.1. Pflanzenöl und Biodiesel (FAME) als Kraftstoff 56
      7.1.1. Herstellungsverfahren von Pflanzenöl und Biodiesel 57

7.1.2. Rohstoffpotential von Pflanzenöl und Biodiesel 59
7.1.3. Energiebilanz von Pflanzenöl und Biodiesel 62
7.1.4. Produktionskosten von Pflanzenöl und Biodiesel 66
7.1.5. Volkswirtschaftliche Effekte der Biodieselerzeugung 69
7.1.6. Gesamtpotential von Pflanzenöl und Biodiesel 71

7.2. Bioethanol als Kraftstoff 73
7.2.1. Herstellungsverfahren von Bioethanol 73
7.2.2. Rohstoffpotential von Bioethanol 76
7.2.3. Energiebilanz von Bioethanol 78
7.2.4. Produktionskosten von Bioethanol 81
7.2.5. Gesamtpotential von Bioethanol 84

7.3. Biogas/Biomethan als Kraftstoff 86
7.3.1. Herstellungsverfahren von Biogas/Biomethan 87
7.3.2. Rohstoffpotential von Biogas/Biomethan 90
7.3.3. Energiebilanz von Biogas/Biomethan 92
7.3.4. Produktionskosten von Biogas/Biomethan 94
7.3.5. Gesamtpotential von Biogas/Biomethan 100

7.4. Biokraftstoffe aus Synthesegas/BTL-Kraftstoffe (Biomass to Liquids) 102
7.4.1. Herstellungsverfahren von Synthesegas aus Biomasse 104
7.4.2. Herstellungsverfahren von Biokraftstoffen aus Synthesegas 106
7.4.3. Innovative Gesamtkonzepte zur Herstellung von Bio-Synfuels 109
7.4.4. Rohstoffpotential für BTL-Kraftstoffe 115
7.4.5. Energiebilanz von BTL-Kraftstoffen 118
7.4.6. Produktionskosten von Bio-Synfuels 121
7.4.7. Gesamtpotential von Bio-Synfuels 124

8. Die untersuchten Biokraftstoffe im Vergleich 127
8.1. Energiebilanzen 127
8.2. Rohstoffpotentiale 129
8.3. Produktionskosten 132
8.4. Gesamtpotentiale 134

9. Der Stellenwert von Biomasse in der zukünftigen Energieversorgung 137
9.1. Nutzungspfade für Biomasse im Langfristvergleich 137
9.2. Prognose der langfristigen Preisentwicklung von Biomasse bzw. Biokraftstoffen 138

10. Schlussfolgerung 141

Quellenangaben 147

Literaturverzeichnis 159

Abbildungsverzeichnis

Abbildung 1: Verfahrensablauf bei der Gewinnung von Pflanzenölen in Anlagen im kleinen Leistungsbereich 58

Abbildung 2: Chemischer Ablauf der Umesterung bei der Biodieselproduktion 59

Abbildung 3: Stoffströme, Energieverbrauch und Klimagasemissionen bei der Herstellung von Biodiesel 64

Abbildung 4: Ökologische Vor- und Nachteile von RME gegenüber fossilem Dieselkraftstoff 66

Abbildung 5: Typisches Ablaufschema einer Getreide verarbeitenden Ethanolfabrik 75

Abbildung 6: Merkmale des Verfahrens der dezentralen Schnellpyrolyse und zentralen Synthesegaserzeugung 111

Abbildung 7: Gestehungskosten von FT-Kraftstoff aus Stroh – bei dezentraler oder integrierter Pyrolyse 112

Abbildung 8: Technologisches Schema des Carbo-V®-Verfahrens 114

Abbildung 9: Umweltentlastungspotentiale verschiedener SunDieselTechnologieszenarien gegenüber konventionellem Diesel bei verschiedenen Biomassetransportdistanzen 121

Abbildung 10: Gestehungskosten von FT-Kraftstoff aus Stroh und Waldrestholz 122

Abbildung 11: Rohstoff- und Kraftstoffvarianten synthetischer Treibstoffe 125

Abbildung 12: Brutto- und Nettokraftstofferträge der untersuchten Biokraftstoffe 128

Abbildung 13: Biomassewert in Abhängigkeit von Kohlepreis und CO_2-Emissionskosten 140

Tabellenverzeichnis

Tabelle 1:	Bioethanolanlagen in Deutschland	19
Tabelle 2:	Anteile der Biokraftstoffe am Benzin- und Dieselverbrauch	21
Tabelle 3:	Mindestanteil verkaufter Biokraftstoffe an allen verkauften Otto- und Dieselkraftstoffen	33
Tabelle 4:	Optimistisches Entwicklungsszenario für alternative Kraftstoffe	35
Tabelle 5:	Zwei Energieverbrauchs- und -bereitstellungsszenarien	43
Tabelle 6:	Heizwerte und Dichten von Rapsöl, Biodiesel und Diesel	56
Tabelle 7:	Verwendung von Biodiesel nach Benutzergruppen in Deutschland 2005	56
Tabelle 8:	Tankstellenpreise für Biodiesel	68
Tabelle 9:	Verkaufspreise für Biodiesel	68
Tabelle 10:	Überförderung von Biodiesel im Jahr 2004	69
Tabelle 11:	Veränderung der Staatsfinanzen durch die Wertschöpfungskette Biodiesel	70
Tabelle 12:	Szenarienbeschreibung zur Prognose der volkswirtschaftlichen Effekte der Biodieselproduktion	70
Tabelle 13:	Heizwerte und Dichten von Ethanol, Normalbenzin, Superbenzin und Diesel	73
Tabelle 14:	Weltweite Ethanol-Produktion 2004/2005	77
Tabelle 15:	Energiebilanz der Ethanolerzeugung aus Weizen über das Hohenheimer Dispergier-Maisch-Verfahrens (DMV)	79
Tabelle 16:	Herstellungskosten von Bioethanol ohne Erlöse für Nebenprodukte	82
Tabelle 17:	Herstellungskosten von Bioethanol, um Erlöse für Nebenprodukte bereinigt	83
Tabelle 18:	Herstellungskosten von Ethanol	84
Tabelle 19:	Heizwerte und Dichten verschiedener Kraftstoffe	86
Tabelle 20:	Vergleichszahlen landwirtschaftlicher Biogasanlagen	89
Tabelle 21:	Einschätzung des deutschen Biogaspotentials durch verschiedene Organisationen	91
Tabelle 22:	Energiebilanz von kraftstofffähigem Biogas aus Energiepflanzen	93
Tabelle 23:	Energiebilanz von kraftstofffähigem Biogas aus Energiepflanzen	94
Tabelle 24:	Kostenkalkulation für die Erzeugung von kraftstofffähigem Biogas (Biomethan) (Input: 1.546 t TM pro Jahr)	98
Tabelle 25:	Kostenkalkulation für die Erzeugung von kraftstofffähigem Biogas (Biomethan) (Input: 7.730 t TM pro Jahr)	99
Tabelle 26:	Herstellungskosten und kostendeckende Tankstellenpreise von Biomethan	100
Tabelle 27:	Heizwerte und Dichten verschiedener Kraftstoffe	103

Tabelle 28: Kraftstoffeigenschaften von Shell-GTL 108

Tabelle 29: Abschätzung des globalen technisch nutzbaren Biomassepotentials 116

Tabelle 30: Technisch verfügbares (festes) Biomassepotential in Deutschland und BTL-Erzeugungspotentiale 117

Tabelle 31: Konversionseffizienz und Treibhausgasverminderung von BTL (CHOREN-SunDiesel) im Vergleich zu konventionellem Diesel 118

Tabelle 32: Energiebilanz synthetischer Biokraftstoffe am Beispiel von CHOREN-SunDiesel 120

Tabelle 33: Gestehungskosten von FT-Kraftstoff aus Biomasse 123

Tabelle 34: Energiebilanzen verschiedener Biokraftstoffe 127

Tabelle 35: Rohstoffquellen bzw. Rohstoffe zur Herstellung von Biokraftstoffen 129

Tabelle 36: Bruttokraftstoffertrag: Erforderliche Landflächen bzw. Ackerflächen-Äquivalente zur Substitution des Kraftstoffbedarfs im Verkehrsbereich 130

Tabelle 37: Nettokraftstoffertrag: Erforderliche Landflächen bzw. Ackerflächen-Äquivalente zur Substitution des Kraftstoffbedarfs im Verkehrsbereich 131

Tabelle 38: Herstellungs- und kostendeckende Tankstellenkosten verschiedener Biokraftstoffe 133

Tabelle 39: Vor- und Nachteile der untersuchten Biokraftstoffe 135

Abkürzungsverzeichnis

atro	absolut trocken
BHKW	Blockheizkraftwerk
BP	British Petroleum
BTL	Biomass to Liquids
CCS	Combined Combustion System
CEP	Clean Energy Partnership
CH_4	Methan
CNG	Compressed Natural Gas
CO	Kohlenstoffmonoxid
CO_2	Kohlenstoffdioxid
CTL	Coal to Liquids
DDGS	Distillers' Dried Grains Solubles
dt	Dezitonne (100 kg)
EEG	Erneuerbare Energien Gesetz
EJ	Exajoule
ETBE	Ethyl-Tertiär-Butylether
FAME	Fatty Acid Methyl Ester
GJ	Gigajoule
GM	General Motors
GTL	Gas to Liquids
H_2	Wasserstoff
H_2O	Wasser
ha	Hektar
Hrsg.	Herausgeber
IEA	International Energy Agency
ifeu	Institut für Energie- und Umweltforschung
ifo	Institut für Wirtschaftsforschung
IPCC	Intergovernmental Panel on Climate Change
IWR	Internationale Wirtschaftsforum Regenerative Energien
kJ	Kilojoule
Kom	(Europäische) Kommission
KTBL	Kuratorium für Technik und Bauwesen in der Landwirtschaft e. V.
kW	Kilowatt
kWh	Kilowattstunde
l	Liter
Lkw	Lastkraftwagen
LNG	Liquified Natural Gas
LPG	Liquified Petroleum Gas
m^3	Kubikmeter
MJ	Megajoule
MTBE	Methyl-Tertiär-Butylether
MW	Megawatt
MWh	Megawattstunde

N_2O	Distickstoffoxid
Nawaros	Nachwachsende Rohstoffe
NTV	Niedertemperaturvergaser
OECD	Organisation für wirtschaftliche Zusammenarbeit und Entwicklung
OPEC	Organisation der Erdöl exportierenden Länder
PJ	Petajoule
Pkw	Personenkraftwagen
ppm	Parts per Million
PR	Public Relations
qkm	Quadratkilometer
RME	Raps Methyl Ester
RÖE	Rohöleinheit
Synfuel	Synthetic Fuel (Synthetischer Kraftstoff)
t	Tonne
th	thermisch
TM	Trockenmasse
UFOP	Union zur Förderung von Oel- und Proteinpflanzen e. V.
US	United States
VES	Verkehrswirtschaftliche Energiestrategie
vgl.	vergleiche

1. Einleitung

Biokraftstoffe stehen seit einigen Jahren zunehmend im Fokus der öffentlichen und politischen Aufmerksamkeit. Ausgehend von einer EU-Richtlinie aus dem Jahr 2003 zur Förderung der Verwendung von Biokraftstoffen, hat sich bereits allein in Deutschland ein Biokraftstoff-Marktvolumen von rund zwei Milliarden Euro entwickelt. In den kommenden Jahren ist ein weiteres schnelles Wachstum in den meisten EU-Mitgliedsstaaten durch nationalstaatliche Weichenstellungen vorprogrammiert.

Die Vor- und Nachteile der verschiedenen Biokraftstoffe werden in Fachkreisen kontrovers diskutiert. Die Gemeinsamkeit der Verfechter unterschiedlichster Konzepte liegt gelegentlich einzig in der Überzeugung, dass die derzeitige fossile Ressourcenkette durch Energieträger mit weitgehend ausgeglichener CO_2-Bilanz ergänzt und schließlich ersetzt werden muss. Die Bedrohung eines globalen Klimawandels, explodierender Ölpreise sowie unberechenbarer kriegerischer Konflikte um die zur Neige gehenden fossilen Rohstoffe wird mittlerweile weitgehend allgemein anerkannt.

Als sozioökonomische Argumente für biogene Kraftstoffe werden neben der verbesserten Versorgungssicherheit eine erhöhte nationale Wertschöpfung und ein damit verbundener Abbau der Arbeitslosigkeit angeführt. Für die Landwirtschaft verspricht man sich insbesondere auch in den Industrienationen eine neue Perspektive und ein erhöhtes Einkommenspotential. Dies wird auf allgemein steigende Preise für Agrarprodukte zurückgeführt, einerseits über die Schaffung neuer Biomasseabsatzmärkte und den durch quantitative Entlastung reduzierten Preisdruck auf die Nahrungsmittelmärkte andererseits.

In einigen Staaten wird der Einsatz biogener Kraftstoffe über Gesetze, Subventionen oder Steuerbefreiungen bereits unterstützt. Weitere werden voraussichtlich in Kürze entsprechende Instrumente installieren. Das ehemalige Nischendasein der Biokraftstoffe gehört dadurch mittlerweile der Vergangenheit an. Einzelne Großkonzerne haben sich für diesen boomenden Markt bereits positioniert. Tendenzen zeichnen sich ab, doch es steht noch nicht fest, in welche genaue Richtung sich die Biokraftstoffmärkte entwickeln werden.

Von manchen Experten wird den Biokraftstoffen allenfalls der Stellenwert einer Übergangslösung bei der Entwicklung zur „Wasserstoffgesellschaft" eingeräumt. Wie der Wasserstoff in einem solchen Zukunftsszenario nachhaltig erzeugt werden soll, wird jedoch meist nicht plausibel ausgeführt. Eine der zukunftsträchtigsten Möglichkeiten wäre, den Wasserstoff als Bestandteil von Synthesegas aus pflanzlichen Rohstoffen zu erzeugen. In diesem Fall wäre Wasserstoff jedoch auch als Biokraftstoff zu klassifizieren. Denn ab wann überschüssige Elektrizität aus erneuerbaren Quellen zur elektrolytischen Wasserstofferzeugung bezahlbar und in relevanten Mengen zur Verfügung steht, ist noch nicht absehbar. In jedem Fall liegen ernstzunehmende Anfänge dieser potentiellen Wasserstoffgesellschaft noch mindestens zwei Jahrzehnte vor uns, während der globale Klimawandel und die Versorgungssicherheit bereits heute den Beginn des Umbaus unseres Energie-Kraftstoffsystems erfordert.

Die staatlichen Förderbedingungen, aber auch die Strategien wichtiger Konzerne werden maßgeblich dazu beitragen, welche der biogenen Treibstoffe sich auch langfristig durchsetzen werden. Diese Studie beschäftigt sich daher nicht nur mit einem möglichst objektiven Vergleich der verschiedenen Biokraftstoffe insbesondere unter Potential- und Wirtschaftlichkeitsgesichtspunkten. Auch Gesetze, Richtlinien und Treibstoffszenarien der Europäischen Union, der Bundesrepublik sowie global operierender Konzerne der Automobil- und Ölindustrie werden dargestellt.

Die Zusammenfassung des aktuellen Stands der Biokraftstoffversorgung in verschiedenen Staaten und die Ausführung über die Notwendigkeiten einer Substitution fossiler Energieträger stellt die Verknüpfung zur Gegenwart her und unterstreicht die Dringlichkeit einer forcierten Nutzung biogener Kraftstoffe.

Eine Untersuchung der Biokraftstoffe in wirtschaftlicher Hinsicht birgt Herausforderungen und nicht zu unterschätzende Schwierigkeiten. Konsequenterweise müssen in einen solchen ökonomischen Vergleich auch Verfahren einbezogen werden, die noch nicht kommerziell betrieben werden. Außerdem gilt es, Kosten und Preise zu unterscheiden.

Übergeordnetes Ziel dieser Studie soll es sein, wichtige Informationen zusammenzuführen und dem Leser eine persönliche Einschätzung des realistischen Potentials der verschiedenen Biokraftstoffe in einer zukünftigen Kraftstoffversorgung zu ermöglichen.

2. Politische und wirtschaftliche Abhängigkeiten von billigen Kraftstoffen

In der Vergangenheit boten billige Energieträger der Weltwirtschaft ungeahnte Möglichkeiten zum Wachstum. Jedem Individuum stehen auf menschliche Muskelkraft umgerechnet etwa 60 „Energiesklaven" zur Verfügung.[1] Insbesondere Staaten des westlichen Kulturkreises und Japan konnten ihre Volkswirtschaften durch die Nutzung von Öl, Kohle und Gas in kürzester Zeit zu großem – wenn auch auf relativ hohem Niveau ungleichmäßig verteiltem – Wohlstand führen. Kurze Arbeitszeiten, ein funktionierendes Sozialsystem sowie privater Konsum und Wohlstand waren die unmittelbaren Zugewinne. Schwellen- und Entwicklungsländer versuchen derzeit, diese Errungenschaften auf gleichem Weg zu erlangen.

Bei Förderkosten in Höhe von ein bis drei US-Dollar pro Barrel (1 Barrel = 159 Liter) im Mittlern Osten und sieben bis elf US-Dollar in der europäischen Produktion[2] (dies entspricht ca. 1,3 bzw. 5,7 Cent pro Liter) gleichen die Energieströme einem externen Zufluss, welcher die Menschheit, gemessen am direkten Nutzwert, praktisch zum Nulltarif mit Energie versorgt. Die unmittelbar niedrigen Kosten ermöglichen es auch, dass durch die Erhebung von Mineralöl- oder Ökosteuern ein Teil der öffentlichen Haushalte und Sozialleistungen über den Konsum fossiler Energien mitfinanziert wird.

Auch wenn mit der Ölgewinnung beispielsweise aus Ölsanden, zu weit höheren Kosten als oben angegeben, bereits begonnen wurde, wäre kurzfristig gesehen auch heute noch eine schnelle Substitution der fossilen Energieträger durch regenerativ erzeugte Energie mit einem unmittelbar höheren Preis dieses Wirtschaftsfaktors verbunden. Höhere Produktionskosten aber führten in der Vergangenheit in unserem derzeitigen Wirtschaftssystem, welches sich durch ein über Ressourcenvernichtung erkauftes Wirtschaftswachstum auszeichnet[3], unmittelbar zu einer Abnahme desselben oder gar zur Rezension.

Hohe Verbindlichkeiten der öffentlichen Haushalte, welche seit Jahrzehnten in allen wichtigen Industrienationen steigen, wurden aufgenommen, um weiteres wirtschaftliches Wachstum zu stimulieren. Sollten einzelne Staaten einen schnellen und konsequenten Alleingang im Bereich der Biokraftstoffe bzw. erneuerbaren Energien wagen, würde durch die damit verbundenen finanziellen Belastungen eine konjunkturelle Talfahrt voraussichtlich schneller einsetzen, als dass sich durch die zunehmende Wertschöpfung der Biokraftstoffe ein neues wirtschaftliches Gleichgewicht einpendeln könnte. Auch wenn der Ölpreisanstieg zwischen 2002 und Januar 2006 um mehr als 100 Prozent den politischen Spielraum sowie die Hebelwirkung finanziell begrenzter Förderprogramme drastisch erhöht. Solange keine adäquaten globalen Kompensationsinstrumente zur Verfügung stehen, kann auf nationaler Ebene somit weiterhin nur relativ langsam der Übergang zu einer nachhaltigen Energieversorgung vorangetrieben werden.

Dass die schwer zu quantifizierenden externen Kosten, welche durch die Nutzung fossiler Energiequellen entstehen, voraussichtlich weit höher sind als die Mehrkosten CO_2-neutral erzeugter Energien, bleibt bei dieser Betrachtungsweise aufgrund der kurzfristigen Abhängigkeit bisher fast gänzlich unberücksichtigt.

Eine Instrumentalisierung dieser Zusammenhänge gegen Biokraftstoffe ist also nicht stichhaltig, denn das eigentliche Problem ist nicht kurzfristig gesehen teurere erneuerbare Energie, sondern das gegenwärtige Weltwirtschaftssystem, welches durch vielfache Zwänge ein Ausscheren aus dem derzeitigen Prinzip des vorfinanzierten, zukünftigen Wachstums verhindert und unter dem Deckmantel der Globalisierung langfristig nachhaltige Wirtschaftsmodelle auf nationaler Ebene unmöglich macht.

Festzuhalten bleibt also: „Energie muss unmittelbar zu günstigen Preisen zur Verfügung stehen, falls die Weltwirtschaft im herkömmlichen Sinne weiter wachsen soll". Über diese These herrscht ein breiter Konsens, doch mit einem Umschwenken hin zu einer nachhaltigen Energieversorgung lässt sich das kaum vereinbaren.

Die Auswirkungen teurer Energie auf die wirtschaftliche Prosperität der Industrienationen sind offensichtlich. Mitte der siebziger Jahre, am Anfang der achtziger und neunziger wie auch im Frühjahr des Jahres 2001 brach die Weltwirtschaft regelrecht ein und es kam zu kurzen Rezessionen. Der Ölpreis war jeweils ein bis anderthalb Jahre vorher stark angestiegen.[4] Auch der ehemalige Bundeswirtschaftsminister Müller bezifferte die konjunkturdämpfenden Auswirkungen hoher Ölpreise in den Jahren 1999 und 2000 auf fast ein Prozent des deutschen Bruttoinlandsprodukts.[5]

Der starke Ölpreisanstieg von 2002 bis Anfang 2006 hat im Gegensatz dazu bisher noch nicht zu einer wirtschaftlichen Depression geführt. Es bleibt jedoch abzuwarten, ob insbesondere in den USA die verringerte Kaufkraft der Verbraucher durch die hohen Energiepreise nicht doch mittelfristig zu einer deutlichen Abschwächung der allgemeinen Konsumfreude führen wird. Die seit einigen Jahren boomende Weltwirtschaft bei gleichzeitigen Rekordpreisen für Öl und Gas, lässt jedoch auch die Interpretation zu, dass sich Wirtschaftswachstum und Energiekosten mittlerweile weitgehend entkoppelt haben.

Weitere Abhängigkeiten von dem fossilen Energiesystem bestehen durch die Marktbeherrschung einiger mächtiger Konzerne, die offenkundig maßgeblichen Einfluss auf die Politik ihrer jeweiligen Regierungen nehmen und auch auf internationaler Ebene über starke Lobbyverbände verfügen. Durch die steigenden Preise fossiler Energieträger in der nahen Vergangenheit, konnten diese Unternehmen fast jährlich neue Rekordgewinne ausweisen.

Ein weitgehendes Festhalten am derzeitigen Energiekonzept anstatt eines radikalen Paradigmenwechsels erscheint auch unter diesen Gesichtspunkten als plausibel.

2.1. Abhängigkeiten der Vereinigten Staaten von Amerika

Insbesondere die amerikanische Wirtschaft ist äußerst abhängig von billigem Öl. Der Pro-Kopf-Verbrauch in den USA lag im Jahr 2001 mit 3.219 Litern mehr als doppelt so hoch wie beispielsweise in Deutschland. In der Bundesrepublik wurden lediglich 1.574 Liter pro Kopf verbraucht und dies im Gegensatz zu den Vereinigten Staaten bei positiver Außenhandelsbilanz. Diese Diskrepanz ergibt sich vor allem aus einer wesentlich schlechteren Energieeffizienz der Industrie und des Individualverkehrs in den USA – allein 14,3 Prozent des weltweiten Ölkonsums fließt in Form von Diesel oder Benzin in die Tanks amerikanischer Kraftfahrzeuge.[6] Teures Öl hat neben einem überdurchschnittlich hohen Finanzmittelaufwand amerikanischer Bürger für Mineralölprodukte also auch direkten Einfluss auf die internationale Wettbewerbsfähigkeit der Vereinigten Staaten, da Industrien in anderen Ländern wie etwa Japan oder den Mitgliedsstaaten der EU in diesem Fall geringere Kostensteigerungen pro Stückeinheit zu verzeichnen haben.

Als Konsequenz wäre die wirtschaftliche Vormachtstellung der USA bei langfristig hohen Energiepreisen allein aus diesem Grund in Gefahr. Hinzu kommt, dass das bisherige amerikanische Wirtschaftswachstum einerseits zum großen Teil kreditfinanziert und andererseits von Finanzzuflüssen aus anderen OECD-Staaten abhängig ist. Im Jahre 2002 betrug das Außenhandelsdefizit der USA geschätzte 500 Milliarden US-Dollar. Das sind immerhin etwa fünf Prozent des gesamten BSP und rund 100 Milliarden Dollar mehr als der damalige amerikanische Militärhaushalt.[7] Ein wirtschaftlicher Abschwung, der wie oben beschrieben in den vergangenen Jahrzehnten immer durch steigende Ölpreise ausgelöst wurde, könnte durch den Vertrauensverlust zu starken Währungsschwankungen oder gar zum Einbrechen des Dollarkurses führen. In diesem Fall wäre ein Versiegen der ausländischen Mittelzuflüsse oder gar eine Flucht aus amerikanischen Aktien und Staatsanleihen nicht unwahrscheinlich. „Amerika bekommt all dies ausländische Kapital, weil die Leute denken: Die USA sind so mächtig, sie sind geopolitisch sicher", so Edward D. Luttwak vom Center for Strategic and International Studies (CSIS) in Washington.[8] Das starke amerikanische Wirtschaftswachstum der vergangen Jahre könnte sich somit auf Basis gut nachvollziehbarer Gründe früher oder später in eine Abwärtsspirale umkehren, von der die gesamte Welt betroffen sein wird.

Wissenschaftler, die vor einem baldigen Überschreiten des Scheitelpunkts der weltweiten Ölförderung warnen, untermauern diese These. Der Geologe Colin Campbell beispielsweise geht davon aus, dass die Ölförderung bereits um das Jahr 2010 ihr Maximum erreichen wird. Dies ist immerhin 26 Jahre früher als in einer Studie der US Regierung aus dem Jahre 2000 prognostiziert wurde.[9]

Große Worte wie die folgenden des amerikanischen Präsidenten Richard Nixon im November 1973 während der ersten Ölkrise wurden bedauerlicher Weise schnell wieder vergessen. „„...Auf lange Sicht bedeutet das, dass wir neue Energiequellen entwickeln müssen, die uns in die Lage versetzen, unseren Bedarf zu decken, ohne uns auf andere Länder verlassen zu müssen".[10] Betrachtet man die geopolitische Entwicklung im Mittleren-Osten, insbesondere die relativ offensichtliche Motivation für den zweiten Irakkrieg, könnte man jedoch auch in Erwägung ziehen, dass dieses Zitat sehr wohl ernst genommen, jedoch auf eine für den Weltfrieden unvorteilhafte Weise interpretiert wurde.

2.2. Abhängigkeiten der Europäischen Union

Die EU setzt sich im weltweiten Maßstab verhältnismäßig stark für den Klimaschutz und die Einführung erneuerbarer Energieträger ein und es ist auch gelungen, das Wirtschaftswachstum seit der ersten Ölkrise weitgehend vom Energieverbrauch abzukoppeln.[11] Doch die Abhängigkeit von billigem Öl ist auch diesseits des Atlantiks nicht zu unterschätzen. Während die nationale Fördermenge in den USA zwar bereits seit 15 Jahren rückläufig ist, aber 2002 noch immer etwa 48 Prozent des Verbrauchs entsprach[12], so ist die Importabhängigkeit europäischer OECD-Staaten wesentlich stärker ausgeprägt. 73 Prozent des Ölverbrauchs mussten bereits im Jahr 2000 importiert werden. Bis zum Jahr 2030 soll die

Nettoimportquote am Ölverbrauch auf 92 Prozent steigen[13]. Dadurch wird noch mehr Geld aus den Volkswirtschaften abfließen, da der Wertschöpfungsfaktor der Energiebereitstellung zum großen Teil wegfällt. Dem Grünbuch für Energieversorgungssicherheit der EU-Kommission zufolge werden auch die Primärenergieimporte der EU von unter 50 Prozent im Jahre 1998 auf 71 Prozent im Jahre 2030 steigen.[14]

Der Erdölanteil am Primärenergiebedarf in der EU betrug im Jahre 1998 44 Prozent bei sinkender Tendenz. Die absolute Nachfrage steigt jedoch weiter, insbesondere im Verkehrsbereich.[15]

2.3. Abhängigkeiten der Entwicklungsländer

Bei der Berechnung des zukünftigen Weltenergiebedarfs misst die IEA den so genannten Entwicklungsländern eine besondere Rolle zu. 60 Prozent der weltweiten Zunahme des Primärenergiebedarfs bis 2030 (ohne traditionelle Biomasse) wird in der Modellrechnung diesen Staaten zugeschrieben. Die Anteile der verschiedenen Wirtschaftsregionen am Weltprimärenergieverbrauch werden sich somit deutlich verschieben.[16]

Ein besonders hohes Wachstum von erwarteten 3,6 Prozent soll auf den Energiebedarf für Verkehrszwecke in den Entwicklungsländern entfallen.

Die asiatischen Entwicklungsländer werden den größten Anstieg des Energieverbrauchs unter den Entwicklungsländern zu verzeichnen haben. Allein die Zunahme in China soll etwa elf Prozent der Gesamtsteigerung am weltweiten Ölkonsum ausmachen.[17]

Eine Zunahme des Verbrauchs fossiler Energieträger in der von der IEA prognostizierten Größenordnung ist bei Ölpreisen, die über den im World Energy Outlook 2002 geschätzten Werten der IEA in Höhe von maximal 29 USD bis 2030 liegen[18] für alle Entwicklungsländer äußerst verhängnisvoll, falls sie nicht selbst über eigene Reserven verfügen. Bereits zwischen den beiden Ölkrisen 1973 und 1982 nahm die wirtschaftliche Belastung durch höhere Energiepreise in diesen Staaten weit stärker zu als in den Industrieländern.[19] Ihre Staatsschulden stiegen in diesem Zeitraum auf das Sechsfache.[20]

In den Entwicklungsländern decken etwa 2,4 Milliarden Menschen, das sind mehr als ein Drittel der Weltbevölkerung, ihren Basisenergiebedarf vorwiegend mit traditioneller Biomasse. Die IEA geht im Weltenergieausblick 2002 davon aus, dass diese Zahl bis 2030 auf 2,6 Milliarden anwachsen wird und in den Entwicklungsländern auch dann noch über 50 Prozent des Energieverbrauchs privater Haushalte auf traditionelle Biomasse entfällt.

Ein hoher Anteil traditioneller Biomasse am Energiekonsum kann einerseits als ein Kriterium für bittere Armut und wirtschaftliche Rückständigkeit gewertet werden, andererseits bieten sich gerade in wirtschaftlich benachteiligten Regionen gute Chancen für den Aufbau einer heimischen Produktion kommerzieller Bioenergieträger. Oftmals sehr ineffektiv oder gänzlich ungenutzte Landflächen und gleichzeitig ein hohes Arbeitskräfte-Potential ständen zu Verfügung. Die bisher vergleichsweise geringen Abhängigkeiten von der fossilen Ressourcenkette könnten auch zur Etablierung eines funktionierenden Süd-Süd- bzw. Süd-Nord-Handels mit einfachen Technologien zur Erzeugung erneuerbarer Energien beitragen.[21] Voraussetzung für eine solche Entwicklung wäre eine Emanzipation von westlichem Fortschritts- und Wohlstandsdenken sowie die Etablierung nationaler Förderprogramme.

3. Gegenwärtige und zukünftige Kraftstoffversorgung

3.1. Stand der deutschen und globalen Biokraftstofferzeugung

Gegenwärtig wird die Kraftstoffversorgung nach wie vor maßgeblich von fossilen Energieträgern beherrscht. 98 Prozent aller weltweit im Straßenverkehr eingesetzten Kraftstoffe wurden 2002 nach Angaben von Jean-Paul Vettier, Präsident von TotalFinaElf, aus Rohöl hergestellt.[22] Doch das Wachstum der umweltfreundlichen Alternativtreibstoffe ist beachtlich. In der EU betrug der Anteil biogener Kraftstoffe am Gesamtkraftstoffverbrauch 1998 lediglich 0,15 Prozent;[23] inzwischen hat sich der Anteil wesentlich erhöht:

In Deutschland waren bis 2002 bereits 835.500 t Biodieselproduktionskapazitäten fertig gestellt und seitdem war nicht zuletzt aufgrund der hohen Rohölpreise und der somit sehr guten Gewinnmarge bei Biodiesel ein weiterhin starker Zubau der Produktionskapazitäten zu verzeichnen. 2006 wird die Kapazität voraussichtlich 3,4 Millionen t erreichen[24] – und weitere Anlagen sind in Planung.

Im Jahr 2005 konnten insgesamt 3,4 Prozent des Kraftstoffbedarfs durch Biokraftstoffe bereitgestellt werden. Dabei wurden rund zwei Millionen t Diesel und 140.000 t Ottokraftstoff substituiert.

Auch wenn der größte Teil der in Deutschland erzeugten Biotreibstoffe derzeit auf Biodiesel entfällt, sind inzwischen auch im Bereich Bioethanol verstärkte Aktivitäten zu beobachten. Die Südzucker AG betreibt über das Tochterunternehmen Südzucker Bioethanol GmbH in Zeitz seit Mai 2005 die derzeit größte Anlage mit einer Leistung von bis zu 260.000 m³ Ethanol pro Jahr[25]. Während Südzucker auf den Rohstoff Weizen setzt, verwertet die Sauter-Firmengruppe in ihrer Bioethanolraffinerien Zörbig und Schwedt den

	Kapazität Bioethanol	Getreide	Produktionsstart	Hauptrohstoff	Koppelprodukt
Mitteldeutsche Bioenergie Zörbig (Sauter)	90.000 t	270.000 t	09/2004	Roggen	Proteinreiches Futtermittel/ Kohlensäure
Norddeutsche Bioenergie Schwedt (Sauter)	180.000 t	525.000 t	1. Quartal 2005	Roggen	Proteinreiches Futtermittel
Südzucker AG Zeitz	260.000 t	700.000 t	2. Quartal 2005	Weizen	Proteinreiches Futtermittel
Eberswalde (Betreibergesellschaft inkl. Märka)	250.000 t	700.000 t	4. Quartal 2006	Roggen	Biogas
NAWARO Chemie GmbH Espenhain (Rostock)	100.000 t	350.000 t	4. Quartal 2005	Roggen	Biogas

Tabelle 1: Bioethanolanlagen in Deutschland

Quelle: Reisewitz, A.: Produzieren was der Markt verlangt, Agravis Raiffeisen AG 13.12.2005,
   http://www.dsv-saaten.de/data/pdf/a5/00/00/produzieren-was-markt-verlangt-reisewitz-agravis.pdf

etwas günstigeren, aber in der Ethanolerzeugung schwierigeren Roggen. Weitere Bioethanolanlagen sind in Deutschland in Planung bzw. im Bau. Darunter befindet sich beispielsweise auch eine erste Anlage, die Ethanol auf Basis von Zuckerrüben erzeugen wird. Am Standort Klein Wanzleben strebt die Nordzucker AG eine derartige Anlage mit einer Kapazität von 130.000 m³ Ethanol pro Jahr an. Dafür werden rund 1,3 bis 1,4 Millionen t Rüben benötigt. Die Bauentscheidung ist jedoch noch nicht getroffen. Mitte 2006 verhandelte Nordzucker mit dem Dachverband Norddeutscher Zuckerrübenanbauer über Abnahmemengen und den Preis.[26]

Auf dem Weltmarkt spielt unter den Biokraftstoffen Ethanol die wichtigste Rolle. Von der gesamten weltweiten Ethanolproduktion 2002 in Höhe von rund 31,4 Millionen t wurden etwa 63 Prozent als Kraftstoff verwendet.[27] Doch könnte mit dieser Menge, um eine Relation herzustellen, nicht einmal der Treibstoffverbrauch des deutschen Straßengüterverkehrs gedeckt werden.[28] Berücksichtigt man den um etwa ein Drittel niedrigeren Energiegehalt von Ethanol gegenüber Benzin, so fällt dieser Vergleich noch ernüchternder aus.

Lange Zeit Spitzenreiter bei der Produktion dieses Bioalkohols war Brasilien (vgl. Tabelle 2) mit etwa 12,6 Millionen m³ in 2002/2003, rund 14 Millionen m³ in 2003/2004[29], 14,6 Millionen m³ in 2004/2005[30] und 16,7 Millionen m³ in 2005/2006. Seit 20 Jahren werden in Brasilien zwischen 55 und 75 Prozent der Zuckerrohrernte zu Ethanol verarbeitet.[31]

In den USA erreichte die Ethanol-Produktionskapazität im Juni 2006 rund 18 Millionen m³.[32] Die tatsächlich produzierte Menge liegt dabei etwa in der gleichen Größenordnung wie in Brasilien. Durch einen schnellen weiteren Kapazitätsaufbau ist davon auszugehen, dass die USA in den kommenden Jahren die Führungsposition bei der Ethanolerzeugung zumindest vorübergehend übernehmen.

Der erfreulichen Entwicklung bei Biokraftstoffen in den vergangenen Jahren steht immer noch ein wachsender Verbrauch bei den fossilen Energieträgern gegenüber. Global gesehen kann derzeit also noch nicht davon gesprochen werden, dass fossile Kraftstoffe substituiert werden. Es wird lediglich ein Teil der Steigerung des Kraftstoffbedarfs auf nachhaltigere Weise gedeckt.

3.2. Ausblick auf eine fossile Zukunft

Die Internationale Energie-Agentur (IEA) geht im World Energy Outlook 2002 davon aus, dass der weltweite Ölbedarf bis 2030 um durchschnittlich 1,6 Prozent pro Jahr steigt.[33] Von rund 3,5 Milliarden Tonnen im Jahr 2001[34] (3,78 Milliarden t in 2004[35]) würde er demnach auf über 5,5 Milliarden Tonnen in 2030 zunehmen. Weltweit werden gemäß den Schätzungen annähernd drei Viertel dieser Nachfragesteigerung auf den Verkehrssektor entfallen. Im OECD-Raum soll sich dieser Anteil sogar auf über 90 Prozent belaufen.[36] Der Primärenergiebedarf steigt dem Referenzszenario der IEA zufolge ab dem Jahre 2000 sogar um jährlich 1,7 Prozent und erreicht bis zum Jahr 2030 die Größenordnung von 15,3 Milliarden Tonnen Rohöleinheiten (RÖE). Dies bedeutet eine Steigerung von zwei Dritteln gegenüber dem heutigen Verbrauch. Der Zuwachs, so heißt es in dem Bericht weiter, wird zu mehr als 90 Prozent über fossile Energieträger gedeckt werden.[37] Erdöl wird auch weiterhin als der mit Abstand wichtigste Energieträger gehandelt, während Erdgas die Kohle

Country	Year 2004 Production (in 1000 Barrel/Tag) Biofuels		Year 2002 Consumption (in 1000 Barrel/Tag)		Ethanol % of Gasoline & Ethanol Use	Biofuels % of Transport Fuel Use
	Ethanol	Biodiesel	Motor Gasoline	Diesel Fuel Oil		
Brazil	260,2		279,1	666,8	48,24 %	21,57 %
Mauritius	0,4		1,9	7,1	17,39 %	4,26 %
India	30,1		179,9	791,6	14,54 %	3,01 %
Cuba	1,1		8,1	26,7	12,01 %	3,06 %
Swaziland	0,2		1,6	1,4	11,11 %	6,25 %
Nicaragua	0,5		4,1	7,2	10,95 %	4,24 %
China	62,9		876,3	1.568,0	6,70 %	2,51 %
Pakistan	1,7		25,5	147,9	6,25 %	0,97 %
Guatemala	1,1		18,9	20,2	5,51 %	2,74 %
Zimbabwe	0,4		7,1	11,4	5,34 %	2,12 %
France	14,3	6,8	299,4	960,6	4,56 %	1,65 %
Argentina	2,7		62,1	176,4	4,17 %	1,12 %
South Africa	7,2		174,7	126,8	3,96 %	2,33 %
Ukraine	4,3		107,7	100,1	3,84 %	2,03 %
Thailand	4,8		126,2	277,2	3,66 %	1,18 %
Poland	3,5		97,8	151,5	3,45 %	1,38 %
Spain	5,2	0,3	190,0	587,1	2,66 %	0,70 %
United States	230,6	1,6	8.847,8	3.775,9	2,54 %	1,81 %
Kenya	0,2		9,0	12,9	2,19 %	0,91 %
Philippines	1,4		64,1	118,6	2,14 %	0,76 %
Russia	12,9		600,1	492,1	2,10 %	1,17 %
Saudi Arabia	5,2		256,2	402,1	1,99 %	0,78 %
Ecuador	0,8		40,6	45,7	1,93 %	0,92 %
Sweden	1,7		944,6	95,9	1,76 %	0,88 %
Indonesia	2,9		255,2	445,2	1,12 %	0,41 %
Korea, South	1,4		175,,6	402,8	0,79 %	0,24 %
Germany	4,6	20,3	629,6	1.179,1	0,73 %	1,36 %
Australia	2,2		324,1	243,1	0,67 %	0,39 %
Italy	2,6	6,3	385,1	599,7	0,67 %	0,90 %
Canada	4,0		680,2	484,4	0,58 %	0,34 %
Japan	2,0		1.027,9	1.212,5	0,19 %	0,09 %
Mexico	0,6		550,6	282,0	0,11 %	0,07 %
Czech Republic		1,2	44,6	60,1	0,00 %	1,13 %
Denmark		1,4	45,2	85,8	0,00 %	1,06 %
Slovakia		0,3	17,0	21,4	0,00 %	0,78 %
Austria		1,1	49,6	141,5	0,00 %	0,57 %
Lithuania		0,1	16,9	36,6	0,00 %	0,19 %
United Kingdom		0,2	488,9	509,7	0,00 %	0,02 %

Tabelle 2: Anteile der Biokraftstoffe am Benzin- und Dieselverbrauch, nach Ländern

Quelle: Gesellschaft für Technische Zusammenarbeit (GTZ) (Hrsg.): Kraftstoffe aus nachwachsenden Rohstoffen – Globale Potenziale und Implikationen für eine nachhaltige Landwirtschaft und Energieversorgung im 21. Jahrhundert, Konferenzhandreichung, Mai 2006, http://www.gtz.de/de/dokumente/de-Konferenz_Handout-2006.pdf

noch vor 2010 als zweitwichtigste Energiequelle verdrängt. Erneuerbare Energien wachsen in dem Szenario mit 3,3 Prozent im Jahr (ohne Wasserkraft und traditionelle Biomasse) zwar prozentual am schnellsten, doch wird davon ausgegangen, dass sie weiterhin nur einen Bruchteil des Energiebedarfs decken können. Ihr Anteil soll sich bis 2030 von zwei auf vier Prozent erhöhen und vorwiegend auf den Elektrizitätssektor in Europa entfallen.[38]

Mit einem Mangel an fossilen Energieträgern sei nicht zu rechnen, doch werde sich die Abhängigkeit von den der OPEC angeschlossenen Staaten verschärfen, so der IEA-Vorsitzende Robert Priddle.

Dem Analyserahmen des IEA-Weltenergieausblicks 2002 liegen schwerpunktmäßig folgende Eckdaten zu Grunde: Wachstum des weltweiten Bruttoinlandsprodukts um drei Prozent pro Jahr bis 2030, Zunahme der Weltbevölkerung um 37 Prozent, Rohölpreis bis 2010 konstant bei 21 US-Dollar je Barrel (Durchschnittsniveau der vergangenen 15 Jahre) und von 2010 bis 2030 stetiger Anstieg des Preises auf 29 USD, gleichbleibende Kohlepreise bis 2010 und danach sehr langsamer Anstieg. Als größte Unsicherheitsfaktoren werden Veränderungen bei staatlichen Politikmaßnahmen und der technologischen Entwicklung sowie den makroökonomischen Bedingungen und Energiepreisen genannt.[39]

Im World Energy Outlook 2005 der IEA wird mittlerweile von einem inflationsbereinigten Preis in Höhe von 35 USD pro Barrel 2010 und einem daraufhin folgenden Anstieg auf 37 USD bis 2020 und 39 USD pro Barrel im Jahr 2030 ausgegangen.[40] Der Biomasseanteil am Weltprimärenergiebedarf soll entsprechend der IEA-Prognose aus dem Jahr 2005 im Zeitraum 2030 leicht zurückgehen, da Biomasse zunehmend durch „moderne" Energieträger ersetzt wird. Den anderen erneuerbaren Energien wird bis 2030 lediglich ein Anteil von zwei Prozent am Primärenergiebedarf eingeräumt.[41]

Von den bestätigten Weltölreserven in Höhe von 173,3 Milliarden Tonnen im Jahr 2004 beläuft sich der OPEC-Anteil auf 69,4 Prozent.[42] Zu den oben angeführten Ölreserven sind jedoch, je nach Definition, weitere Vorräte hinzuzurechnen. 100 Milliarden Tonnen existieren als Vorkommen, die nur mit komplizierter Technik zu fördern sind, und weitere 100 bis 200 Milliarden Tonnen können beispielsweise aus Teer- und Ölsanden oder Ölschiefer gewonnen werden. In diesen zusätzlichen Ölressourcen verbirgt sich auch die Erklärung, warum sich die Ölvorräte mit steigendem Ölpreis erhöhen und daher bei weiter steigenden Ölpreisen mit einem bilanziellen Anstieg der Reserven zu rechnen ist. Denn es wird jeweils die Menge als gesicherte Ölvorräte berechnet, die zu den aktuellen Weltmarktpreisen und dem Stand der Technik gefördert werden kann.[43]

Es kann also nicht davon ausgegangen werden, dass uns eines Tages in der nahen Zukunft das Öl ausgeht, viel eher müsste es heißen: „Die Zeiten billigen Öls als Treibstoff der Weltwirtschaft sind begrenzt".

In Bezug auf Biokraftstoffe bleibt festzuhalten, dass in der Zusammenfassung des Berichts an keiner Stelle auf die biogenen Kraftstoffe eingegangen wird.

Dass die IEA den Biokraftstoffen in ihren Modellrechnungen wenig Potential einräumt, zeigt sich auch darin, dass einerseits 90 Prozent des Ölverbrauch-Zuwachses in den OECD-Staaten auf den Verkehrssektor entfallen, aber anderseits die Agentur davon ausgeht, dass wiederum 90 Prozent des Primärenergiezuwachses über fossile Energieträger abgedeckt werden. Für Biokraftstoffe bleibt in dieser Rechnung also nicht viel Spielraum, zumal der Großteil der erneuerbaren Energien an der Primärenergie auf den Elektrizitätssektor entfallen soll.

4. Argumente für die Substitution fossiler durch biogene Kraftstoffe

Die zügige Substitution fossiler Kraftstoffe durch Biokraftstoffe erscheint unter vielen Gesichtspunkten als unabdingbar. Etwa 40 Prozent des globalen Primärenergiebedarfs werden über Erdöl gedeckt, wovon im Jahr 2000 wiederum 47 Prozent im Verkehrssektor verbraucht wurden.[44] Die Zunahme des von der IEA prognostizierten Mineralölverbrauchs bis 2030 um 60 Prozent, soll zudem überwiegend auf den Verkehrssektor entfallen.

Beachtet werden muss auch, dass die Entwicklung hocheffizienter Biokraftstoff-Konversionstechnologien, der Aufbau einer entsprechenden Infrastruktur und die Schaffung neuer funktionierender Rohstoffmärkte einen langen Zeitraum erfordern. Daher ist nicht damit zu rechnen, dass Biokraftstoffe in großen Mengen nahtlos in die Lücke springen können, falls es in Zukunft kurzfristig erforderlich ist – ganz gleich aus welchen unmittelbaren Gründen.

4.1. Versorgungssicherheit

Die Reichweite der für 2004 mit 173 Milliarden t quantifizierten Reserven fossiler Kraftstoffe ist umstritten. Während allgemein von einem Puffer von etwa 45 Jahren ausgegangen wird, gibt es einige Kritikpunkte an dieser Sichtweise. Erstens wird die Reichweite nach dem heutigen Verbrauch bemessen, was jedoch unrealistisch ist, da bei der derzeitigen Entwicklung allgemein von einem steigenden Verbrauch ausgegangen werden muss und zweitens sind nicht alle gemeldeten Reserven sicher bestätigt.

Auch wenn man argumentieren kann, dass im gleichen Zeitraum neues Öl gefunden wird, so verbrauchen wir bereits jetzt pro neu gefundene Einheit etwa vier Einheiten aus den Reserven.[45] Collin Campbell, ein bekannter Geologe und Kritiker der derzeitigen allgemeingültigen Bilanzierungsweise für die weltweiten Ölreserven, geht davon aus, dass einerseits keine neuen großen Ölfelder entdeckt werden und andererseits ein Teil der als gesichert geltenden Vorräte auf Schätzungen und Neuberechnungen beruhen, welche wissenschaftlichen Untersuchungen nicht standhalten. Insbesondere Saudi-Arabien und andere OPEC-Staaten verfügen über einen hohen Anteil spekulativer Reserven, während die Bewertungen von beispielsweise Norwegen und England eher als konservativ gelten. Allein in den Jahren 1987 und 1989 wurden in fast allen OPEC-Staaten die Reserven aufgrund von Neuberechnungen bis zu einem Faktor von drei angehoben, ohne dass neue Funde dieser Bewertung zu Grunde lagen. Die Tatsache, dass in Zeiten von zu hohen Förderkapazitäten innerhalb der OPEC einzelstaatliche Fördermengen nach den jeweils vorhandenen Reserven vergeben wurden, lässt eine nachvollziehbare Motivation in diesem Zusammenhang erkennen.

Im „Oil & Gas Journal", welches als Grundlage für die frei zugänglichen Statistiken von BP, ExxonMobil/Esso (Oeldorado) und anderen Unternehmen dient, wurden diese teilweise spekulativen Aufwertungen der OPEC-Länder als gesicherte Reserven aufgenommen.[46] In der öffentlichen Diskussion, welche sich in der Regel auf die Veröffentlichungen der großen Ölkonzerne stützt, besteht demnach eine trügerische Sicherheit, was die zumindest zum gegenwärtigen Preis tatsächlichen förderbaren Vorräte angeht.[47, 48] Ein konkreter Hinweis auf die zum Teil unseriösen Angaben zu hoher Reserven kam im Januar 2006 aus Kuwait. Der Industrie-Newsletter Petroleum Intelligence Weekly (PIW) meldete, dass interne Kuwaitische Aufzeichnungen daraufhin weisen, dass die tatsächlichen Reserven Kuwaits rund 50 Prozent unter den bisherigen Annahmen liegen.[49]

Die Menge der Förderung in einem einzelnen Ölfeld, wie in der Summe letztendlich auch der gesamt weltweiten Fördermenge, unterliegt zudem einer so genannten Glockenkurve. D.h. am Anfang lässt sich die Produktion durch den in der Regel hohen Druck im Ölfeld, schnell und einfach steigern, indem zusätzliche Förderanlagen gebaut werden. Nachdem etwa die Hälfte des Öls gefördert wurde, lässt der Druck jedoch stark nach, was ein Einbrechen der Produktionsmenge zur Folge hat. Durch zusätzliche Förderanlagen, die Herabsetzung der Zähigkeit des Öls oder über eine künstliche Erhöhung des Drucks, was durch die Einpressung von Erdgas, Wasser oder CO_2 erfolgen kann, kann die Produktionsmenge vorübergehend erhöht werden. Doch führt dies zu einer Steigerung der Förderkosten und zu einer Verschlechterung der Energiebilanz.

Die Annahme, dass wir in der Zukunft den steigenden Energiebedarf weiterhin zu einem so hohen Anteil wie von der IEA erwartet durch Öl decken können, ist somit zumindest als spekulativ einzuordnen. Denn sobald die Spitze der Weltölförderung erreicht ist, welche durch die Gesetzmäßigkeit der Glockenkurve in etwa mit der Hälfte der weltweit förderbaren Ölvorkommen zusammenfällt, kann die gesamte Ölförderung langfristig gesehen nur noch abnehmen. Hohe Ölpreise, die durch diese neue Marktsituation begründet wären, könnten zwar die Ausbeutung der Ölreserven noch weiter beschleunigen, doch nur zu weitaus höheren Kosten.

Voraussichtlich wird sich in diesem Fall die Situation zwischen Angebot und Nachfrage extrem zuspitzen. Auch die psychologischen Auswirkungen eines Überschreitens des Scheitelpunktes der globalen Ölförderung werden sich in höheren Preisen niederschlagen. Die OPEC, welche über einen weiter steigenden Anteil an den verbliebenen Reserven verfügen wird, und Spekulanten an den Rohstoffmärkten werden ihren Spielraum diesbezüglich zu nutzen wissen.

Durch die geringe Nachfrageelastizität in Relation zum Preis bei Erdöl könnten auch politische Verwerfungen oder sonstige Ereignisse in den Förderregionen zukünftig zu extremen Preisschwankungen führen, auch wenn nur ein geringer Teil der weltweiten Fördermenge betroffen ist.

Der noch 2002/2003 von der OPEC veranschlagte Preiskorridor von mittelfristig 21 bis 28 USD pro Barrel ist bei Ölpreisen von über 70 USD pro Barrel Mitte 2006 mittlerweile vollkommen in Vergessenheit geraten. Er spiegelte ohnehin vor allem die Interessen von Saudi-Arabien und den übrigen Ländern am Persischen Golf wider, da sie über verhältnismäßig große Ölvorräte verfügen und im Gegensatz zu beispielsweise Algerien und Venezuela an einer Maximierung der Preise damals noch nicht interessiert waren. Hohe Ölpreise lenken immer auch die Aufmerksamkeit der Öffentlichkeit und Industrie auf alternative Energieträger, dies wiederum kann zu einer Verschlechterung der langfristigen Absatzchancen von Erdöl beitragen.[50] Die „Machtakkumulation" bezüglich der zukünftigen Preisgestaltung schreitet somit weltweit, aber auch innerhalb der OPEC zugunsten der

Anrainerstaaten des Persischen Golfs zügig voran. Mit zunehmender Marktbeherrschung könnten durch minimale Förderbeschränkungen große Preissprünge erreicht werden. Wie die Vergangenheit gezeigt hat, ist außerhalb des OPEC-Kartells kein anderer Staat in der Lage, die Förderung maßgeblich auszuweiten, um sie der geopolitischen Lage anzupassen. Diese Situation wird sich aller Voraussicht nach in den kommenden Jahren weiter zuspitzten. Die Militärpräsenz der Vereinigten Staaten in der Region und deren forcierte Einflussnahme auf die dortigen politischen Institutionen ist unter den Gesichtspunkten der zu erwartenden zukünftigen Entwicklung moralisch und friedenspolitisch zwar nicht zu rechtfertigen und mit einem hohen Risiko behaftet aber wirtschaftspolitisch nachvollziehbar, solange die weitgehende Abhängigkeit vom Öl besteht.

Aussagen von US Präsiden George W. Bush im Februar 2006 in seiner jährlichen Ansprache zur Lage der Nation, die USA würden ihre Nachfrage nach Öl aus Nahost bis zum Jahr 2025 um 75 Prozent drosseln,[51] sind in diesem Kontext irritierend und zeugen entweder von Populismus oder von mangelndem Sachverstand. Nicht nur die USA, sondern alle Industrienationen werden perspektivisch in eine steigende Abhängigkeit von Ölexporten aus dem Nahen Osten hineinwachsen. Da Erdöl weltweit gehandelt wird und sich preislich nach der Qualität aber nicht nach der Herkunft unterscheidet, spielt es auch keine Rolle, ob die USA ihren Ölverbrauch aus anderen Regionen decken. Aufgrund des hohen Nahost-Anteils an den noch verbliebenen Reserven wird der weltweite Marktpreis für Öl zukünftig in jedem Fall am persischen Golf gemacht.

Im Rahmen einer ausgewogenen Darstellung der Situation muss auch auf potentielle Erdölneufunde sowie eine zukünftig deutlich verbesserte Fördertechnik verwiesen werden. Durch den technologischen Fortschritt wird auch die Ausbeutung von nicht konventionellen Vorräten wie beispielsweise den großen kanadischen Ölsandvorkommen zunehmend wirtschaftlich und im großen Stil kommerzialisiert. Beispielsweise hat sich neben China auch Japan Anfang 2006 den Zugang zu den Ölsandvorkommen im kanadischen Bundesstaat Alberta gesichert. Mehrere Projekte befinden sich in der Vorbereitung. Allein die geplanten Pipelineprojekte zum Transport des mit heißem Dampf aus dem Sand gelösten Öls (Bitumen) an die Pazifikküste werden jeweils Investitionen von mehreren Milliarden USD erfordern.[52]

Auch die Tatsache, dass die Ölreserven in der Vergangenheit trotz steigendem Verbrauch bilanziell ständig gewachsen sind ist nicht zu bestreiten. Verglichen mit dem derzeitigen Verbrauch geht ExxonMobil unter diesen Aspekten gar von Ressourcen (nicht Reserven) für eine Dauer von weiteren etwa 100 Jahren aus[53], macht aber in diesem Zusammenhang keine Angaben über die zu erwartenden Kosten der Produktion.

Die begrenzten, möglicherweise noch unter den Erwartungen liegenden konventionellen Reserven, stellen aufgrund der extremen Preisdynamik des Ölmarktes jedoch in jedem Fall eine wirtschaftliche Bedrohung für Industrieländer, insbesondere aber auch für aufstrebende Entwicklungsländer dar[54] und erfordern eine Politik der Risikominimierung. Eine großflächige Erschließung nicht konventioneller Reserven wird mit der stark steigenden Nachfrage voraussichtlich kaum Schritt halten können, insbesondere dann nicht, wenn die wirtschaftliche Dynamik in China und Indien ungebrochen anhält. Unter der Voraussetzung, dass die Weltwirtschaft nicht in eine Rezession rutscht, erwarten ernstzunehmende Experten Ölpreise, die bereits in kurzer Zeit deutlich über den bisherigen Höchstständen von knapp 80 USD pro Barrel liegen werden. Matthew Simmons, Chef einer Investmentbank in Houston, die als Beraterin bei Ölgeschäften im Wert von über 63 Milliarden Dollar tätig war und ehemaliges Mitglied der Energie-Task-Force um US Vizepräsident Dick Cheney betont, dass wir „in den kommenden Jahren mit einem Ölpreis von 200 bis 250 Dollar pro Fass rechnen" müssen.[55] Die Investmentbank Goldmann Sachs prognostizierte im Frühjahr 2005 immerhin 105 USD pro Barrel für die nahe Zukunft.

Auf einen, gegenüber dem langjährigen Mittel, deutlich höheren Ölpreis wird sich die Weltwirtschaft mit hoher Wahrscheinlichkeit innerhalb des nächsten Jahrzehnts einstellen müssen. Alles andere gleicht einer grobfahrlässigen Handlungsweise. Erste positive Ansätze eines um sich greifenden Paradigmenwechsels sind bereits auf höchster politischer Ebene erkennbar. Die EU-Komission scheint das Thema der Energieversorgungssicherheit sehr ernst zu nehmen und Schweden hat als erstes europäisches Land 2005/2006 mehrfach offiziell erklärt, dass es bis 2020 seine Energieversorgung komplett vom Öl unabhängig machen will.[56]

Welche Rolle die IEA in diesem Zusammenhang spielt und ob deren Prognosen weiterhin die strategische Energiepolitik vieler Nationen bestimmen sollte ist äußerst fragwürdig. Sollte sich der Ölverbrauch tatsächlich mit der von der IEA prognostizierten Wachstumsrate von 1,6 Prozent im Jahr steigern, so ist entsprechend dem World Energy Outlook 2005 ein zurückgehender Ölpreis auf durchschnittlich 35 USD pro Barrel im Jahr 2010 (inflationsbereinigt) und ein darauf folgender Anstieg auf lediglich 39 USD pro Barrel in 2030 kaum argumentativ zu begründen. Somit wäre einer der wichtigsten Eckpunkte des Analyserahmens des Energieausblicks der IEA hinfällig. Dem Referenzszenario der IEA zufolge soll der absolute Verbrauch von 75 Millionen Barrel pro Tag (mb/d) in 2000 auf 115 mb/d in 2030 steigen.[57] Abgesehen von dem „Knappheitspreis", der dann voraussichtlich bezahlt werden muss, ist ein Preis in dieser Größenordnung allein schon durch die Kostensteigerungen bei einer Ausweitung der Ölförderung insbesondere bei der Nutzbarmachung nicht konventioneller Ölreserven wie Ölsande, Tiefseeöl, Kondensat oder Schweröl unrealistisch.

Auch wenn es unbestritten ist, dass die konventionellen Rohölvorkommen ausreichen, um die Energienachfrage rein rechnerisch bis zum Jahr 2030 zu befriedigen, so bleibt in der IEA-Studie unberücksichtigt, dass sich die Förderung aus den Vorräten nicht zu einem beliebigen Zeitpunkt ohne immense Zusatzkosten erhöhen lässt, sobald der oben beschriebene natürliche Scheitelpunkt der weltweiten Fördermenge überschritten ist.[58]

Die Frage wie es nach dem Jahr 2030 in Bezug auf die Energieversorgung weitergehen könnte wird ebenfalls nicht ausreichend beantwortet. Von den insgesamt etwa sechs Prozent erneuerbaren Energien am Primärenergiebedarf könnte zumindest kein großer Beitrag erwartet werden. Vielmehr wäre als Konsequenz dieses Szenarios, auch wenn dies nicht explizit angesprochen wird, ein extremer Anstieg von vornehmlich aus Kohle hergestellten Kraftstoffen auszugehen. Diese würden wiederum, durch ihre wesentlich schlechtere Energie- und Umweltbilanz, zu einem extremen Anstieg des CO_2-Gehalts in der Atmosphäre führen.

4.2. CO_2-Emissionen

Derzeit verbrauchen wir pro Jahr soviel fossile Energieträger, wie in etwa 500.000 bis 1.000.000 Jahren durch Fotosynthese gebildet wurden[59, 60], und setzen damit große Mengen CO_2 mit bisher unabsehbaren Folgen wieder frei. Die Veränderung der weltweiten Durchschnittstemperatur im 20. Jahrhundert um +0,6 °C ist zum Großteil auf anthropogene Einflüsse zurückzuführen.[61] Bis 2100 soll die Durchschnittstemperatur je nach Rechenmodell des Intergovernmental Panel on Climate Change (IPCC) um 1,4 °C bis 5,8 °C gegenüber 1990 ansteigen.[62]

Für den Temperaturanstieg wird neben weiteren Klimagasen wie beispielsweise Methan (CH_4) und Distickstoffoxid (N_2O) hauptsächlich der höhere atmosphärische CO_2-Gehalt verantwortlich gemacht. Zwischen 1750 und 1999 ist dieser von 280 Parts per Million (ppm) auf 367 ppm oder um 31 Prozent gestiegen. Dieser Wert wurde in den vergangenen 420.000 Jahren nicht erreicht und mit hoher Wahrscheinlichkeit auch seit 20 Millionen Jahren nicht überschritten.[63]

Drei Viertel des während der vergangenen 20 Jahre durch menschliche Aktivitäten emittierten CO_2 kann auf die Nutzung fossiler Brennstoffe zurückgeführt werden.[64] In Europa sind sogar 94 Prozent der anthropogenen CO_2-Emissionen durch den Energiesektor bedingt.[65] 28 Prozent der CO_2-Emissionen entfallen in der EU auf den Verkehrssektor. Für 84 Prozent dieser Größenordnung wiederum war 1998 der Straßenverkehr verantwortlich.[66]

Die weitgehende CO_2-Neutralität biogener Kraftstoffe ist in diesem Sinne neben der Versorgungssicherheit ein weiteres zentrales Argument für deren Einführung. Während durch die energetische Nutzbarmachung der fossilen Kraftstoffe, atmosphärischer Kohlenstoff wieder freigesetzt wird, welcher vor Jahrmillionen (bei Öl von maritimen Kleinstlebewesen) gebunden wurde, ist der Kohlenstoffkreislauf bei Biokraftstoffen weitgehend geschlossen insofern im Herstellungsprozess keine großen Mengen fossiler Energieträger zum Einsatz kommen.

Die IEA geht im Energieausblick 2002 von einer Steigerung der CO_2-Emissionen bis 2030 von jährlich 1,8 Prozent aus, d. h. sie würden dann etwa 70 Prozent über dem derzeitigen Niveau liegen. Der CO_2-Ausstoß pro genutzter Energieeinheit soll sich ebenfalls erhöhen, da durch die Reduzierung des Anteils der Kernenergie, dem Szenario zu Folge, eine zunehmende Substitution durch fossile Energieträger stattfinden wird.[67]

Die Notwendigkeit, den CO_2-Ausstoß zu minimieren, um nicht in eine unmittelbare Klimakatastrophe zu steuern, ist demgegenüber inzwischen unter Fachleuten unumstritten. Während in den vergangen Jahrzehnten der Zusammenhang zwischen der Nutzung fossiler Energieträger und dem weltweiten Temperaturanstieg, welcher zu gehäuften bisher regional begrenzten Naturkatastrophen geführt hat, als nicht wissenschaftlich belegt zurückgewiesen wurde, hat mittlerweile selbst die Regierung der Vereinigten Staaten einen Zusammenhang eingeräumt. Zu direkten, verstärkten Maßnahmen hat diese Einsicht jedoch nicht geführt. Förderprogramme in den USA zur Steigerung der Produktion von Biokraftstoffen haben daher, politisch gesehen, auch eher das Ziel, der Landwirtschaft neue Absatzmärkte zu öffnen und die Versorgungssicherheit zu erhöhen. Der Klimaschutz nimmt dabei bisher eine meist untergeordnete Rolle ein.

Der Haltung der USA in der Frage des Klimaschutzes kommt jedoch eine sehr zentrale Rolle zu. Einerseits sind sie als größter Emittent für rund ein Viertel der globalen Steigerung des atmosphärischen CO_2-Gehalts verantwortlich und andererseits zeigte sich die übrige Staatengemeinschaft bisher als nahezu unfähig ohne die Vereinigten Staaten klimapolitisch wirkungsvolle Maßnahmen zu ergreifen. Auch die erfolgte Implementierung des Kioto-Protokolls ist zwar ein Schritt in die richtige Richtung, wird der Dringlichkeit einer Reduzierung der Emissionen jedoch nur unzureichend gerecht. Vielmehr wird deutlich, wie hoch der Preis ist, denn eine Volkswirtschaft zu bezahlen hat, wenn die Verpflichtung zur CO_2-Minderung über ein marktwirtschaftlich organisiertes Zertifikatsystem eingeführt wird. Insbesondere die Energieversorger haben den rechnerischen Preis der kostenfrei zugeteilten Emissionsberechtigungen, buchhalterisch korrekt, geflissentlich auf den Strompreis umgelegt. Schließlich, so die Argumentationslinie könnten die Zertifikate ja auch am Markt zu eben diesem Preis veräußert werden. Der jeweils tagesaktuelle Preis ist auf der Internetseite der European Energy Exchange (EEX) unter www.eex.de zugänglich. Anfang Juli 2006 liegt der Spotmarkt-Preis für Emissionsberechtigungen bei 16 Euro pro t und für die sogenannte „Second-Period" bei 19,3 Euro pro t CO_2. 2005 war der Preis pro Emissionsberechtigung zeitweilig sogar auf über 30 Euro gestiegen, was bei einer Emissionsmenge von ca. 2,75 t CO_2 pro t eingesetzter Kohle bereits einen höheren Betrag als die zugrunde liegenden Rohstoffkosten ausmacht. Der Kohlepreis beträgt ja nach Lieferzeitpunkt (zwischen Juli und Dezember 2007) zwischen 65 und 70 USD pro t frei niederländischem Hochseehafen (ARA)[68].

Während ein schnell ansteigender Ölpreis in naher Zukunft als eine große Gefahr für die Weltwirtschaft zu werten ist, da sie sich in eine extreme Abhängigkeit zu den fossilen Energieträgern manövriert hat, so bedroht der Klimawandel die Menschheit existentiell. Insbesondere die Einwohner der so genannten Dritten Welt werden unmittelbar betroffen sein. Für diese ist eine Situation entstanden, in welcher sie voraussichtlich in doppelter Weise verlieren werden: Gehen die wirtschaftlich förderbaren fossilen Energiequellen erst in einigen Jahrzehnten zu Ende, werden sie vermutlich von den katastrophalen Auswirkungen des Klimawandels verstärkt und mit aller Härte getroffen. Gehen die wirtschaftlich förderbaren fossilen Energieträger schon bald zur Neige, dann sind sie die ersten, die die steigenden Preise nicht mehr bezahlen können und die für diese Nationen prognostizierte Verbesserung der Lebensbedingungen fällt aus.

Durch bereits bestehende und in den kommenden Jahren voraussichtlich steigende Abhängigkeiten von Erdölerzeugnissen könnten daher chaotische Zustände entstehen. Neue Hungersnöte, Völkerwanderungen mit all ihren Auswüchsen aber auch Kriege um energetische Ressourcen, Wasser sowie landwirtschaftlich nutzbares Land wären die Folge. Die einzige Lösung dieser scheinbar ausweglosen Situation wäre der frühzeitige Aufbau einer solaren Weltwirtschaft, wie sie unter anderen von Herrmann Scheer (SPD-Politiker und träger des „Alternativen Nobelpreises") propagiert wird.[69] Bereits bestehende starke Abhängigkeiten, ein geringer Bildungsstandard und oftmals fehlender Allgemeinsinn lassen diese innovativen Ideen jedoch schnell zur Utopie werden.

Langfristig gesehen bleibt also zu hoffen, dass die verbliebenen fossilen Energieträger, die zu geringen Kosten gefördert werden können, unter den Erwartungen liegen bzw. dass es gelingt, die breite Konkurrenzfähigkeit erneuerbarer Energien über andere Maßnahmen herzustellen. So die wirtschaftlichen Gesetzmäßigkeiten zu einem Umbau der Energieversorgung führen, noch bevor sich die Versorgungssicherheit weiter zuspitzt und vor allem, bevor ein unumkehrbarer Klimawandel eintritt.

Andernfalls wird vermutlich erst nach dem Einsetzen großer Katastrophen, welche auch die westliche Welt treffen mit einem massiven Umbau der Energiebereitstellung und Effizienzsteigerungsprogrammen begonnen. Erste Ansätze eines Umdenkens sind nach der verheerenden Hurrikan-Saison 2005 in diesem Kontext bereits auch in den USA zu beobachten.

Der abwegige Denkansatz: „Aus Gründen der wirtschaftlichen Sicherheit an der konventionellen Energieversorgung festzuhalten, obwohl gerade diese alles unsicher macht"[70], wie es Herrmann Scheer in dem Buch „Solare Weltwirtschaft" formuliert, wird uns jedoch wohl noch einige Zeit begleiten.

Die forcierte globale Nachfrage nach Biokraftstoffen könnte in dieser Hinsicht ein Silberstreifen am Horizont für viele Entwicklungsländer darstellen und substanzielle neue Exportchancen mit sich bringen.

4.3. Vorteile einer nachhaltigen Energiebereitstellung

Der Aufbau einer nachhaltigen Energiebereitstellung könnte neben einer verbesserten Versorgungssicherheit und reduzierten CO_2-Emissionen zusätzlich in hohem Maße zu einer neuen Wirtschaftskultur beitragen.

In der Vergangenheit konnte vielfach beobachtet werden, wie große Versorgungsunternehmen und multinationale Konzerne im Energiesektor ihre Marktstellung und ihren Einfluss auf politische Institutionen zur Zementierung der Verhältnisse und zur Durchsetzung eigener Interessen ausgenutzt haben.[71] Die Nutzung fossiler oder atomarer Ressourcen konnte dadurch auf einzigartige Weise zentralisiert und beherrscht werden. An der breiten Entwicklung und Einführung erneuerbarer Energien bestand von Seiten dieser Konzerne in der Vergangenheit wenig Interesse, da durch die Modularität von Technologien wie der Photovoltaik oder Windkraft- und eingeschränkt auch Biomasseanlagen, Skaleneffekte weitgehend außer Kraft gesetzt werden und dies potentielle Konkurrenz auch von weniger finanzstarken Unternehmen ermöglicht hätte. Damit ist auch zu erklären, dass der einzige Bereich der erneuerbaren Energien, bei dem das Potential in der EU annähernd vollständig erschlossen wurde, bei großen Wasserkraftwerken liegt.[72]

Wie die nahe Vergangenheit zumindest in Deutschland bewiesen hat, entstehen vielfältige Investitionsmöglichkeiten für die Allgemeinheit in diesem Bereich. Insbesondere die Stromerzeugung mit Windkraft erlebte, abgesichert durch das Erneuerbare Energien Gesetz (EEG), einen regelrechten Boom. Über 22 Milliarden Euro wurden, grob geschätzt, bis Ende 2005 allein in die Installation von Windkraftanlagen investiert (1,2 Millionen Euro pro MW x 18.400 MW). 2004 konnten bereits 4,16 Prozent des deutschen Strombedarfs durch Windenergie gedeckt werden. Ein Großteil dieser Windparks wurde in Form von geschlossenen Fonds über ein KG-Modell an Privatpersonen zu attraktiven Konditionen vertrieben. Im Bereich Photovoltaik und Biomasse sind seit einiger Zeit ebenfalls Angebote dieser Art auf dem Kapitalmarkt. Es zeichnet sich also eine zunehmende Dezentralisierung der Energieerzeugung und Diversifizierung der Besitzverhältnisse von Produktionskapazitäten ab. Hinzu kommt eine steigende Wertschöpfung durch die zum Teil national hergestellten Anlagen aber vor allem durch die Energieerzeugung in oftmals strukturschwachen Regionen.

Insbesondere die Landwirtschaft nimmt in diesem Zusammenhang eine Schlüsselposition ein. Doch während Landwirte im Bereich der Windkraft nur vereinzelt, meist durch die Verpachtung von Flächen profitieren konnten, kommt ihnen im Bereich der Biomasse als Ausgangsstoff für Biokraftstoffe jeglicher Art eine aktive Rolle zu. Eine Stärkung der ländlichen Räume weltweit, eine Chance für Entwicklungsländer, die oftmals ausschließlich landwirtschaftliche Rohstoffe als Exportgut produzieren und nicht zuletzt eine bedeutende Zunahme an Arbeitsplätzen im allgemeinen Energiesektor wären die Vorteile.

Es sollte jedoch nicht vergessen werden, dass insbesondere Biokraftstoffe eine bedeutende Anschubfinanzierung oder Steuerfreistellung, abgesichert durch gesetzliche Rahmenbedingungen benötigen. Die Belastung fossiler Energieträgern mit Zertifikaten für die CO_2-Emissionen wäre für die meisten Biokraftstoffe, je nach Dollarkurs, erst ab einem Rohölpreis von über 100 USD pro Barrel (entspricht 0,63 USD pro Liter) auskömmlich, um preislich konkurrenzfähig zu sein. In jedem Fall müssen die Prioritäten weltweit eindeutig und schnell gesetzt werden. Wird zu lange gewartet, erhöhen sich die Abhängigkeiten, Folgekosten und Zukunftslasten.

Natürlich kann es nicht darum gehen, regenerative Energien aus Prinzip zu subventionieren. Solange jedoch keine fairen Preise, welche auch die externen Kosten berücksichtigen, für fossile Energie bezahlt werden müssen, ist es legitim, erneuerbare Energien mit einem Ausgleich für eingesparte global-volkswirtschaftliche Zukunftslasten zu unterstützen.

5. Politische Leitlinien und Förderbedingungen für Biokraftstoffe

5.1. Leitlinien und Förderbedingungen der Europäischen Union

1992 war die Europäische Kommission mit dem Vorschlag einer steuerlichen Begünstigung von biogenen Kraftstoffen am Widerstand des damaligen Ministerrates gescheitert. Den Mitgliedsstaaten wurde jedoch die Möglichkeit eingeräumt, individuelle Anträge auf Steuervergünstigungen zu stellen. In der Vergangenheit hatten sechs Staaten von diesem Instrument Gebrauch gemacht. Durch die steigende Zahl der Neuanträge fühlte sich die EU-Kommission ermutigt eine neue gesamteuropäische Regelung auszuarbeiten, welche sich stark am Grünbuch zur Energieversorgungssicherheit der Europäischen Union aus dem Jahr 2000 orientierte. In diesem Dokument schlug die Kommission vor, bis zum Jahre 2010, sieben Prozent des Kraftstoffbedarfs durch alternative Kraftstoffe (einschließlich Erdgas und Wasserstoff) zu decken. Bis 2020 sollen 20 Prozent der herkömmlichen Kraftstoffe durch alternative Kraftstoffe ersetzt werden. Gleichzeitig wird im Grünbuch betont, dass das Ziel, die Ersatzstoffe bis 2020 in diesem Umfang auszuweiten ohne steuerliche Maßnahmen sowie Vorschriften und freiwillige Vereinbarungen mit der Industrie bzw. den Mineralölgesellschaften, wahrscheinlich nicht möglich sei.[73] Als Ziele dieser Maßnahmen werden eine verbesserte Versorgungssicherheit und eine Verringerung der CO_2-Emissionen genannt.

Das Dokument mit den Namen „Vorschlag für eine Richtlinie des Europäischen Parlaments und des Rates zur Förderung der Verwendung von Biokraftstoffen" und „Vorschlag für eine Richtlinie des Rates zur Änderung der Richtlinie 92/81/EWG bezüglich der Möglichkeit, auf bestimmte Biokraftstoffe und Biokraftstoffe enthaltende Mineralöle einen ermäßigten Verbrauchsteuersatz anzuwenden"[74] vom November 2001, enthielt folgende beiden Eckpunkte:

1. Den Mitgliedsstaaten soll die Möglichkeit eingeräumt werden, die Verbrauchssteuern auf alle Biokraftstoffe zu ermäßigen. Um die Einnahmenausfälle der Mitgliedsstaaten zu begrenzen, soll die Steuerbefreiung jedoch nicht mehr als 50 Prozent betragen.

2. Die Mindestanteile der Biokraftstoffe am Gesamtverbrauch bzw. der Anteil der Biokraftstoffe, die in Mischform verkauft werden, sollen in der Zukunft folgenden Mindestgrößenordnungen jeweils zum Ende des angegebenen Jahres entsprechen:

Jahr	Anteil am Gesamtverbrauch	Mindestbeimischung
2005	2 %	–
2006	2,75 %	–
2007	3,5 %	–
2008	4,25 %	–
2009	5 %	1 %
2010	5,75 %	1,75 %

Tabelle 3: Mindestanteil verkaufter Biokraftstoffe an allen verkauften Otto- und Dieselkraftstoffen

Quelle: Vorschlag für eine Richtlinie des Europäischen Parlaments und des Rates zur Förderung der Verwendung von Biokraftstoffen, Kom(2001) 547 endg., Brüssel, 07.11.2001

Zum 08. Mai 2003 wurde die Richtlinie schließlich vom Europäischen Parlament und dem Rat der Europäischen Union verabschiedet und trat mit der Veröffentlichung im Amtsblatt der Europäischen Union am 17. Mai 2003 in Kraft.[75] Bis zum 31. Dezember 2004 musste sie von den Mitgliedsstaaten in nationales Recht umgesetzt werden.

Im Wesentlichen wurde der oben angeführte Vorschlag der EU-Kommission in die Richtlinie übernommen. Hauptunterschiede zum Vorschlag der Kommission, sind die Streichung der Steuerbefreiungsbegrenzung und auch des Anteils der Mindestbeimischung.

Herausgekommen ist somit eine recht offene Regelung, welche den Mitgliedsstaaten großen Spielraum bei den Fördermaßnahmen lässt, solange diese EU-konform sind. Es ist jedoch zu erwarten, dass Steuerermäßigungen auf Biokraftstoffe von der Mehrheit der Staaten als Instrument eingesetzt werden, um die Zielvorgaben zu erreichen. Ein schwerwiegendes Manko der Richtlinie ist es, dass keine verpflichtenden Mengenziele vorgegeben werden. Falls eine sachgerechte Begründung gegenüber der Kommission erfolgt, kann eine Reduzierung der Richtwerte auf nationaler Ebene erfolgen. In Artikel vier wird jedoch geregelt, dass bei einer Verfehlung der Ziele die nicht ausreichend gerechtfertigt werden kann, einzelstaatliche, möglicherweise auch verbindliche Ziele festgelegt werden können.

Die Förderrichtlinie zur Verwendung von Biokraftstoffen wird ohne Zweifel zum Durchbruch biogener Kraftstoffe in der gesamten EU beitragen, auch wenn nicht zu erwarten ist, dass das Ziel von 5,75 Prozent bis zum Jahre 2010 aufgrund der unverbindlichen Zielvorgabe in allen Einzelstaaten tatsächlich erreicht wird.

Im Vorschlag der EU-Kommission zur Förderung von Biokraftstoffen aus dem Jahr 2001 wird davon ausgegangen, dass lediglich acht Prozent des Treibstoffbedarfs im Straßenverkehr durch Biomasse gedeckt werden können, wenn diese auf zehn Prozent der derzeitigen landwirtschaftlichen Fläche angebaut wird. Aufgrund dieser Annahme, die den zukünftigen Züchtungsfortschritt, vor allem aber auch innovative Anbauverfahren mit weit höheren Biomasseerträgen nicht berücksichtigt, erwartet die Kommission, dass Biokraftstoffe: „…kaum im großen Stil als langfristiger Ersatz für Kraftstoffe in Frage kommen werden, da die dafür erforderlichen Flächen begrenzt sind…".[76] Eine kurz- bis mittelfristige Nutzung biete sich dennoch an: „…weil sie in den vorhandenen Fahrzeugen und im Rahmen des bestehenden Verteilungssystems verwendet werden können und daher keine kostenaufwendigen Infrastrukturinvestitionen erforderlich machen".[77]

In einem optimistischen Szenario bezüglich des Entwicklungspotentials alternativer Kraftstoffe könnte sich die Kraftstoffversorgung bis 2020 laut EU-Kommission folgendermaßen entwickeln:

Jahr	Biokraftstoffe	Erdgas	Wasserstoff	Gesamt
2005	2 %	–	–	2 %
2010	6 %	2 %	–	8 %
2015	7 %	5 %	2 %	14 %
2020	8 %	10 %	5 %	23 %

Tabelle 4: Optimistisches Entwicklungsszenario für alternative Kraftstoffe
Quelle: Vorschlag für eine Richtlinie des Europäischen Parlaments und des Rates zur Förderung der Verwendung von Biokraftstoffen, Kom(2001) 547 endg., Brüssel, 07.11.2001

In der im Februar 2006 veröffentlichten EU-Kommissionspapier: „Eine EU-Strategie für Biokraftstoffe" (KOM(2006) 34 endgültig)[78] wird jedoch eine Anschlussregelungen an die derzeit gültige Richtlinie 2003/30/EG diskutiert, die voraussichtlich eine drastische Ausweitung der Biokraftstoffnutzung zugrunde legen wird.

Mit der 2006 veröffentlichten EU-Strategie für Biokraftstoffe werden folgende drei Ziele verfolgt:

1. Biokraftstoffe sollen in der EU und in Entwicklungsländern stärker gefördert werden, es soll – unter Berücksichtigung des Aspekts der Wettbewerbsfähigkeit – darauf geachtet werden, dass ihre Erzeugung und Verwendung insgesamt umweltfreundlich ist und dass sie zu den Zielen der Lissabon-Strategie beitragen;

2. der Biokraftstoffnutzung auf breiter Basis soll der Weg bereitet werden, indem durch den optimierten Anbau der geeigneten Rohstoffe, die Erforschung der Biokraftstoffe der „zweiten Generation", die Förderung der Marktdurchdringung durch größere Demonstrationsprojekte und die Abschaffung von nichttechnischen Hindernissen die Wettbewerbsfähigkeit gesteigert wird;

3. es soll untersucht werden, welche Möglichkeiten in den Entwicklungsländern und besonders den von der Reform der EU-Zuckerregelung betroffenen Ländern bestehen, um Rohstoffe für Biokraftstoffe zu erzeugen, und es soll festgelegt werden, welche Rolle die EU bei der Förderung der nachhaltigen Biokraftstofferzeugung spielen könnte.[79]

Insgesamt wird in diesem Papier der globale Markt für Biokraftstoffe umfassend beleuchtet und die EU-Strategie in diesen Kontext eingeordnet. Im Gegensatz zu früheren Veröffentlichungen wird somit folgerichtig nicht weiterhin das quantitative Potential lediglich nach der Flächenverfügbarkeit der EU berechnet, sondern auch Exportpotentiale von Schwellen und Entwicklungsländern berücksichtigt.

5.2. Leitlinien und Förderbedingungen der Bundesrepublik Deutschland

Langfristig gesehen spielen die politischen Rahmenbedingungen der Bundsrepublik in Bezug auf Biokraftstoffe eine eher untergeordnete Rolle, da die EU-Richtlinien nationalen Gesetzgebungen lediglich eine Übergangsfrist einräumen. Über den Spielraum, den die EU-Förderrichtlinie zur Verwendung von Biokraftstoffen zulässt, konnte die bundespolitische Haltung in der Vergangenheit jedoch maßgeblich Einfluss auf den Erfolg biogener Kraftstoffe nehmen.

Seit 1992 sind Biokraftstoffe in Reinform von der deutschen Mineralölsteuer befreit. Insbesondere Biodiesel konnte von dieser Gesetzgebung profitieren. Inzwischen wurde die Steuerbefreiung auch auf Biokraftstoffe erweitert die mineralischen Treibstoffen beigemischt werden.

Mit der abschließenden Lesung im Bundestag am 07. Juni 2002 und der Befürwortung durch den Bundesrat am 21. Juni 2002 konnte das „Zweite Gesetz zur Änderung des Mineralölsteuergesetzes" in Kraft treten. Bemerkenswert bei diesem Gesetz ist, dass es einen breiten Konsens über die wichtigsten Parteien gab. Lediglich die FDP stimmte dagegen mit der Begründung: „Die Steuerbefreiung sei ein Fass ohne Boden, je mehr davon verwendet würden umso niedriger beliefen sich die Steuereinnahmen", und dass die positiven Auswirkungen auf inländische Produzenten niedriger seien, als von der Koalition angenommen.[80]

In diesem Zusammenhang wurde das Mineralölsteuergesetz um den § 2a erweitert. Absatz 1 lautete wie folgt: „Mineralöle sind bis zum 31. Dezember 2009 in dem Umfang steuerbegünstigt, in dem sie nachweislich Biokraft- oder Bioheizstoffe enthalten.[81] Pflanzenölmethylester gelten diesbezüglich in vollem Umfang als Biokraftstoffe. Weiter heißt es, dass das Bundesfinanzministerium unter Beteiligung weiterer Ministerien alle zwei Jahre, beginnend mit dem 31. März 2005, dem Bundestag einen Bericht über die Markteinführung von Biokraftstoffen sowie relevante Preisentwicklungen vorlegen soll, und darin gegebenenfalls eine Anpassung in der Steuerbefreiung von Biokraftstoffen vorzuschlagen hat. Die Förderung für Biokraftstoffe in Deutschland lag somit bei 47 Cent pro Liter bei Diesel und 65 Cent pro Liter bei Ottokraftstoffen. Der Unterschied ergibt sich aus der allgemein geringeren Besteuerung von Dieselkraftstoff.

In der Begründung der Gesetzesänderung des Mineralölsteuergesetz, werden neben einer verbesserten Versorgungssicherheit, einer positiven Umwelt- und Energiebilanz und einem Ausbau des Vorsprungs in der Technologieentwicklung, die Schaffung von Perspektiven für die Beitrittsländer im Zuge der EU-Osterweiterung genannt. Im Bereich der Beschäftigung verspricht man sich einen Beitrag in der Erschließung neuer Einkommensquellen in der ländlichen Wirtschaft. Da der Beschäftigungseffekt beispielsweise bei der Erzeugung von Biodiesel beim Fünfzigfachen, verglichen mit der Herstellung des herkömmlichen Mineralölprodukts, liegt, erwartet man bezogen auf jeweils ein Prozent Biokraftstoffe am EU-Kraftstoffverbrauch etwa 45.000 bis 75.000 neue Arbeitsplätze.

Die 2005 neu gewählte Bundesregierung setzte sich bereits während den Koalitionsverhandlungen eine Abwandlung der bisherigen Förderpolitik zum Ziel. Im Koalitionsvertrag zwischen CDU, CSU und SPD vom 11.11.2005 steht an der relevanten Stelle unter der Unterüberschrift „Biokraftstoffe und nachwachsende Rohstoffe" folgender Wortlaut:

> Kraftstoffe und Rohstoffe aus Biomasse können einen wichtigen Beitrag zur Energie- und Rohstoffversorgung und zum Klimaschutz leisten. Wir werden daher:
>
> - die Kraftstoffstrategie mit dem Ziel weiterentwickeln, den Anteil von Biokraftstoffen am gesamten Kraftstoffverbrauch bis zum Jahr 2010 auf 5,75 % zu steigern;
> - die Mineralölsteuerbefreiung für Biokraftstoffe wird ersetzt durch eine Beimischungspflicht;
> - die Markteinführung der synthetischen Biokraftstoffe (BTL) mit der Wirtschaft durch Errichtung und Betrieb von Anlagen im industriellen Maßstab vorantreiben;
> - Forschung, Entwicklung und Markteinführung nachwachsender Rohstoffe mit der Wirtschaft voranbringen.[82]

Am 29. Juni 2006 wurde das Energiesteuergesetz im Bundestag verabschiedet. In dieses neu geschaffene Gesetz wurde das ehemalige Mineralölsteuergesetz integriert. Unter Paragraph 50 ist die Besteuerung von Biokraftstoffen geregelt. Pflanzenöl und Biodiesel (Fettsäuremethylester) wurden mit folgender gestaffelten Teilbesteuerung belegt:

> 1. für 1000 l Fettsäuremethylester
>   a) unvermischt mit anderen Energieerzeugnissen, ausgenommen Biokraftstoffen oder Additiven der Position 3811 der Kombinierten Nomenklatur
>   bis 31. Dezember 2007   380,40 EUR,
>   vom 1. Januar 2008 bis 31. Dezember 2008   320,40 EUR,
>   vom 1. Januar 2009 bis 31. Dezember 2009   260,40 EUR,
>   vom 1. Januar 2010 bis 31. Dezember 2010   200,40 EUR,
>   vom 1. Januar 2011 bis 31. Dezember 2011   140,40 EUR,
>   ab 1. Januar 2012   20,40 EUR,
>   b) andere   320,40 EUR,
> 2. für 1000 l Pflanzenöl
>   bis 31. Dezember 2007   470,40 EUR,
>   vom 1. Januar 2008 bis 31. Dezember 2008   370,40 EUR,
>   vom 1. Januar 2009 bis 31. Dezember 2009   290,40 EUR,
>   vom 1. Januar 2010 bis 31. Dezember 2010   210,40 EUR,
>   vom 1. Januar 2011 bis 31. Dezember 2011   140,40 EUR,
>   ab 1. Januar 2012   20,40 EUR.

Diese gestaffelte Besteuerung bedeutet, dass die Förderung für reine Biokraftstoffe dieser Qualitäten bis Ende 2011 fast vollständig eingestellt wird. Ab Inkrafttreten des Energiesteuergesetzes (August 2006) wird Biodiesel somit mit neun Cent pro Liter besteuert, bei einer Beimischung zu mineralischem Diesel mit 15 Cent pro Liter. Pflanzenöl bleibt zunächst bis Ende 2007 steuerfrei, bis Anfang 2012 wird die steuerliche Förderung dann jedoch ebenso stufenweise auf rund zwei Cent pro Liter zurückgefahren.

Für alle anderen Biokraftstoffe bleibt zunächst die vollständige Befreiung von der Mineralölsteuer bis Ende 2009 erhalten.

Über eine Pflichtbeimischung von Biokraftstoffen für die Mineralölindustrie, soll gleichzeitig die EU-Vorgabe für die Nutzung von Biokraftstoffen ohne steuerliche Förderung erreicht werden. Beweggrund für die Pflichtbeimischung und den Abbau der steuerlichen Förderung bei reinen Biokraftstoffen, ist die Sorge um weiter sinkende Einnahmen über die Mineralölsteuer bei steigendem Biokraftstoffanteil.

In dem Entwurf eines „Gesetzes zur Änderung des Energiesteuergesetzes und des Bundes-Immissionsschutzgesetzes zur Einführung einer Biokraftstoffquote sowie zur Änderung des Mineralöldatengesetzes (Biokraftstoffquotengesetz - BioKraftQuG)" vom 30. Juni 2006 wurden folgende Quoten vorgeschlagen:[83]

Diesel:	ab 2007	4,4 %
Otto:	ab 2007	2,0 %
	ab 2010	3,0 %
zusätzlich		
Gesamtquote	ab 2009	5,7 %
Gesamtquote	ab 2010	6,0 %
Die Unterquoten bleiben erhalten.		

Einerseits wird der Markt für Biokraftstoffe durch eine gesetzlich vorgeschriebene Pflichtbeimischung für alle Akteure berechenbarer, gleichzeitig ist dies jedoch das Aus für reine Biokraftstoffe spätestens ab 2012, da Reinkraftstoffe dann fast im vollen Umfang mit der regulären Mineralölsteuer belastet werden.

Für besonders „förderungswürdige Biokraftstoffe" (BTL, Ethanol aus Lignozellulose) sieht das zukünftige „Biokraftstoffquotengesetz" eine Steuerbefreiung bis 2015 vor. Vorbehaltlich der Zustimmung der EU gilt dies auch für Kraftstoffmengen innerhalb der Pflichtquote. Dennoch ist es unwahrscheinlich, dass diese Rahmenbedingungen ausreichen, um die Investition in industrielle BTL-Anlagen (400–500 Mio. €), wie sie beispielsweise von der Firma CHOREN geplant werden, abzusichern.

Darüber hinaus beraubt sich der Gesetzgeber durch eine ausschließliche Pflichtbeimischung der Einflussnahmemöglichkeit auf die selektive Förderung langfristig besonders aussichtsreicher Biokraftstoffarten und kann zukünftig auch keinerlei Differenzierung in Hinsicht auf die stark unterschiedlichen Klimaschutzpotentiale der der einzelnen Kraftstoffe vornehmen. Ein möglicher Ausweg aus diesem Dilemma wäre die

Einführung von weiteren Unterquoten für verschiedene Biokraftstoffe. Insbesondere in Bezug auf die Biokraftstoffe der 2. Generation (synthetische Biokraftstoffe und Ethanol aus Zellulose) könnte eine Unterquote z. B. ab 2010 ein gangbarer Weg sein.

In Hinblick darauf, dass die Steuerbegünstigung für Erdgas bis 2018 im neuen Energiesteuergesetz mit einem dauerhaft festgeschriebenen Steuersatz in Höhe von 13,9 Euro pro MWh (entspricht ca. 14 Cent pro Liter Dieseläquivalent) bestätigt und Flüssiggas ebenso in die Begünstigung mit aufgenommen wurde, bleibt der Abbau der Steuervergünstigungen für reine Biokraftstoffe jedoch ungerechtfertigt.

Zusammenfassend kann festgehalten werden, dass Deutschland der Vorreiter im europäischen Biokraftstoffmarkt ist und die EU-Vorgabe in Höhe von zwei Prozent Biokraftstoffanteil im Jahr 2005 mit 3,4 Prozent sogar deutlich übererfüllen konnte. Während andere EU-Staaten Anfang 2006 teilweise noch damit beschäftigt sind geeignete Förderstrategien für Biokraftstoffe zu entwickeln bzw. zu implementieren, kann Deutschland somit bereits auf eine mehrjährige Historie der erfolgreichen Biokraftstoffförderung zurückblicken.

Auch Österreich hat ein attraktives Konzept zu Biokraftstoffförderung. Ab Oktober 2005 wird entsprechend dem geänderten Mineralölsteuergesetz bei Dieselkraftstoffen eine Steuerspreizung eingeführt, die Mischkraftstoffe mit mindestens 4,4 Volumen-Prozent Biokraftstoff gegenüber fossilen Kraftstoffen mit 2,8 Cent pro Liter besser stellt.[84] Dadurch bekommen Biokraftstoffe einen Wert von derzeit knapp 64 Cent pro Liter (2,8 Cent dividiert durch 4,4 %). Somit lohnt es sich für die Mineralölindustrie, ausschließlich Dieselkraftstoff mit biogenem Anteil zu verkaufen (abgesehen von Premium Diesel wie z. B. V-Power Diesel). Gleichzeitig ist gesetzlich festgeschrieben, dass das für 2010 vorgesehene EU-Ziel in Höhe von 5,75 Prozent Biokraftstoff, gemessen am Heizwert der in Verkehr gebrachten Menge, bereits bis Oktober 2008 erreicht sein muss.[85]

6. Kraftstoffstrategien wichtiger Ölkonzerne und Kfz-Hersteller

Die politischen Rahmenbedingungen sind ohne Zweifel die Grundvoraussetzung für die Etablierung biogener Kraftstoffe. Dennoch verfügen nur die Ölmultis und die Kfz-Hersteller über das nötige Know-how, die entsprechenden Ressourcen und die erforderliche Infrastruktur um eine schnelle flächendeckende Einführung und Nutzung alternativer Kraftstoffe zu gewährleisten. Die Kraftstoffversorgung der Zukunft, insbesondere auch in Bezug auf die Marktanteile der jeweiligen Biokraftstoffe untereinander, wird somit maßgeblich von den Strategien der auf diesem Gebiet operierenden Konzerne abhängen.

Während bei reinen Biokraftstoffen die Entwicklung bei optimalen Rahmenbedingungen auch ohne die Beteiligung der großen Ölkonzerne vorangehen kann, wie das Beispiel Biodiesel zeigt, besteht in Bezug auf die Automobilhersteller eine größere Abhängigkeit. Ohne dass entsprechende Modelle angeboten werden, die mit alternativen Kraftstoffen betrieben werden können, ist mit einer schnellen Marktdurchdringung nicht zu rechnen. Selbstverständlich würde es einen Nischenmarkt für die Umrüstung verschiedener Fahrzeuge geben, doch wie im Falle des Pflanzenöls wird dieser relativ begrenzt sein.

In Bezug auf Biodiesel besteht durch die pauschale Freigabe nahezu aller Diesel Pkw des Volkswagen-Konzerns (VW, Audi, Seat, Skoda) von 1996 bis 2003 ein hohes Potential an geeigneten Fahrzeugen, doch andere Hersteller haben die Freigabe weitgehend verweigert. In den meisten Fahrzeugen ist die Nutzung von Biodiesel erst nach einer Umrüstung möglich. Mit einer Umrüstung gehen dann in der Regel gleichzeitig auch entsprechende Garantieansprüche verloren. Ab Ende 2003 hat Volkswagen die pauschale Freigabe der Fahrzeuge für Biodiesel eingestellt und bietet stattdessen als Extraausrüstung einen sogenannten Biodieselsensor an, welcher das jeweilige Mischungsverhältnis erkennt und die Information an die Motorsteuerung weiter gibt.

Insgesamt finden Biokraftstoffe jedoch zunehmend ihren Markt als Mischkomponente in fossilen Kraftstoffen. Dabei gibt jedoch die EU-Kraftstoffnorm bei Biodiesel und Ethanol einen maximalen Beimischungsanteil von fünf Prozent vor. Auf einer Veranstaltung des Verbandes der Automobilindustrie am 17.02 2006 verkündeten DaimlerChrysler, Volkswagen und Ford jedoch, dass sie ihre Fahrzeuge zukünftig für eine bis zu zehnprozentige Beimischung von Biokraftstoff zu mineralischem Kraftstoff auslegen werden. Vor diesem Hintergrund ist eine baldige Anpassung der EU-Norm zu erwarten, insbesondere auch um die Erreichung des EU-Ziels von 5,75 Prozent bis 2010 zu ermöglichen.

6.1. Kraftstoffstrategien wichtiger Ölkonzerne

Die marktbeherrschenden Ölkonzerne verfolgen verschiedene Unternehmensstrategien, was die zukünftige Ausrichtung in Hinblick auf die regenerativen Energiequellen betrifft. Während BP und Shell mit innovativen Statements, Publikationen und Unternehmensbeteiligungen die Aufmerksamkeit der Öffentlichkeit auf sich zogen, findet bei den übrigen Major-Playern, allen voran ExxonMobil, bisher noch keine ernstzunehmende strategische Ausrichtung hin zu den erneuerbaren Energiequellen statt. BP beispielsweise verbuchte vor einigen Jahren einen PR-Erfolg, indem vom Vorstandsvorsitzenden verkündet wurde: BP stehe nun nicht mehr für „British Petroleum", sondern für „Beyond Petroleum".

Auch Shell besserte nach dem Brent-Spar-Debakel mühsam sein Image durch den Einstieg in die Solarzellenproduktion und Windenergienutzung sowie über die Publikation verschiedener Energieszenarien mit bis zu 50 Prozent regenerativem Anteil im Jahr 2050 wieder auf. ExxonMobil, der weltgrößte Ölkonzern, muss sich hingegen jedes Jahr zur Hauptversammlung mit einer Campagne zahlreicher Anteilseigner auseinandersetzen, die vehement den Markteintritt in den Sektor der erneuerbaren Energien fordern.

6.1.1. Shell

Der Einstieg der Royal Dutch/Shell Gruppe in den Sektor der regenerativen Energien erfolgte bereits vor einigen Jahren. Ende 1999 wurde die damals weltweit modernste und gleichzeitig Europas größte Solarzellenfabrik in Gelsenkirchen in Betrieb genommen. Anfang 2002 übernahm Shell die Anteile von Siemens und E.ON am gemeinsamen Joint-venture Siemens und Shell Solar GmbH und rückte mit 10 Prozent Marktanteil 2002[86] zum viertgrößten Solarzellenhersteller der Welt auf. Im Jahr 2002 verfügte Shell Solar über Repräsentanzen in mehr als 90 Ländern.[87] Die Silizium-Solaraktivitäten wurden jedoch Anfang 2006 vor dem Hintergrund einer mangelhaften Rohstoffversorgung an die deutsche Solarworld AG verkauft, die dadurch zum weltweit drittgrößten Solarunternehmen aufsteigen konnte. Auch als Betreiber von Windkraftanlagen wurde Shell mit mehreren großen Projekten vor allem in den USA und in Großbritannien zunehmend aktiv.

Die Aktivitäten im Bereich Biomasse und Biokraftstoffe sind auch vergleichsweise fortschrittlich auch wenn in der öffentlichen Darstellung des Unternehmens, der Bereich Biokraftstoffe hinter potenzielle Wasserstoff Szenarien zurückgestellt wird. Während der Begriff „hydrogen" 31-mal im 140-seitigen Geschäftsbericht 2004 der Gesellschaft vorkommt, taucht der Begriff „biofuel, biofuels bzw. bio-fuels" kein einziges mal auf.

Durch große Flächenzukäufe in Südamerika gelangte Shell zwischenzeitlich in den Status eines der größten privaten Waldbesitzer weltweit und erschloss sich damit ein riesiges Zukunftspotential, was die energetische Nutzung von Biomasse angeht, doch wurde der gesamte Bestand mittlerweile wieder veräußert.

Bioethanol wird von Shell in Brasilien, Südafrika, den USA und Schweden als Mischkraftstoffe mit Anteilen zwischen fünf und 85 Prozent (E5 – E85) vermarktet. Biodiesel wurde bisher vor allem in Frankreich und Deutschland ebenfalls als Mischkraftstoff mit bis zu fünf Prozent Beimischungsanteil verkauft.

Mitte 2002 übernahm Shell für 29 Millionen US-Dollar 22,5 Prozent der Firmenanteile des kanadischen Unternehmens Iogen Energy Corporation. Nach Unternehmensangaben plant Iogen den Bau kommerzieller Anlage zur fermentativen Herstellung von Ethanol aus zellulosehaltiger Biomasse (Stroh) mit einer Kapazität von 225.000 t im Jahr. Die erste dieser Anlagen wird voraussichtlich in den USA gebaut, doch wurde Ende 2005 auf der Detroit Auto Show eine gemeinsame Standortstudie für eine deutsche Iogen-Anlage im Rahmen einer Absichtserklärung zwischen Iogen, Shell und Volkswagen bekannt gegeben.

Synthetischer Dieselkraftstoff, sogenanntes GTL (Gas to Liquids) wird von Shell seit einigen Jahren bereits in einer Anlage in Bintulu/Malaysia hergestellt. In Deutschland ist dieses Produkt als Fünf-Prozent-Komponente im Shell V-Power Diesel zur Verbesserung der Kraftstoffqualität auf dem Markt.

Am 17. August 2005 beteiligte sich Shell mit einem Minderheitsanteil von unter 25 Prozent an der deutschen CHOREN Industries GmbH. Dieses Unternehmen ist führend in der Produktion von synthetischen Biokraftstoffen auf Basis von Biomasse und betreibt seit 2003 die weltweit einzige Pilotanlage zur Erzeugung von synthetischen Biokraftstoffen, im Fachjargon BTL (Biomass to Liquids) genannt. Im Rahmen dieser Beteiligung ist auch eine weit reichende technologische Kooperation geplant, in deren Rahmen Shell sein Know-how bei der Verflüssigung von Synthesegas (Fischer-Tropsch-Synthese) in zukünftige gemeinsame Projekte mit einbringt. Das erste gemeinsame Projekt wird eine BTL-Anlage mit einem Biomasseinput von knapp 70.000 t holzartiger Trockenmasse und einer Leistung von rund 15.000 t pro Jahr, im sächsischen Freiberg sein.[88]

In der von Shell veröffentlichten Publikation: „Energy Needs, Choices and Possibilities, Scenarios to 2050" wird die ambitionierte Prognose abgegeben, dass die Preise für Kraftstoffe aus verflüssigtem Erdgas, wie auch von Biokraftstoffen bis 2020 unter die Marke von 20 US Doller pro Barrel Öläquivalent fallen werden.[89] Gleichzeitig wird in einem möglichen Szenario unter der Annahme von „Dynamics as Usual" erwartet, dass ab dem Jahr 2040 mit zunehmender Erdölverknappung, ein relativ weicher Übergang hin zu flüssigen Biokraftstoffen einsetzt. Biomasse Plantagen die ursprünglich zur Stromerzeugung angelegt wurden, könnten dann zur Produktion von Transportkraftstoffen umgestellt werden. 2050 würde diesem Szenario zufolge, etwa ein Drittel des Weltprimärenergiebedarfs über erneuerbare Energieträger abgedeckt werden.

Mengenangaben in Exajoule (10^9 Gigajoule)	Szenario 1: **Dynamics as Usual** Dynamik der Vergangenheit in die Zukunft projiziert			Szenario 2: **Spirit of the Coming Age** Technologischer Sprung mit steigender Energienachfrage		
	2000	2025	2050	2000	2025	2050
Primärenergie-Verbrauch	407	640	852	407	750	1121
Biokraftstoffe	0	5	52	0	7	108
Wasserkraft	30	41	39	30	49	64
Andere erneuerbare Energien	4	50	191	4	38	164
Sonstige (fossil, nuklear)	373	544	570	373	656	785

Tabelle 5: Zwei Energieverbrauchs- und -bereitstellungsszenarien
Quelle: Shell International: Energy Needs, Choices and Possibilities, Scenarios to 2050, 2001.

In einem anderen Szenario, welches unter der Leitlinie: „The Spirit of the Coming Age" steht, spielt die Brennstoffzellentechnologie die weitaus wichtigste Rolle. Dabei wird angenommen, dass sich ein Wasserstoff getriebenes Energiesystem exponentiell und reibungslos ausbreitet, ähnlich der Entwicklung die mit der zunehmenden Kommerzialisierung von Erdölderivaten einherging. Biokraftstoffe im herkömmlichen Sinne, spielen demnach eine weit geringere Rolle, doch wird auch in diesem Szenario ein wesentlicher Teil der zur Wasserstoffherstellung erforderlichen Primärenergie über Biomasse abgedeckt. Wasserstoff aus biogenen Ausgangsmaterialien eingerechnet, liegt der absolute Anteil von Biokraftstoffen im zweiten Szenario sogar in etwa beim Doppelten, verglichen mit dem vorhergehenden Szenario.[90]

Bei beiden Szenarien wird deutlich, dass mit steigender Weltwirtschaftsleistung und wachsender Bevölkerung eine Zunahme des Primärenergieverbrauchs einhergeht, welcher nicht vollständig durch den Ausbau der erneuerbaren Energieträger gedeckt werden kann. Dies wiederum führt möglicherweise, durch die Ausweitung der Nutzung fossiler Energien, zu unberechenbaren Auswirkungen auf das Weltklima. Erdgas wird in beiden Szenarien die Rolle eines wichtigen Energieträgers zur Überbrückung des jetzigen in ein neues Energiesystem beigemessen. Aus Kohle gewonnenes Methan bzw. Wasserstoff nimmt insbesondere im Szenario des „Spirit of the Coming Age" eine bedeutende Position ein und entwickelt sich annähernd analog zu den Biokraftstoffen.

In Bezug auf Biokraftstoffe kann festgehalten werden, dass diese mit knapp über zehn Prozent im ersten Szenario und rund zwölf Prozent Wachstum im zweiten Szenario die Energieträger mit den schnellsten Wachstumsraten sind.

Die Shell Unternehmensstrategie ist derzeit noch überwiegend auf die Verbesserung der Kraftstoffqualität ausgerichtet (V-Power). Strategien zur CO_2-Verminderung in Kraftstoffen werden erst langsam entwickelt. Dabei hat sich das Unternehmen durch die Beteiligungen an den beiden Marktführern im Bereich der sogenannten „2nd Generation Biofuels" (Iogen und CHOREN) in eine komfortabel Position gebracht und wird voraussichtlich forcierte Aktivitäten ergreifen sobald der technologische Durchbruch zur industriellen Anwendung dieser Verfahren geschafft ist.

6.1.2. British Petroleum (BP)

BP hat erkannt, dass das Geschäftsfeld rund um emissionsarme Technologien in den kommenden Jahren eine der am schnellsten wachsenden Wirtschaftsbranchen sein wird. Im Geschäftsbereich „BP Alternative Energy" sind alle Aktivitäten gebündelt die CO_2-Einsparungen versprechen. Neben der Solarenergie auch die Windkraftnutzung und die Entwicklungen im Bereich Wasserstoff. Rund acht Milliarden USD sollen zwischen 2006 und 2015 im Gesamtbereich „BP Alternative Energy" investiert werden.

Im Bereich der Biokraftstoffe ist BP bisher noch zurückhaltender als Shell. Eine anfängliche Zusammenarbeit mit der CHOREN Industries GmbH bei BTL-Kraftstoffen wurde 2005 wieder eingestellt, als Shell einen Minderheitsanteil an CHOREN übernahm.

Biokraftstoffe werden derzeit in Form von Biodiesel mit bis zu fünf Prozent in Deutschland beigemischt.

Insbesondere die Herstellung von Solarmodulen, aber auch die Gewinnung von Windenergie wurde in den vergangenen Jahren stark gefördert. Im Bereich Solartechnologie nimmt BP mit einem Weltmarktanteil von rund 17 Prozent hinter Sharp den zweiten Platz ein.

Im Jahr 2000 betonte der BP Chief Executive Officer (CEO), dass BP zwar in einigen seiner Produkte Biokraftstoffe verkaufe, das Unternehmen jedoch nicht davon überzeugt sei, dass dies die Treibstoffe der Zukunft seien. BP würde mehr auf schadstoffarme Kraftstoffe, LPG (Liquid Petroleum Gas), und Solarenergie setzen.[91]

Da vom Unternehmen erwartet wird, dass fossile Kohlenwasserstoffe auch über die kommenden Jahrzehnte die vorherrschende Energiequelle darstellen werden, wird als eine der großen Herausforderungen für das Unternehmen sinngemäß folgende Frage angesehen: „Wie können möglicherweise schädliche Emissionen reduziert werden, während weiterhin mit dem Verbrennen fossile Kraftstoffe fortgefahren wird?"[92]

Als erster Schritt zur Lösung dieses Problems wird Energie- und Emissionseffizienz gesehen, der zweite Schritt ist die Dekarbonisierung der Kraftstoffe und erst im dritten Schritt nehmen die regenerativen Energien eine bedeutende Stellung ein.

Als sauberster fossiler Kraftstoff wird Erdgas von BP als die Brücke zu einer nachhaltigen Zukunft angesehen. Die eigentliche Unternehmensvision ist jedoch ein von solarem Wasserstoff betriebenes Energiesystem. Mit verschiedenen Unternehmen, unter anderen mit General Motors und DaimlerChrysler werden Projekte durchgeführt, die zu einer schnelleren Markteinführung der Brennstoffzellentechnologie beitragen sollen.

Am 20. Juni 2006 gab BP eine Zusammenarbeit mit DuPont im Bereich Biokraftstoffe bekannt. Als erstes Produkt soll ab 2007 Biobutanol als Mischkomponente für Ottokraftstoffe in Großbritannien vermarktet werden.[93]

Zusammenfassend kann gesagt werden, dass auch bei BP die langfristige Notwendigkeit von Investitionen in regenerative Energien allgemein erkannt wurde, die weltweiten ökonomischen Rahmenbedingungen derzeit jedoch vor allem für eine Weiterführung des bewährten Geschäftsmodells sprechen. Wie Shell und Exxon auch, konnte BP in den vergangen Jahren jeweils Rekordgewinne verbuchen.

Die Unternehmensleitlinien einer fernen Zukunftsvision, in welcher Wasserstoff emissionsfrei aus erneuerbaren Energiequellen hergestellt wird, sehen eher den Einsatz von Wind- und Solarenergie als den von Biomasse als Primärenergieträger vor.

6.1.3. ExxonMobil

Der weltweit größte Ölkonzern ExxonMobil, in der Bundesrepublik unter der Marke Esso vertreten, unternahm bisher im Gegensatz zu anderen Unternehmen der Branche keine Anstrengungen, sich über eigene Geschäftsfelder oder Beteiligungen im Bereich der erneuerbaren Energien zu engagieren. Aus diesem Grund muss sich ExxonMobil jährlich mit einer von Kirchen- und Umweltgruppen initiierten Anteilseignerkampagne auseinandersetzen, die unter anderen mit institutionellen Investoren und Finanzanalysten zusammenarbeitet. Argumentativ baut diese Kampagne vor allem darauf, dass ExxonMobil die Gelegenheit auslässt, frühzeitig in die sich schnell entwickelnden Märkte der regenerativen Energien einzusteigen und sich später gegebenenfalls unter größeren Risiken sowie höheren

Kosten in diesen Bereich einkaufen muss. In diesem Zusammenhang wird außerdem die Befürchtung instrumentalisiert, dass es nicht gelingen könnte, den Anschluss zu halten, da Erfahrungen und Marktverständnis fehlen. Bei der Hauptversammlung Ende Mai 2003 erhielt ein Antrag die Unterstützung von 21 Prozent des vertretenen Kapitals (42 Milliarden US-Dollar), der die Erstellung eines Berichtes darüber forderte, wie ExxonMobil auf den steigenden Druck, erneuerbare Energien zu entwickeln, reagieren werde.

ExxonMobil betont inzwischen, dass man das Thema Klimawandel ernst nimmt, doch gleichermaßen wird beteuert, man glaube, dass die Entwicklung neuer Technologien (und nicht Energieträger) zu einer langfristigen Lösung in dem Konflikt zwischen dem Klimawandel und dem Bedürfnis nach erschwinglicher Energie führen wird.[94]

In der im Februar 2006 von ExxonMobil herausgegebenen Publikation „Tomorrows Energy – a Perspective on Energy Trends, Greenhouse Gas Emissions and Future Energy Options" wird gemutmaßt, dass Biokraftstoffe, Windkraft und Solarenergie gemeinsam bis 2030 (nach einem schnellen Wachstum) zwei Prozent des globalen Primärenergiebedarfs decken werden.[95]

Als Beitrag zur Verhinderung des Klimawandels gibt das Unternehmens folgende Maßnahmen an: Verbesserung der Energieeffizienz, Einsatz von Kraft-Wärmekopplungs-Technologie zur Deckung des Energiebedarf in Raffinerien und Chemieanlagen, Zusammenarbeit mit Toyota und General Motors um der Entwicklung der Brennstoffzellentechnologie zu einer möglichen Alternative im Transportsektor Vorschub zu leisten und die fortwährende Einführung neuer schadstoffärmerer Kraftstoffe. Des Weiteren werden jährlich einige Millionen US-Dollar ausgegeben, um wissenschaftliche und ökonomische Forschung in Bezug auf den Klimawandel zu unterstützen und außerdem Programme zur Pflanzung von Bäumen zu fördern.

Biokraftstoffe, wie auch andere erneuerbare Energien, sollten nach der Auffassung von ExxonMobil den freien Kräften des Marktes überlassen werden, so wie die anderen Energieträger auch. Eine politische Einflussnahme wird abgelehnt, da dies zu Fehlentwicklungen führen könnte.[96]

Die Entwicklung von Technologien zur Erdgasverflüssigung wurde von ExxonMobil in den vergangenen Jahren stark forciert. Mehr als 300 Millionen US-Dollar flossen allein zwischen 1981 und 2002 in diesen Bereich. Der selbst entwickelte Prozess wird „Advanced Gas Conversion for the 21st Century (AGC-21)" genannt. Mitte 2002 wurde zwischen Qatar Petroleum und ExxonMobil ein Vertrag zum Aufbau eines Jointventures unterzeichnet. Es ist geplant, ab 2006/7 verflüssigtes Erdgas von Qatar nach Großbritannien zu verschiffen und dort wieder zu Erdgas umzuwandeln.[97]

Angesichts der Tatsache, dass ExxonMobil durch seine Marktstellung als weltweit größter privater Erdöl- und Erdgasproduzent großen Einfluss auf die Entwicklung im Energiemarkt nehmen kann, ist die Haltung des Konzerns zu Biokraftstoffen und regenerativen Energien allgemein von großer Bedeutung und könnte die gesamte Entwicklung einerseits beschleunigen oder auch weiterhin bremsen. Durch die in den USA übliche starke Einflussnahme der Wirtschaftsunternehmen auf die politischen Entscheidungen hängt auch in gewisser Weise die Einstellung der amerikanischen Regierung von der zukünftigen Strategie dieses mächtigen Konzerns ab.

6.1.4. TotalFinaElf

Auch TotalFinaElf ist im Solar- und Windsektor vertreten. Mit Total Energie, einer gemeinsamen Tochter von TotalFinaElf und EDF werden vor allem die Märkte in den Entwicklungsländern mit Photovoltaiksystemen versorgt. 2003 liefen in diesem Bereich zwei Großprojekte mit 16.000 bzw. 15.000 Haushalten. Mitte 2003 wurde eine Solarfabrik mit einer Jahreskapazität von 10 Megawatt fertig gestellt, an welcher TotalFinaElf einen Anteil von 42,5 Prozent hält.

Im Windkraftsektor ist TotalFinaElf als Projektentwickler und im Bereich Wasserstoff in der Forschung, Produktion, Verteilung, Lagerung und Nutzung aktiv. 2002 wurde zur Unterstützung dieser Tätigkeiten ein Wasserstoffkompetenzzentrum in Berlin gegründet.

Total ist im Bereich Biodiesel, welcher herkömmlichem Dieselkraftstoff beigemischt wird, wie auch in der Ethanolherstellung aktiv. Ethanol wird in Frankreich in der Regel als ETBE (Ethyl-Tertiär-Butyl-Ether) zur Oktanzahlverbesserung und somit zur Unterstützung einer sauberen Verbrennung eingesetzt. Insgesamt wird von Total ETBE und Biodiesel in der Größenordnung von rund 800.000 t pro Jahr in Verkehr gebracht. An sieben ETBE-Anlagen in Belgien, Deutschland, Frankreich und Spanien ist Total beteiligt oder alleiniger Anteilseigner.[98]

6.1.5. ChevronTexaco

In Bezug auf Biokraftstoffe und andere regenerative Energiequellen hat ChevronTexaco keine bedeutenden Geschäftstätigkeiten zu verzeichnen. Die Unternehmensfelder, welche mit innovativer Technologie zu tun haben, liegen in den Bereichen der GTL (Gas to Liquides) Technologie, Brennstoffzellentechnologie, der Vergasung von fossilen Energieträgern oder des CO_2-Recyclings.

Ende 2000 gründeten Chevron und Sasol Synfuels International mit der Sasol Chevron Holding ein gemeinsames Tochterunternehmen. Diese 50-Prozent-Beteiligung ist ChevronTexacos Standbein im Geschäftsfeld der Gasverflüssigung (Gas to Liquids).[99]

Sasol Chevron soll zukünftig weltweit entsprechende Anlagen planen, bauen und betreiben. In den synthetischen Kraftstoffen sieht das Unternehmen hochwertige, umweltfreundliche Energieträger, die sich sowohl zur Emissionsverringerung in gegenwärtigen Motoren verwenden lassen, wie auch den idealen Kohlenwasserstoffträger zur Verwendung in Brennstoffzellen in der Zukunft darstellen. Projekte werden beispielsweise in Quatar und Algerien entwickelt.

Mit verschiedenen Automobilherstellern und Brennstoffzellenunternehmen arbeitet ChevronTexaco zusammen, um auch im zukünftigen Geschäftsfeld der Brennstoffzellentechnologie vertreten zu sein. In dieser Hinsicht liegt ein Schwerpunkt auf der Entwicklung kohlenwasserstoffhaltiger Kraftstoffe für die Anwendung in Brennstoffzellen um zu einer schnelleren Marktreife dieser Technologie beizutragen.

Im Geschäftsfeld der Vergasungstechnologie konzentrieren sich die Anstrengungen auf die Vergasung von Energieträgern wie Kohle, Schweröl oder Raffinerieabfällen. Nach Unternehmensangaben ist ChevronTexaco auf diesem Gebiet führend und kann weltweit 55

Prozent derartiger Aktivitäten für sich verbuchen. Meist ist die Anwendung dieser Technologie an die direkte Nutzung des Gases zur Stromgewinnung gekoppelt, sie wird aber auch zur Herstellung von Chemikalien, Industriegasen oder Düngemittel eingesetzt.

In einem Projekt mit dem Düngemittelhersteller „Farmland Fertilizer" soll das CO_2 aus der Vergasung von „Petroleum Coke" aufgefangen und im Düngemittelproduktionsprozess teilweise recycelt werden.

Durch die starken Aktivitäten im Bereich der Vergasungstechnologie verfügt ChevronTexaco über eine gute Ausgangsposition, um in die Produktion von synthetischen Biokraftstoffen bzw. Biowasserstoff einzusteigen. Es bleibt abzuwarten ob dies rechtzeitig als Chance erkannt und entsprechende Forschungs- und Entwicklungsanstrengungen auf diesem Gebiet unternommen werden, bevor andere Unternehmen die Technologieführerschaft übernehmen.

6.2. Kraftstoffstrategien wichtiger Kraftfahrzeughersteller

Die Interessenslage der Kraftfahrzeughersteller unterscheidet sich in einem bedeutenden Punkt von den Interessen der Ölmultis. Letztere sind in ökonomischer Hinsicht aufgrund ihrer Geschäftsmodelle eher daran interessiert zumindest kurz- bis mittelfristig an der derzeitigen Kraftstoffbereitstellung wenig zu ändern, sondern allenfalls in zusätzlichen Branchen wie der Solar- oder Windenergie tätig zu werden, die mit ihren ursprünglichen Geschäftsfeldern nicht viel zu tun haben.

Die Fahrzeughersteller hingegen forcieren, die die Einführung sauberer und umweltfreundlicher Kraftstoffe tendenziell, da sie im Gegensatz zu den Ölkonzernen im Grunde kein Eigeninteresse an der Nutzung fossiler Energien haben. Im Gegenteil: Bei steigender Umweltbelastung durch Abgase sowie zunehmenden klimatischen Extremen auch in unseren Breiten, stehen letztendlich das Image des Individualverkehrs, als einem der Hauptverantwortlichen und somit auch das Geschäftsmodell der Fahrzeughersteller auf dem Spiel. Mittelfristig gesehen müssen demnach umweltfreundliche Alternativen zumindest angeboten werden oder ernste Bemühungen erkennbar sein um die öffentliche Meinung nicht gegen sich zu wenden.

In jüngster Vergangenheit wurden Biokraftstoffe von der Automobilindustrie regelrecht hofiert, da erkennbar ist, dass die 1998 eingegangene Selbstverpflichtung der europäischen Automobilindustrie, den CO_2-Ausstoß pro gefahrenen Kilometer bei Neufahrzeugen bis 2008 auf 140 g zu senken, nicht erreicht wird. 140 g CO_2/km entspricht einem Verbrauch von 6,0 l/100km bei Benzinern und 5,3 l/100km bei Diesel-Pkw. Daher wird vom deutschen Verband der Automobilindustrie (VDA) die CO_2-Verminderung durch die Nutzung von Biokraftstoffen auch im Rahmen dieser Selbstverpflichtung zu berücksichtigen.[100]

6.2.1. Volkswagen

Der Volkswagenkonzern hat sich in den vergangenen Jahren intensiv mit einer eigenen Kraftstoffstrategie für die kommenden Jahrzehnte befasst. Im Gegensatz zu vielen Konkurrenten setzt VW nicht primär auf die Brennstoffzellentechnologie als Schlüsseltechnologie der Zukunft, sondern ist mittlerweile vielmehr der Meinung, dass der Nachfolger des heutigen Verbrennungsmotors ein besserer Verbrennungsmotor sein wird.

Die starke Abhängigkeit des Straßenverkehrs vom Mineralöl, bei einer sich abzeichnenden sinkenden Verfügbarkeit preiswert förderbarer Reserven birgt nach Ansicht von Wolfgang Steiger, dem Leiter der VW Forschungsabteilung Energieumwandlung große zukünftige Risiken.[101] In dieser Forschungsabteilung des Volkswagen Konzerns sind etwa 140 Personen damit beschäftigt, Strategien und Umwandlungswege zu einer optimierten Zusammenführung von zukünftigen Kraftstoffen und Antriebseinheiten zu erforschen.[102]

Auch in Hinblick auf die politischer Instabilität in den Förderregionen ist nach Auffassung von VW, neben einem sparsamen Umgang mit Kraftstoffen eine mittel und langfristige Diversifizierung der Energiequellen, insbesondere in Richtung alternativer Energieträger geboten. Die Aktivitäten der VW-Konzernforschung konzentrieren sich in diesem Zusammenhang auf folgende drei Bereiche:

1. Die Effizienz der Antriebsaggregate soll weiter erhöht werden;
2. Alternative Energiequellen werden in die Kraftstoffherstellung einbezogen;
3. CO_2-neutrale Pfade zum Fahrzeugbetrieb werden entwickelt.

Da die wesentlichen Forderungen an einen zukünftigen Kraftstoff: Versorgungssicherheit, gesamtwirtschaftliche Tragfähigkeit und Einhaltung von hohen Umwelt- und Klimaschutzvorgaben, derzeit von keinem singulären Energieträger erfüllt werden können, ist nach Auffassung des Konzerns eine Diversifizierung unumgänglich.[103] Da eine Vielzahl verschiedener Kraftstoffe mit dazu passender Motorentechnologie jedoch als unwirtschaftlich erachtet wird, wird die Ansicht vertreten, dass die Diversifizierung auf der Ebene der Primärenergieerzeugung stattfinden sollte. Aus den verschiedenen Primärenergieträgern könnte dann, über den Zwischenschritt eines Synthesegases und nachfolgender Verflüssigung, ein hochwertiger Universalkraftstoff mit immer gleichbleibender Qualität hergestellt werden. Die Eigenschaften der eingesetzten Primärenergieträger spielen bei der Herstellung dieses von VW „SynFuel" getauften Kraftstoffs keine Rolle.

Als ersten Schritt in diesem Kraftstoffszenario erwartet VW die großtechnische Herstellung und quantitativ relevante Versorgung mit synthetischen Kraftstoffen dieser Art aus Erdgas oder Erdölbegleitgasen in einigen Jahren.[104] Die derzeitigen Entwicklungen und Investitionen der Ölmultis in diesem Bereich untermauern diese Erwartungen. Mittelfristig strebt Volkswagen die allmähliche Substitution fossiler Primärenergieträger durch Biomasse in dem Herstellungsprozess an. Als Haupthemmnis in Zusammenhang mit der Markteinführung des von VW „SunFuel" getauften synthetischen Biokraftstoffs wird ein Kostennachteil von etwa 25 Cent je Liter gegenüber seinem, auf Erdgas basierenden Zwillingsbruder „Synfuel" angegeben.[105]

Gemeinsam mit DaimlerChrysler unterstützte VW die CHOREN Industries GmbH beim Bau einer Pilotanlage zur SunFuel-Produktion mit einem Millionenbetrag. Synthetischer Dieselkraftstoff (SunDiesel) aus dieser Anlage wurde mittlerweile auf den Prüfständen des Volkswagen-Konzerns zur vollsten Zufriedenheit getestet.

Um die verbesserten besonderen Eigenschaften der synthetischen Kraftstoffe zukünftig optimal ausnutzen zu können, arbeit VW bereits an einer neuartigen Motorengeneration, dem Combined Combustion System (CCS), welches die jeweiligen Vorteile von Diesel- und Benzinmotoren auf sich vereinen soll.

Wasserstoff wird von VW derzeit als ein Energieträger eingestuft, welcher erst in ferner Zukunft, nach Überwindung diverser Technologiebarrieren in der mobilen Anwendung eingesetzt werden wird. Doch selbst wenn langfristig gesehen regenerativ erzeugter Wasserstoff günstig zur Verfügung stünde, könnte dieser theoretisch zusammen mit Biomasse oder CO_2 beispielsweise aus Fabrikabgasen zur Herstellung von synthetischen Kraftstoffen genutzt werden, so dass der Aufbau einer teuren Infrastruktur zur Wasserstoffbereitstellung und die komplizierten Speichersystemen in den Fahrzeugen entbehrlich wären.

6.2.2. DaimlerChrysler

Im DaimlerChrysler Konzern wurde schon verhältnismäßig früh mit der Erforschung alternativer Antriebskonzepte und Kraftstoffe begonnen. Bis 2003 wurden laut Unternehmensangaben bereits etwa eine Milliarde Euro in diesen Bereich investiert.

Als Engpass beim Einsatz herkömmlicher Kraftstoffe wird in naher Zukunft nicht die Verknappung der fossilen Energieträger, sondern die begrenzte Belastbarkeit von Natur und Klima angesehen.[106] Auch wenn eine Zunahme der Dringlichkeit in der Klimadiskussion vom Unternehmen insbesondere in Europa und Kalifornien erwartet wird, ist man überzeugt, dass Mineralöl auch in den kommenden beiden Jahrzehnten das Rückgrat der Kraftstoffversorgung bleiben wird.

Die Verbesserung der Effizienz des konventionellen Antriebs, bei welcher man ein Potential von 20 Prozent in den kommenden zehn bis 15 Jahren sieht, wird als kurz- und mittelfristiges Konzernziel ausgegeben. Eine bessere Nutzung der Kraftstoffpotentiale bei zukünftigen Antrieben wird vor allem durch den Einsatz des Kraftstoffs als ein Konstruktionselement in einem ganzheitlichen Optimierungsansatz erwartet.

Mit einem wesentlichen Beitrag von regenerativ hergestellten Kraftstoffen und neuen Antriebskonzepten rechnet man bei Daimler Chrysler erst nach 2010.

Langfristig geht DaimlerChrysler von einer zunehmende Marktdurchdringung erneuerbarer Kraftstoffe aus, welche in Verbindung mit der Brennstoffzellentechnologie zu einem emissionsfreien, bzw. im Fall von Methanol aus Biomasse zu einem emissionsarmem Betrieb von Kraftfahrzeugen führen wird.[107]

Nachdem 1999 eine Startserie von 10.000 Brennstoffzellen-Pkw für das Jahr 2004 angekündigt wurde, was sich inzwischen als eine zu ambitionierte Planung herausstellte, scheint man nun wesentlich zurückhaltender zu sein, was Prognosen zur Serienreife angeht. Forschungsvorstand Thomas Weber betont in diesem Zusammenhang, dass aus Wirtschaftlichkeitsgründen eine Startserie von über 100.000 Fahrzeugen nötig sei.

In Bezug auf die Speicherform des Kraftstoffs für die Brennstoffzelle setzte DaimlerChrysler bisher maßgeblich auf Methanol, welches in einem Onboard-Reformer zu Wasserstoff und CO_2 umgewandelt wird. Eine aufwendige Wasserstoff-Infrastruktur würde dadurch entfallen und die Markteinführung wäre wesentlich einfacher. Erforscht werden jedoch auch andere mögliche Formen der Wasserstoffspeicherung bis hin zu Natrium-Borhydriden welche eine Wasserstoffspeicherung in seifiger Form ermöglichen.[108] Von der Wasserstoff-Nutzung in Verbrennungsmotoren war Daimler jedoch im Gegensatz zum direkten Konkurrenten BMW bereits vor geraumer Zeit abgerückt. 1989 wurde das entsprechende Forschungsprojekt beendet, da von der Brennstoffzelle ein weitaus besserer Wirkungsgrad erwartet wird.

Mitte 2003 ist der erste Großflottentest mit Mercedes-Benz Brennstoffzellenbussen der Modellserie „Citaro" in Madrid angelaufen.

Auch wenn die Unternehmensstrategie von DaimlerChrysler nicht primär auf biogene Kraftstoffe ausgerichtet ist, wird Biomasse mittelfristig eine wesentliche Rolle zur Erzeugung von regenerativen Sekundärenergieträgern wie etwa Methanol beim Einsatz in Brennstoffzellen Systemen spielen. Die Kooperation mit der Firma CHOREN Industries GmbH und Volkswagen in Bezug auf synthetische Biokraftstoffe hat die Entwicklung in diesem Bereich ganz erheblich unterstützt. Für DaimlerChrysler steht mittlerweile auch synthetischer Dieselkraftstoff (SunDiesel) im Vordergrund. In den ersten Monaten des Betriebs der Pilotanlage der Firma CHOREN wurde zunächst mit großem Erfolg eine erhebliche Menge Methanol produziert, doch bleibt abzuwarten ob bzw. ab wann methanolbetriebene Brennstoffzellenfahrzeuge als Nutzer dieser relativ einfach aus Synthesegas herzustellenden Flüssigkeit tatsächlich am Markt verfügbar sein werden.

6.2.3. Ford

Derzeit werden von der Ford Motor Company verschiedene Modelle für den Betrieb mit Ethanol, Erdgas, Propan sowie auch Elektrofahrzeuge auf dem US-Markt angeboten. Insbesondere Regierungs- und Firmenfahrzeugflotten greifen auf dieses Angebot zurück. Grundsätzlich ist für den Fordkonzern jedoch die mit Wasserstoff betriebene Brennstoffzellentechnologie das favorisierte Antriebsaggregat der Zukunft.

In den Vereinigten Staaten, in Schweden sowie in Deutschland werden für den Betrieb mit Ethanol in dem marktüblichen Mischungsverhältnis 85 Prozent Bioethanol und 15 Prozent Benzin (E85) mehrere so genannte „Flexible Fuel" Modelle angeboten.[109] Dies bedeutet, dass die Fahrzeuge mit jedem Mischungsverhältnis zwischen null und 85 Prozent Ethanol betankt werden können.

Auf dem europäischen Markt bietet der zum Ford-Konzern gehörende schwedische Hersteller Volvo seit Mitte 2001 je ein Fahrzeug der Produktreihen V70 und S80 als Erdgas-Bi-Fuel Model an. Diese Fahrzeuge verfügen über zwei verschiedene Tanks und können sowohl mit Erdgas bzw. aufbereitetem Biogas, als auch mit herkömmlichen Ottokraftstoffen betrieben werden.

Mit Ballard Power Systems Inc., dem weltweit führenden kanadischen Hersteller für mobile Brennstoffzellentechnologie besteht seit 1997 eine Allianz zur Entwicklung von Brennstoffzellensystemen für den Einsatz in Personen- und Nutzfahrzeugen. Mitte 2002 wurde von Ford und Ballard ein stationäres mit Wasserstoff betriebenes Generatorsystem vorgestellt welches jedoch nicht mit einer Brennstoffzelle, sondern mit einem Ford Verbrennungsmotor bestückt ist.[110] Im Bereich der Wasserstoffnutzung im Verbrennungsmotor ist

Ford nach Unternehmensangaben der einzige Hersteller in den USA der intensiv an dieser Technologie arbeitet, da sie als Brücke zum Einsatz von Brennstoffzellen angesehen wird. Neben Ford ist auch der deutsche Hersteller BMW in der Entwicklung von wasserstoffbetriebenen Verbrennungsmotoren aktiv.

Bezogen auf die USA geht Fords Brennstoffzellen-Manager Scott Staley davon aus, dass die ersten mit Brennstoffzellen betriebenen Fahrzeuge im Jahr 2020 serienreif sind und im Jahr 2050 etwa 40 Prozent der Verkaufserlöse des Unternehmens ausmachen werden.

Auch in der deutschen Unternehmenssparte ist die Marke Ford im Bereich der Erforschung von Brennstoffzellentechnologie aktiv. Von dem Brennstoffzellen-Fahrzeug „Ford Focus FCEV Hybrid" der im Oktober 2002 vorgestellt wurde, sollen zunächst 60 Fahrzeuge für Testzwecke gebaut werden. Den Preis für ein derartiges Auto bezifferte der deutsche Ford Forschungschef Rudolf Kunze mit rund zwei Millionen Euro. Brennstoffzellenfahrzeuge wie der Focus FCEV können nach seiner Einschätzung nicht vor dem Jahre 2015 zum Preis eines herkömmlichen PKW angeboten werden.[111] Die ersten Brennstoffzellen-Fahrzeuge sieht Kunze zunächst auch nur im lokal begrenzten Betrieb. Mit einem flächendeckenden Waserstoff-Tankstellennetz rechnet er erst ab 2025.

6.2.4. General Motors (GM)

General Motors ist der größte Produzent von „Flexible Fuel"-Fahrzeugen in den USA. Bezogen auf den Gesamtbestand von derzeit etwa drei Millionen derartiger Autos stammt etwa ein Drittel aus der Produktion von GM. Da es jedoch nur relativ wenige Tankstellen gibt, an denen die 85-prozentige Mischung aus Ethanol und Benzin (E85) bezogen werden kann, laufen viele Fahrzeuge dieser Art mit gewöhnlichem Benzin. In Brasilien werden von GM auch Fahrzeuge für den Betrieb mit reinem Ethanol produziert.

Wasserstoff wird bei GM als der Treibstoff mit dem langfristig größten Zukunftpotential eingeschätzt. Durch die höhere Effizienz der Brennstoffzellentechnologie gegenüber dem Verbrennungsmotor sieht man in ihr, in Kombination mit regenerativ erzeugtem Wasserstoff das effektivste Mittel um dem Klimawandel entgegenzutreten.[112]

Als Vision einer zukünftigen Entwicklung von Antriebssystemen und Kraftstoffen sieht man bei GM einen durch kontinuierliche Verbesserungen gekennzeichneten Übergang von Verbrennungsmotoren und Hybridfahrzeugen hin zu wasserstoffbetriebenen Fahrzeugen aber auch zu Biokraftstoffen. Insbesondere Ethanol aus zellulosehaltiger Biomasse wird mittel- bis langfristig in vielen Regionen außer in Europa ein hohes Potential eingeräumt.

Die Hauptentwicklungsanstrengungen in Bezug auf alternative Kraftstoffe werden jedoch im Bereich Wasserstoff unternommen. Beispielsweise wurde in Kooperation mit Shell anlässlich der „Hydrogen 2003" in Washington D. C. eine „real life" Demonstration von Wasserstoff-Brennstoffzellen-Fahrzeugen mit zugehöriger Betankungsinfrastruktur etabliert. Auch wenn der Klimawandel als ernstes Thema angesehen wird wendet sich GM, wie wohl die meisten anderen Kfz-Hersteller auch, entschieden gegen jede Art von verbindlichen Emissionsreduktionsvorgaben oder Zeitpläne. Die Entwicklung von neuen, kostengünstigen Technologien wird in dieser Hinsicht als die effektivste Lösung der Klimaprobleme erachtet.[113]

Berücksichtigt man jedoch den Trend der vergangenen Jahre zu so genannten Sport Utility Vehicles (SUVs), bleibt zu befürchten, dass jegliche Erfolge im Sinne von Effizienzsteigerungen, über ein höheres Gewicht und stärkere Motoren der Automobile wieder kompensiert werden, so dass der durchschnittliche Fahrzeugverbrauch auch mittelfristig nicht sinkt.

6.2.5. Toyota

Die Toyota Motor Corporation verfügt über eine bis 1992 zurückreichende Historie in der Entwicklung von Brennstoffzellen-Fahrzeugen. Seit 1996 wurden mehrere Brennstoffzellen-Fahrzeuge mit verschiedenen Tank- bzw. Reformersystemen vorgestellt.

In naher Zukunft sieht Toyota vor allem Hybridfahrzeuge mit herkömmlichem Antrieb, langfristig dann in Kombination mit Brennstoffzellen, als technologisches Ziel. Mit der Einführung des Hybridfahrzeugs Toyota Prius setze das Unternehmen einen Meilenstein auf dem Weg zu mehr Effizienz vor allem im Stadtverkehr. Bei diesen Fahrzeugen wird die Bremsenergie zwischengespeichert und beim Anfahren bzw. Beschleunigen wieder über Elektromotoren bereitgestellt.

Gemeinsam mit Regierungen und weiteren Unternehmen hat sich Toyota zum Ziel gesetzt, langfristig gesehen eine Wasserstoff-Infrastruktur zu etablieren. In der Zwischenzeit sieht das Unternehmen jedoch die Nutzung der existierenden Tankstelleninfrastruktur für die Versorgung von Brennstoffzellenfahrzeugen mit speziellen Treibstoffen als Alternative. In diesem Zusammenhang wird daran gearbeitet, einen neuartigen Treibstoff auf Basis von Benzin zu entwickeln.[114] CHF (Clean Hydrocarbon Fuel) soll in Verbindung mit einem Reformer in Brennstoffzellenantrieben genauso einsetzbar sein, wie in herkömmlich Verbrennungsmotoren und hätte somit wohl ähnliche Eigenschaften wie das von Volkswagen entwickelte „SynFuel" bzw. „SunFuel". Auch Methanol oder Erdgas wird von Toyota als möglicher Treibstoff zur mittelfristigen Anwendung in Brennstoffzellenfahrzeugen erwogen.

Als Primärenergieträger zur Wasserstoffproduktion setzt Toyota hauptsächlich auf fossile Rohstoffe. Biomasse und regenerativ erzeugtem Strom misst man eine eher geringe Rolle zu. Toyota betont die Notwendigkeit, eine „best mix strategy" unter Einbeziehung aller relevanten Faktoren wie CO_2-Emissionen, Kosten und Verfügbarkeit zu entwickeln.[115]

7. Biokraftstoffe

In diesem Teil der Studie werden die wichtigsten Biokraftstoffe in Bezug auf Herstellungsverfahren, Rohstoffpotential, Energiebilanz und Wirtschaftlichkeit untersucht. Eine isolierte Betrachtung der verschiedenen Kraftstoffe in ökonomischer Hinsicht wäre zu kurz gegriffen, da es nicht möglich ist alle Einflussfaktoren, die insbesondere in der Zukunft die Wirtschaftlichkeit eines Kraftstoffes beeinflussen könnten monetär zu quantifizieren.

Durch die Berücksichtigung der Substitutionspotentiale aber auch der Energiebilanzen im ökonomischen Gesamtzusammenhang wird daher ein eher weicheres, vornehmlich auch von der zukünftigen technologischen Entwicklung abhängiges Bild hinsichtlich des Potentials der verschiedenen Kraftstoffe und Herstellungsverfahren gezeichnet.

Wenn man zudem davon ausgeht, dass der Erfolg einzelner Biokraftstoffe nicht nur von deren unmittelbaren Wirtschaftlichkeit abhängt, sondern auch erhebliche von den qualitativen Eigenschaften, Konzernstrategien und politischen Kräfte beeinflusst wird, wird deutlich, wie komplex die Abschätzung der Potentiale der einzelnen Biokraftstoffe ist und in Zukunft sein wird.

Die Favorisierung von Wasserstoff in Reinform als Energieträger in einem langfristigen Rahmen durch nahezu alle bedeutenden Mineralöl- und Automobilkonzerne unterstreicht diese Feststellung. Wasserstoff kann zwar auch aus Biomasse relativ kostengünstig erzeugt werden, doch sind Fragen zur Transport- und Speicherproblematik noch weitgehend ungelöst. Insbesondere die Verflüssigung und Speicherung bei –253 °C bzw. in Drucktanks bei 800 bar ist äußerst energie- und kostenaufwendig. Ob sich eine entsprechende Infrastruktur unter gesamtwirtschaftlichen Gesichtspunkten jemals realisieren lässt, ist derzeit noch nicht abzusehen. Und doch halten alle Konzerne zumindest auf langfristige Sicht an gerade diesem Energieträger fest, da er in ihren Augen durch seine Universalität in der Erzeugung und bei der Nutzung unschlagbare Vorteile mit sich bringt.

Ob dieser Vorteil die Nachteile wirklich überwiegt oder ob sich langfristig nicht doch andere regenerative Kraftstoffe mit höherer Energiedichte pro Volumeneinheit sowie einfacherer Transport- und Lagerinfrastruktur behaupten werden, bleibt abzuwarten.

Weitreichende Einigkeit besteht zumindest mittlerweile darüber, dass der Schritt in die „Wasserstoffgesellschaft" nicht nahtlos erfolgen wird, sondern durch verschiedene Energieträger wie synthetische Kraftstoffe aus Erdgas und Biomasse sowie herkömmlichem komprimierten Erdgas bzw. Biomethan (CNG) eine Brücke hin zum langsam immer stärker in den Vordergrund tretenden Wasserstoff gebaut werden muss. Pflanzenöle und Biodiesel nehmen in diesem Zusammenhang eine Sonderstellung ein, da ihre Vorteile weniger in einer höheren Qualität gegenüber mineralischen Kraftstoffen, sondern eher in der relativ einfachen Erzeugung im Vergleich zu anderen Biotreibstoffen liegen.

Vor dem Hintergrund der in den Kapiteln 2. bis 4. ausgeführten Motivationen zur Substitution von konventionellen durch alternative Kraftstoffe kristallisieren sich einige für die praktische Umsetzung wesentliche Eigenschaften heraus, welche zukünftige ökologisch vorteilhafte und gesamtwirtschaftlich sinnvolle Kraftstoffe erfüllen müssen:[116]

- Eine mittel- und langfristige Erzeugung aus verschiedenen unbegrenzten und regenerativen Ressourcen soll gewährleistet sein;
- Ein systemfreundlicher Übergang von konventionellen Kohlenwasserstoffen mit stetig zunehmenden Anteilen erneuerbarer Energien sollte hinsichtlich der Herstellung und Infrastruktur möglich sein;
- Eine Kompatibilität mit Verbrennungsmotoren- und der Brennstoffzellentechnologie wie auch mit verschiedenen Fahrzeugarten wie Nutzfahrzeuge und Pkw sowie der stationären Anwendung muss gewährleistet sein;
- Hinsichtlich vorteilhaftem Handling und Sicherheit und möglichst geringer Human- und Umwelttoxizität sollten sie breite öffentliche Akzeptanz finden.

7.1. Pflanzenöl und Biodiesel (FAME) als Kraftstoff

Pflanzenöle und Fatty Acid Methyl Ester (FAME) bzw. Rapsöl Methyl Ester (RME) werden in diesem Kapitel gemeinsam behandelt, da bei der Biodieselproduktion lediglich eine Weiterverarbeitung des Pflanzenöls stattfindet. Der überwiegende Teil der Aussagen, zur Abschätzung des Potentials, gelten somit für Pflanzenöl und Biodiesel gleichermaßen.

Kraftstoff	Heizwert MJ/kg	Heizwert MJ/l	Dichte kg/l
Rapsöl	38	34	0,92
Biodiesel	37	33	0,88
Diesel	43	36	0,84

Tabelle 6: Heizwerte und Dichten von Rapsöl, Biodiesel und Diesel
Quelle: In Anlehnung an: netzwerk regenerative kraftstoffe, Daten/Tabellen, www.refuelnet.de

In Deutschland ist Biodiesel der mit Abstand meistgenutzte Biokraftstoff. Er wird in der Bundesrepublik seit 2004 auch in großem Umfang als Mischkomponente (max. fünf Vol.-Prozent) über das bestehende Tankstellennetz vermarktet. Vor 2004 wurde er ausschließlich in Reinform genutzt.

Benutzergruppe	Menge im Jahr 2005	Anteil
Nutzfahrzeuge (Eigenverbrauchstankstellen)	680.000 t	38 %
Beimischung zu Mineralöldiesel	600.000 t	33 %
Nutzfahrzeuge an öffentlichen Tankstellen	276.000 t	15 %
Pkw an öffentlichen Tankstellen	244.000 t	14 %
Gesamt	1.800.000 t	100 %

Tabelle 7: Verwendung von Biodiesel nach Benutzergruppen in Deutschland 2005
Quelle: Bockey, D. (Union zur Förderung von Oel- und Proteinpflanzen e. V.) Hrsg.: Biodiesel und pflanzliche Öle als Kraftstoffe – aus der Nische in den Kraftstoffmarkt, Stand und Entwicklungsperspektiven, 2006, http://www.ufop.de/downloads/Biodieselb_dt_230206.pdf

Falls keine Herstellerfreigabe der Fahrzeuge für den Biodieselbetrieb vorliegt, ist eine Umrüstung empfehlenswert.

Aufgrund von in der Vergangenheit gelegentlich aufgetretenen Schäden an den Einspritzsystemen und den beim Biodieselbetrieb möglicherweise nicht einhaltbare Abgasnormen, haben auch die neuen Modelle des VW-Konzerns ab Mitte 2003 keine automatische Biodiesel-Freigabe mehr erhalten. Stattdessen wird ein Biodiesel-Sensor angeboten, der den Biodiesel-Anteil im Kraftstoff erkennen kann und daraufhin die Motorsteuerung entsprechend anpasst.

Für die Nutzung von Pflanzenöl gibt es keine Herstellerfreigaben. Daher ist eine Umrüstung obligatorisch.

7.1.1. Herstellungsverfahren von Pflanzenöl und Biodiesel

> *Herstellungsverfahren von Pflanzenöl*

Im Wesentlichen gibt es drei verschiedene Verfahren der Pflanzenölgewinnung: Die Kaltpressung, die Warmpressung ohne Extraktion und die Warmpressung mit Extraktion.

Üblicherweise erfolgt die Gewinnung von Pflanzenölen in zentralen, nach dem Extraktionsverfahren arbeitenden Großanlagen. Die Kapazitäten liegen in der Regel zwischen 1.000 und 4.000 t pro Tag.[117]

Das Verfahren der Rapsölgewinnung durch Extraktion ist in mehrere Schritte untergliedert.[118, 119, 120]

- Vorbehandlung: Beim ersten Schritt wird die Ölsaat gereinigt, getrocknet, zerkleinert und konditioniert.

- Ölgewinnung: Die angequetschte Ölsaat wird kurzzeitig auf 100 °C erhitzt und anschließend durch eine Vorpressung mit einer Schneckenpresse ein Großteil des Öls abgetrennt, bevor der zurückbleibende Ölschilfer durch Lösungsmittelextraktion mit Hexan weiter entölt wird. Daraufhin wird das so genannte Miscella (mit Öl angereichertes Lösungsmittel) in der Regel durch eine mehrstufige Destillation wieder in die Fraktionen Öl und Hexan getrennt.

- Nachbehandlung der Rückstände: Eine Nachbehandlung des Extraktionsschrotes wird primär zur Rückgewinnung des Lösungsmittels durchgeführt.

- Raffination: Die Raffination beinhaltet vier Schritte. Durch die Entschleimung werden die Phospholipide entfernt, die Entsäuerung dient der Entfernung von freien Fettsäuren, bei der Bleichung werden Farbstoffe und Spurenmetalle reduziert und durch die Desodorierung werden Geschmacksstoffe und Oxidationsprodukte eliminiert.

Da bei der Lösungsmittelextraktion eine große Menge Begleitstoffe mit in das Öl gelangen, ist eine Raffination nahezu für jede Verwendungsrichtung notwendig. Die Ölausbeute liegt bei diesem Verfahren bei rund 99 Prozent.[121] Die Nachteile sind ein hoher Energie- und Chemikalieneinsatz. Die Ölgewinnung aus Soja oder Sonnenblumen ist ohne den Extraktionsschritt kaum wirtschaftlich, da die Ölausbeute sonst sehr gering wäre.[122]

Bei der Warmpressung ohne Extraktion wird die Ölsaat ebenfalls angequetscht und auf 100 °C erwärmt, bevor die Auspressung in der Schneckenpresse erfolgt. Das Öl wird daraufhin durch Filter und Zentrifugen von Fest- und Trübstoffen getrennt und anschließend der Raffination unterzogen. Die Ölausbeute bei diesem Verfahren beträgt rund 90 Prozent.[123]

Das dritte Verfahren, die Kaltpressung, eignet sich insbesondere zur dezentralen Anwendung, da die Verfahrensschritte wesentlich vereinfacht sind.

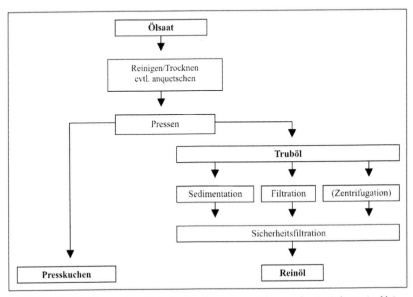

Abbildung 1: Verfahrensablauf bei der Gewinnung von Pflanzenölen in Anlagen im kleinen Leistungsbereich

Quelle: Widmann, B. et al.: Produktion und Nutzung von Pflanzenölkraftstoffen, in: Kaltschmitt, M.; Hartmann, H. (Hrsg.): Energie aus Biomasse – Grundlagen, Techniken und Verfahren, Spinger-Verlag Berlin et al. 2001, S. 550.

Die Entölung der Ölsaat findet bei diesem Verfahren ausschließlich auf mechanische Weise in einer Schneckenpresse statt. Daher liegt die Ölausbeute bei maximal 85 Prozent. Die Kapazitäten gängiger dezentraler Anlagen liegen zwischen 0,5 und 25 t pro Tag.[124]

> *Herstellungsverfahren Biodiesel*

Sollen Pflanzenöle als Treibstoff eingesetzt werden, so gibt es grundsätzlich zwei Möglichkeiten. Entweder der Motor wird dem Treibstoff angepasst oder der Treibstoff wird dem Motor angepasst. Biodiesel hat sich aus einer Reihe anderer Möglichkeiten als die beste herausgestellt, Pflanzenöle in ihren Fließ- und Verbrennungseigenschaften denen des mineralischen Diesels anzugleichen.

Die Herstellungsverfahren von Pflanzenölen, die der Biodieselproduktion vorangehen, sind identisch mit den im vorherigen Kapitel beschriebenen Verfahren zur Erzeugung von Pflanzenöl als Kraftstoff.

In einem darauf folgenden Verarbeitungsschritt findet die Umesterung der Öle statt. Dabei wird der dreiwertige Alkohol Glycerin durch den einwertigen Alkohol Methanol im Verhältnis 1 : 3 ersetzt. Da alle Öle und Fette aus Triglyceriden bestehen, ist dieser Verarbeitungsschritt immer gleich.

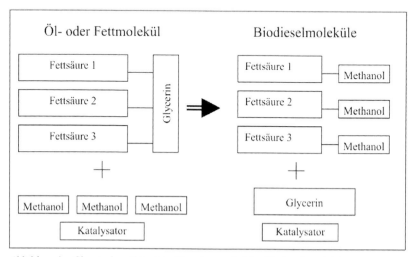

Abbildung 2: Chemischer Ablauf der Umesterung bei der Biodieselproduktion

Bei dem Vorgang der Umesterung werden Pflanzenöl und Methanol im Verhältnis von etwa 9 : 1 vermischt und durch die Zugabe einer geringen Menge eines alkalischen Katalysators wie Natriumhydroxyd, Kaliumhydroxid oder Kaliummethylat in einer Rührmaschine bei 50 bis 80 °C zur Reaktion gebracht. Das bei diesem Prozess anfallende Glycerin findet vorwiegend in der chemischen Industrie seine Verwendung.

Das für die Biodieselproduktion erforderliche Methanol wird derzeit fast ausschließlich aus Erdgas hergestellt. Die Gewinnung von Methanol aus Biomasse ist möglich, aber noch nicht konkurrenzfähig. Als Anreiz zur Entwicklung kostengünstiger Methanol-Produktionsmethoden aus nachwachsenden Rohstoffen (siehe Kapitel: Biokraftstoffe aus Synthesegas) sollte perspektivisch nur der Biodieselanteil, der tatsächlich biogenen Ursprungs ist als Biokraftstoff definiert werden. Derzeit wird das Fertigprodukt Biodiesel als Biokraftstoff gefördert und damit auch das anteilig enthaltene aus fossilen Rohstoffen hergestellte Methanol.

7.1.2. Rohstoffpotential von Pflanzenöl und Biodiesel

Zur Ernte 2005 erreicht der Rapsanbau für die stoffliche und energetische Nutzung mit einer Fläche von knapp über 1 Million ha einen neuen Rekord in Deutschland. Dies entspricht bei einer nationalen Ackerfläche von 11,8 Millionen ha einem Anteil von rund 8,5 Prozent. Hinzu kommt der Anbau von Raps zur Nutzung als Nahrungsmittel. Insgesamt wurden 2005 auf 1,32 Millionen ha nachwachsende Rohstoffe angebaut.[125] Dies entspricht 11,2 Prozent der Ackerfläche.

Bemerkenswert ist, dass der Rapsanbau als nachwachsender Rohstoff auf der Basisfläche den Rapsanbau auf der Stilllegungsfläche mittlerweile deutlich überschritten hat. Auf sogenannten Stilllegungsflächen erzeugter Raps darf nicht als Nahrungsmittel vermarktet werden.

Das maximale Substitutionspotential von Pflanzenöl oder Biodiesel in Deutschland liegt rein rechnerisch bei rund neun Prozent des Dieselverbrauchs von 2004 in Höhe von 27,5 Millionen t (1.156 PJ) bzw. 4,1 Prozent des Verkehrs-Kraftstoffverbrauchs in Höhe von 2.548 PJ[126] (einschließlich Luftfahrt). Die Begrenzung ergibt sich aus der verfügbaren Ackerfläche von 11,8 Millionen ha und den Fruchtfolgeansprüchen eines nachhaltigen Landbaus mit einer rund vierjährigen Anbaupause nach dem Anbau von Raps auf der entsprechenden Fläche, da Raps keine mit sich selbst verträgliche Kultur ist. Dabei muss auch bedacht werden, dass einerseits in der Praxis Raps teilweise in einer engeren Fruchtfolge angebaut wird, andererseits jedoch nicht alle Ackerflächen ohne Einschränkungen für den Rapsanbau geeignet sind.

Um dieses Potential auszuschöpfen, müssten demnach 20 Prozent der deutschen Ackerfläche bzw. 2,4 Millionen Hektar mit Raps oder sonstigen Ölpflanzen bestellt werden. Dies würde bei Hektarerträgen von durchschnittlich 3,7 t Raps und einem Ölgehalt von 40 Prozent sowie einer Ausbeute von 99 Prozent durch das Extraktionsverfahren zu einem Ölertrag von 1,465 t/ha bzw. rund 3,5 Millionen t Pflanzenöl pro Jahr führen. Zieht man von dieser Menge 800.000 t für Nahrungszwecke und als Industrierohstoffe ab, so blieben rund 2,7 Millionen t (103 PJ) für die Nutzung als Kraftstoff. Bereinigt um den niedrigern Heizwert von Rapsöl (38 MJ /kg) gegenüber Diesel (43 MJ /kg) sind dies rund 2,4 Millionen t Dieseläquivalent.

Zur besseren Vergleichbarkeit der verschiedenen Biokraftstoffe untereinander soll festgehalten werden, dass zur Substitution von zehn Prozent des deutschen Kraftstoffverbrauchs (254 PJ) durch Pflanzenöl, bei einem Kraftstoffertrag von 55,5 GJ/ha, rein rechnerisch 4,57 Millionen ha oder 39 Prozent der Ackerfläche mit Raps bestellt werden müssten. Die Flächenansprüche der Biodieselerzeugung zur Substitution von 254 PJ liegen bei 4,70 Millionen ha oder 40 Prozent der Ackerfläche, da lediglich 54 GJ Kraftstoff pro Hektar erzeugt wird.

Bei einer mechanischen Kaltpressung liegt die Ölausbeute von Raps bei rund 85 Prozent, was das rechnerisch maximale Substitutionspotential auf etwa 3,5 Prozent des Kraftstoffverbrauchs im Verkehrsbereich absenkt.

Über den Zuchtfortschritt bei Raps oder durch innovative Mischfruchtanbauverfahren von Nahrungspflanzen und ölhaltigen Rohstoffpflanzen ließe sich jedoch in Zukunft voraussichtlich ein etwas höheres absolutes Potential erschließen. Es muss jedoch auch berücksichtigt werden, dass die Rapserträge je nach Witterungsverlauf der Vegetationsperiode stark schwanken können. Während aufgrund der extremen Trockenheit 2003 die Erntemengen einbrachen, konnte 2004 eine Rekordernte erzielt werden.

Ein mehrjähriger Versuch auf Ökobetrieben in Bayern beispielsweise beweist, dass Leindotter, zusammen mit Getreide oder Erbsen ausgesät und gemeinsam geerntet, zu keinen Ertragsrückgängen bei den primären Nutzpflanzen führt, sondern bei Getreide sogar zu einem höheren Klebergehalt und bei Futtererbsen zu Ertragssteigerungen von bis zu zehn Prozent. Die Erträge der Leindottersamen liegen bei diesen Mischkulturen zwischen 0,08 und 0,27 t pro Hektar.[127]

Zudem bietet der Import von Pflanzenölen aus wirtschaftlich benachteiligten Ländern mit oftmals ungenutzten Flächen gemeinsam mit flankierenden sozialen Maßnahmen ein Instrument zur nachhaltigen Förderung der dortigen Landwirtschaft. In tropischem Klima werden Pflanzenöle hauptsächlich in Dauerkulturen wie Ölpalmen oder Kokospalmen erzeugt und somit nicht durch eine Fruchtfolge-Begrenzung eingeschränkt. Allerdings führt insbesondere in Südostasien der exzessive Anbau von Ölpalmen auf teilweise zuvor illegal gerodeten Regenwaldflächen zu einer erheblichen Problematik.

Die Nutzung der Purgiernuss (Jatropha curcas L.) kann in diesem Kontext insbesondere auch auf sehr kargen Böden, die für Nahrungsmittelerzeugung bereits aufgegeben wurden oder nicht nutzbar sind, ein erhebliches Potential für die Pflanzenölerzeugung bieten. Auch wenn das Ertragspotential pro ha begrenzt ist, findet dieser Strauch in letzter Zeit immer größere Beachtung als potentieller Rohstofflieferant für die Biodieselproduktion.

Bei einem deutschen Selbstversorgungsgrad von unter einem Prozent in Bezug auf Erdöl ist es irreführend, wenn in Hinsicht auf das Substitutionspotential von Biokraftstoffen lediglich das heimische Erzeugungspotential berücksichtigt wird. Zumal die besonders leistungsfähigen Ölpflanzen in den tropischen Regionen heimisch sind. Schrimpff gibt an, dass zwölf Prozent des afrikanischen Kontinents mit Ölpalmen bepflanzt bei einem Ertrag von 10.000 Liter Öl pro Hektar den weltweiten Erdölbedarf abdecken könnten.[128] Dass diese Kalkulation rein hypothetisch ist, wird von Schrimpff selbst betont, doch könnten ihm zufolge bei rund 2.000 verschiedenen anbaufähigen Arten jeweils die den entsprechenden Standortbedingungen am besten angepassten Ölpflanze ausgewählt werden.

Global gesehen wäre zur Produktion des Mineralöl-Primärenergieverbrauchs 2004 in Höhe von rund 3,78 Milliarden t RÖE (158,3 Exajoule)[129], bei durchschnittlichen Ölerträgen von 10.000 Litern (9,2 t bzw. 350 GJ) pro ha, somit rund 4,52 Millionen Quadratkilometer (qkm) erforderlich. Dies entspricht 3,0 Prozent der 149 Millionen qkm bemessenden globalen Landfläche.[130]

Legt man jedoch ein realistischeres globales durchschnittliches Ertragsniveau von 55,5 GJ oder 1,465 t (1.600 Liter) Pflanzenöl pro ha – was in etwa dem gegenwärtigen Ertrag von Rapsöl in Deutschland entspricht – zu Grunde, steigt die weltweit erforderliche Landfläche auf 19,1 Prozent oder 28,5 Millionen qkm an. Dies würde die derzeit weltweit verfügbare Ackerfläche von rund 15 Millionen qkm[131] weit überschreiten. Durch den etwas geringeren Heizwert von Biodiesel liegt die zur Substitution erforderliche Flächenbedarf dieses Kraftstoffs geringfügig höher.

Zudem muss bedacht werden, dass entweder weiterhin fossile Energien zur Produktion der Pflanzenölkraftstoffe eingesetzt werden oder aber, analog zur Energiebilanz der Herstellungsverfahren, zusätzliche erneuerbare Energien bereitgestellt werden müssen.

Dieses Rechenbeispiel mag einerseits das Pflanzenölpotential relativieren, andererseits verdeutlicht es unseren verschwenderischen Umgang mit fossilen Energieträgern. Dennoch bietet die Pflanzenölproduktion insbesondere in tropischen Regionen ein erhebliches Potential als Beitrag zu einer nachhaltigen Kraftstoffversorgung der Zukunft.

Der Einwand, dass ein verstärkter Ölpflanzenanbau in den Entwicklungsländern durch die Allokation von Flächen zu einer Verschärfung der Nahrungsmittelversorgung führen würde, lässt sich nicht pauschal von der Hand weisen, doch bleibt zu berücksichtigen, dass die potentielle landwirtschaftliche Nutzfläche meist nicht der limitierende Faktor ist und diese Nationen oftmals lediglich landwirtschaftliche Rohstoffe als exportfähige Güter produzieren können. Ein attraktiver Pflanzenölweltmarkt könnte daher besonders in den wirtschaftlich benachteiligten Regionen der Welt langfristig zu mehr Arbeit und Wohlstand führen. Er bietet sogar eine reelle Chance das ökonomische Ungleichgewicht zwischen Industrie- und Entwicklungsländern zu reduzieren und den letzteren eine ausgeglichene Außenhandelsbilanz zu ermöglichen. Jedoch nur wenn die Industrieländer strenge Gütesiegel in Bezug auf nachhaltigen Anbau und angemessene soziale Standards legen. Ein Abholzen von Naturwäldern zur Etablierung von riesigen Palmölplantagen und ausbeuterische Arbeitsbedingungen dürfen nicht toleriert werden.

In diesem Kontext sollte auch berücksichtigt werden, dass in Form von Pflanzenöl lediglich Kohlenwasserstoffe exportiert würden. Wertvolle Proteine zur Nutzung als Nahrungs- und Futtermittel sowie nahezu 100 Prozent der Pflanzennährstoffe bleiben als Presskuchen in den Erzeugerregionen zurück. In Hinblick auf das Hungerproblem der Drittweltländer bleibt ebenso festzuhalten, dass im Zuge einer steigenden Nachfrage nach pflanzlichen Ölen oder auch Ethanol mit einem erhöhten Preis der pflanzlich Kohlenwasserstoffe und einem sinkenden Preis der pflanzlichen Proteine zu rechnen ist.[132] Dieser Sachverhalt wird voraussichtlich zu günstigeren eiweißhaltigen Nahrungsmitteln führen und könnte zur Reduzierung der Eiweißunterversorgung ärmerer Bevölkerungsschichten in den Entwicklungsländern beitragen.

Im Vergleich zu den Exporten von Futtermitteln aus den Entwicklungsländern, was für diese oftmals eine der wenigen Möglichkeiten der Deviseneinnahme darstellt, überwiegen die Vorteile des Pflanzenöls jedenfalls bei weitem. Hunger in Entwicklungsländern entsteht in der Regel nicht durch Knappheit von Nahrungsmitteln, sondern durch Armut. Könnten die Menschen in den Entwicklungsländern ihre Wirtschaftskraft durch Einnahmen aus dem Pflanzenölverkauf oder über die nationale Substitution von Erdölkraftstoffen steigern, bestünde Aussicht auf den Beginn einer nachhaltigen Entwicklung in diesen Regionen.

Letztendlich hängt die Perspektive der landwirtschaftlichen Kraftstoffproduktion in Entwicklungsländern jedoch keineswegs nur von der Nutzung des Pflanzenöls als Energieträger ab. Die Herstellung von Ethanol, synthetischen Kraftstoffen aus Biomasse oder Bio-Methan wäre auch in diesen Regionen ebenso denkbar.

7.1.3. Energiebilanz von Pflanzenöl und Biodiesel

Eine allgemein gültige Energiebilanz für die Erzeugung von Pflanzenölen oder Biodiesel zu berechnen ist nicht möglich. In Bezug auf verschiedene Pflanzenarten, Anbauverfahren und die potentielle Nutzung der entstehenden Koppelprodukte bestehen zu große Unterschiede. Während die Erzeugung nach den Richtlinien des ökologischen Landbaus beispielsweise eine geringere Energieintensität und Umweltbeeinträchtigung durch den Verzicht auf chemische Dünge- und Pflanzenschutzmittel bewirkt, liegen andererseits die Arbeitsintensität und damit auch die Kosten dieser Wirtschaftsweise wesentlich über denen des konventionellen Landbaus. Der Hauptstreitpunkt betrifft jedoch in der Regel die Bilanzierung der Nebenprodukte wie das Rapsschrot und Rapsstroh. Es ist nicht verwunderlich, wenn Studien, wie etwa das Gutachten des Heidelberger ifeu-Institutes „Ressourcen- und Emissionsbilanzen: Rapsöl und RME im Vergleich zu Dieselkraftstoff" von 1999, die diese Produkte ausklammern zu einer wesentlich schlechteren Ökobilanz kommen, als Studien, in denen diese Produkte in irgendeiner Form berücksichtigt werden.

Hoffnung macht diesbezüglich ein innovatives Anbauverfahren welches von Scheffer entwickelt wurde. Bei diesem Verfahren ist die Erzeugung von Rapsöl bei gleichzeitiger Nutzung der gesamten Pflanze möglich.[133]

Die noch grünen Rapspflanzen werden bei diesem noch in der Erprobung befindenden Verfahren siliert, um damit über ein Jahr hinweg kontinuierlich eine Biogasanlage zu beschicken. Doch vor der Einbringung in die Biogasanlage werden die Rapskörner, die bereits annähernd über den maximalen Ölgehalts verfügen, aus der Silage ausgesiebt und gesondert abgepresst. Wird dann auch das beim Pressvorgang anfallende Rapsschrot zur energetischen Verwendung in eine dezentrale Biogasanlage eingebracht, wäre bei Verwendung der Biogasgülle als Dünger ein geschlossener Nährstoffkreislauf hergestellt. Einerseits ginge damit der energetische Nutzen der Rapspflanze weit über die Nutzung des Ölanteils hinaus und andererseits wäre, durch den Verzicht auf mineralischen Stickstoff, eine wesentlich bessere Energiebilanz beim Anbau zu erwarten. Darüber hinaus können die Lachgasemissionen, die durch den Einsatz von Salpetersäure bei der Herstellung von Stickstoffdüngemittel entstehen verhindert werden.[134] Lachgas (N_2O) gilt als hochwirksames Treibhausgas und verwässert die Klimavorteile von Kraftstoffen auf Pflanzenölbasis. Neueren Erkenntnissen zufolge sind die N_2O Emissionen aus Rapsfeldern jedoch mit anderen Ackerkulturen bzw. einer einjährigen Rotationsbrache vergleichbar.[135]

Die Angaben zur Energiebilanz weichen in der Literatur durch die oben angeführte Problematik sehr weit voneinander ab. Insbesondere eine Einbeziehung des Rapsstrohs in die Bilanzierung führt zu sehr starken Unterschieden, da etwa 42 Prozent der Gesamtenergie in demselbigen enthalten ist.

Eine Studie des dänischen „Folkecenter for Renewable Energy" aus dem Jahre 2000[136] kommt beispielsweise zu einem äußerst positiven Ergebnis für die Pflanzenölproduktion. Bei einem Ertrag von 30 dt je Hektar wird eine Output/Input Verhältnis von elf errechnet. Allein für das Rapsstroh wird dabei eine Gutschrift vom 4,5-Fachen des Energieeinsatzes vorgenommen.

Realistischer bilanziert demgegenüber Scharmer in einer ausführlichen, Ende 2001 von der UFOP herausgegebenen Studie. Er ermittelte für die Biodieselproduktion ein Output/Input-Verhältnis von durchschnittlich 2,21, wie aus der folgenden Abbildung zu ersehen ist.[137] Dabei wird das Rapsstroh nicht in der Bilanz berücksichtigt.

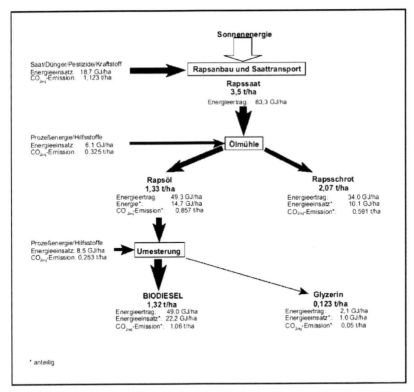

Abbildung 3: Stoffströme, Energieverbrauch und Klimagasemissionen bei der Herstellung von Biodiesel

Quelle: Scharmer, K.: Biodiesel, Energie- und Umweltbilanz, 2001.

Die Energiebilanz für die Produktion von reinem Pflanzenöl ist, wie ebenfalls aus der oben stehenden Abbildung ersichtlich, mit einem Output/Input-Verhältnis von 3,35 deutlich besser als die von Biodiesel, insofern bei diesem lediglich der Energiegehalt von Glycerin und nicht der Energieaufwand zur Herstellung von synthetischem Glycerin berechnet wird. Würde der Energieverbrauch für die Herstellung von Glycerin nach den in der Industrie etablierten Verfahren in die Biodiesel-Bilanzierung einbezogen, könnte an dieser Prozessstufe eine Gutschrift von rund 23,6 GJ pro Hektar erfolgen.[138] Das ist mehr Energie als die Biodieselproduktion über den gesamten Produktionsprozess benötigt.

Wird der derzeit üblichen Raps-Produktionsweise sowie Verwertung der Nebenprodukte ein fossiles Alternativszenario gegenüber gestellt, kommt Scharmer zu dem Ergebnis, dass pro Liter fossilem Dieselkraftstoff der durch Biodiesel ersetzt wird, 42,8 MJ eingespart werden können.[139] Bezugspunkte sind dabei der Einsatz von mineralischem Dieselkraftstoff, Import von Sojaschrot, Herstellung von synthetischem Glyzerin und der Aufwand für die Pflege von landwirtschaftlichen Stilllegungsflächen.

Der Einfluss der Verwertung des Glycerins auf die Energiebilanz wird auch durch ein Gutachten des Heidelberger ifeu-Instituts untermauert. Die Studie zum ökologischen Vergleich zwischen Rapsöl und RME aus dem Jahre 2001 kommt zu dem Ergebnis, dass RME in allen Varianten gleich gute oder bessere Werte als Pflanzenöl erreicht, außer wenn Glycerin zur energetischen, statt zur stofflichen Verwertung herangezogen wird.[140]

Legt man einen Rapsöl-Hektarertrag von 1,465 t (entspricht 1.592 Liter) bzw. 55,5 GJ und eine Energiebilanz von 3,35 zugrunde, so kann auf einem Hektar ein Netto-Kraftstoffertrag von 39 GJ verbucht werden. Den Nettoenergieertrag des Rapsschrotes mit einbezogen erhöht sich der kumuliert Nettoenergieertrag (nicht Kraftstoffertrag) der Rapskultur zur Pflanzenölgewinnung auf 64,4 GJ/ha. Bei der gesamten Bilanzierung der Energieerträge pro ha und des quantitativen Substitutionspotentials von Pflanzenöl und Biodiesel muss berücksichtigt werden, dass ein Rapsertrag in Höhe von 3,7 t/ha zugrunde gelegt wurde. Zwischen 1999 und 2004 lag der durchschnittliche Ertrag bei 3,45 t pro ha (2001: 3,7 t/ha, 2002: 3,0 t/ha, 2003: 2,9 t/ha, 2004: 4,3 t/ha), 2005 konnte ein Ertrag von 3,8 t pro ha erzielt werden.[141]

Wird statt Pflanzenöl Biodiesel erzeugt, kann eine fast identische Quantität pro Hektar hergestellt werden. Durch den geringfügig niedrigeren Heizwert liegt der Energieertrag bei 54 GJ/ha. Bei einer durchschnittlichen Energiebilanz von 2,21 ergibt sich daraus ein Energieaufwand von 24,5 bzw. ein Nettokraftstoffertrag von 29,5 GJ/ha.

Anders stellt sich die Situation im Fall von Biodiesel jedoch dar, wenn die Energieersparnis für die Substitution von synthetisch hergestelltem Glycerin in die Bilanz mit einbezogen wird.

Denn dem Energieaufwand in Höhe von 22,2 GJ pro Hektar, den Scharmer in der oben abgebildeten Beispielkalkulation dem Biodiesel zurechnet (bei 1,33 t Ölertrag/ha), steht eine Gutschrift über 23,6 GJ/ha für das Glycerin gegenüber (Primärenergieaufwand: 0,209 GJ/kg x 123 kg Glycerin/ha).[142] Statt einer Belastung muss in diesem Fall demnach eine Netto-Gutschrift in Höhe von 1,4 GJ erfolgen. Ein Output/Input-Verhältnis kann in diesem Fall durch den theoretisch negativen Energie-Input nicht errechnet werden. Der Netto-Energieertrag beläuft sich auf 54 + 1,4 = 55,4 GJ/ha, der Netto-Kraftstoffertrag bleibt bei 54 GJ/ha.

Diese Art von Bilanz lässt sich selbstverständlich nur aufrechterhalten, solange mit dem Glycerin aus der Biodieselherstellung tatsächlich aus fossilen Rohstoffen hergestelltes Glycerin ersetzt wird. Außerdem muss sie angepasst werden, falls energieeffizientere Möglichkeiten in der Produktion von synthetischem Glycerin zur Anwendung kommen. 2006 besteht mittlerweile ein hohes Überangebot an Glycerin aus der Biodieselerzeugung. Dies führt einerseits zum Preisverfall und andererseits zu Ansätzen das Glycerin direkt energetisch zu nutzen.

Bei Berücksichtigung des Rapsschrotes als hochwertiges Nebenprodukt in der Energiebilanz kann auch bei Biodiesel eine zusätzliche Gutschrift von 25,4 GJ/ha (Rapsertrag 3,7 t/ha) erfolgen.

Im Auftrag der Union zur Förderung von Oel- und Proteinpflanzen e.V. wurde vom ifeu - Institut ein Gutachten mit dem Titel Erweiterung der Ökobilanz für RME durchgeführt.

Die folgende Abbildung gibt die Unterschiede zwischen Biodiesel und fossilem Dieselkraftstoff bezogen auf einzelne umweltrelevante Aspekte wieder.

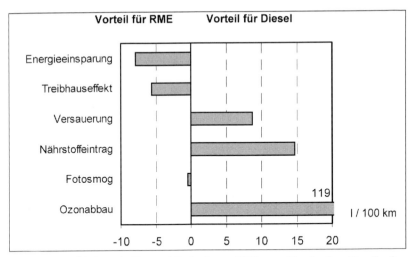

Abbildung 4: Ökologische Vor- und Nachteile von RME gegenüber fossilem Dieselkraftstoff

Quelle: Gärtner, S.; Reinhardt, G.: Erweiterung der Ökobilanz für RME, 2003, S. 7, http://www.ufop.de/downloads/IFEU_Gutachten.pdf

7.1.4. Produktionskosten von Pflanzenöl und Biodiesel

> *Produktionskosten von Pflanzenöl*

Der Tankstellenverkaufspreis von Rapsöl als Kraftstoff lag im April 2006 in Deutschland überwiegend zwischen 70 und 80 Cent pro Liter. Das bundesweite Pflanzenöl-Tankstellennetz mit Informationen zu den einzelnen Tankstellen ist im Internet verfügbar unter http://www.rerorust.de/tanken/db/index.html.

Die reinen Produktionskosten von Rapsöl ergeben sich zunächst aus den jährlich schwankenden Rapssaat-Preisen sowie Aufwendungen für Lagerung, Trocknung, Saat-Umschlagsprozess und den Kosten für die Ölgewinnung. Für Öl-Lagerung, Transport und Öl-Umschlag entstehen weitere Kosten.

Einem veranschlagten Preis für Non-Food-Raps in Höhe von 215 Euro/t und weiteren Kosten in Höhe von 70 Euro/t für oben genannten Bereitstellungsschritte steht bei einer Ölausbeute von 40 Gewichts-Prozent eine Gutschrift für das Rapsextraktionsschrot von 85 Euro gegenüber.[143]

Frei Großverbraucher kann Rapsöl somit für 500 Euro/t bereitgestellt werden. Bezieht man die Rapsöldichte von 0,92 kg/l in die Kalkulation mit ein, ergeben sich Herstellungskosten von 46 Cent/l Pflanzenöl bzw. 47,3 Cent/l Dieseläquivalent. Distributionsaufwand für die

Abgabe an kleine Endverbraucher in Höhe von sieben Cent/l[144] nicht eingerechnet. Diesen und die Mehrwertsteuer mit berücksichtigt könnte Rapsöl nach dieser Bilanzierung zu einem kostendeckenden Endverbraucherpreis von 61,5 Cent/l (63 Cent/l Dieseläquivalent) vermarktet werden. Bei den aktuellen Tankstellenpreisen ist somit von einer recht hohen Gewinnmarge für die Ölmühlen und Tankstellenbetreiber auszugehen.

In Deutschland werden pro Hektar Raps-Anbaufläche im Jahr 2006 durchschnittlich etwa 300 Euro Flächenprämie geleistet. Bei einem Ertrag von 3,7 t Raps was rund 1.592 Litern Pflanzenöl pro ha entspricht, findet also auf dieser Ebene eine Subventionierung statt. Rechnet man zwei Drittel der Ausgleichszahlungen dem Pflanzenöl und ein Drittel dem Extraktionsschrot zu, ergibt sich daraus eine Subvention von 14,7 Cent pro Liter Öl.

Doch muss auch berücksichtigt werden, dass eine Einsparung dieser Anbausubventionen nicht möglich wäre, da sie mittlerweile weniger als Ausgleichszahlungen sondern als landwirtschaftliche Direktbeihilfen verstanden werden müssen und als überlebensnotwendig für die europäische Landwirtschaft gelten. Zudem sind sie nicht an die Produktion von Raps gekoppelt, sondern werden mittlerweile für alle üblichen Ackerkulturen sowie Stilllegungsflächen gezahlt.

Die „tatsächlichen" Rapsöl-Produktionskosten in Deutschland liegen somit bei 60,7 statt 46 Cent je Liter und der kostendeckende Endverbraucherpreis bei 80,8 Cent pro Liter Dieseläquivalent.

In tropischen Regionen liegen die reinen Produktionskosten für Pflanzenöl niedriger, so dass eine profitable Erzeugung zu oben genanntem Literpreis von 46 Cent auch ohne staatliche Unterstützung möglich ist.

> *Produktionskosten von Biodiesel*

Für die Bilanzierung der Herstellungskosten von RME müssen lediglich die Kosten für die Umesterung zu dem Preis des Pflanzenöls addiert werden. Für diesen Prozess können 80 Euro/t RME angesetzt werden.[145] Kosten für Teilraffination, Methanol, Masseverlust sowie die Gutschrift für das anfallende Glycerin sind darin enthalten. Daraus ergeben sich, wenn die RME-Dichte von 0,88 kg/l einbezogen wird, Produktionskosten von 51 Cent je Liter bzw. 55,6 Cent je Liter Dieseläquivalent.

Werden weitere Distributionskosten zum Endabnehmer in Höhe von sieben Cent/l[146] und die Mehrwertsteuer addiert, so ermittelt sich auf Kostenbasis ein Tankstellenpreis von 67,3 Cent pro Liter Biodiesel bzw. 72,6 Cent pro Liter Dieseläquivalent.

Der Tankstellenpreis von Biodiesel ist stärker als Pflanzenöl eng an den Preis von konventionellem Diesel gekoppelt. Ende Mai 2006 lag der durchschnittliche Tankstellenpreis bei 100,46 Cent pro Liter.[147] Mineralischer Diesel kostete im gleichen Zeitraum durchschnittlich 112,48 Cent pro Liter. Beim Vergleich von fossilem Kraftstoff gegenüber Biodiesel muss berücksichtigt werden, dass der Energiegehalt von Biodiesel pro Liter um rund acht Prozent unter dem von mineralischem Dieselkraftstoff liegt.

Tankstellenpreise für Biodiesel
in Cent/Liter, ab Zapfsäule inklusive Mehrwertsteuer (~ 13,5 ct/l)

	21. KW	Vorwoche	Mai	Veränderung in cent
Nord	103,90	104,90	105,53	-1,00
Ost	99,07	100,48	100,60	-1,42
West	100,01	100,65	101,05	-0,64
Süd	98,87	98,85	99,48	0,03
Durchschnitt	**100,46**	**101,22**	**101,66**	**-0,76**
Preisspanne	94,4-104,9	94,4-105,9		

Quelle: UFOP
Anmerkung: Nord = SH, MV, RegBez Hannover; Ost = BB, ST, TH, SN; West = RegBez Weser-Ems, NRW; Süd = RP, HE, BW, BY

Tabelle 8: Tankstellenpreise für Biodiesel
Quelle: UFOP (Hrsg.): UFOP Marktinformationen, Ölsaaten und Biokraftstoffe, Ausgabe Juni 2006, http://www.ufop.de/publikationen_marktinformationen.php

Verkaufspreise für Biodiesel in AGQM-Qualität
fob Werk, EUR/100 l, netto (erhoben bei Produzenten/Handel)

	21. KW	Vorwoche	Mai	Veränderung in Euro
Nord	72,72	72,44	71,83	0,28
Ost	71,89	72,11	72,09	-0,22
West	72,74	72,74	72,82	0,00
Süd	73,55	74,41	73,60	-0,86
Durchschnitt	**72,72**	**72,92**	**72,59**	**-0,20**
Preisspanne	70,00-74,00	71,00-74,45		

Quelle: UFOP
Anmerkung: gewichtete Durchschnittspreise der Hersteller und des Großhandels; Nord = SH, HH, RegBez Hannover; Ost = MV, BB, ST, TH, SN; West = RegBez Weser-Ems, NRW; Süd = RP, HE, BW, BY

Tabelle 9: Verkaufspreise für Biodiesel
Quelle: UFOP (Hrsg.): UFOP Marktinformationen, Ölsaaten und Biokraftstoffe, Ausgabe Juni 2006, http://www.ufop.de/publikationen_marktinformationen.php

Die Abgabepreise für Biodiesel ab Erzeugungsanlage lagen Ende Mai 2006 bei durchschnittlich 72,72 Cent pro Liter.

Durch die allgemein stark steigenden Kraftstoffpreise konnten alle Biodieselhersteller in der Vergangenheit deutliche Gewinnzuwächse verzeichnen. Daher ist eine Überförderung der Biodieselproduktion aufgetreten, die entsprechend Mineralölsteuergesetz (bzw. Energiesteuergesetz) und EU-Richtlinien nicht zulässig ist.

Für das Jahr 2004 wurde eine Überförderung durch die Bundesregierung in folgender Größenordnung festgestellt:

Biodieseleinsatz als:	Reinkraftstoff	Beimischung
Rapsölpreis frei Ölmühle (durchschnittlicher Börsenpreis 2004)	0,49 €/ltr.	0,49 €/ltr.
Raffination (Reinigung und Aufbereitung des Rapsöls)	0,04 €/ltr.	0,04 €/ltr.
Veresterung abzgl. Glyceringutschrift (aus Rapsöl wird Rapsölmethylester und Glycerin)	0,07 €/ltr.	0,07 €/ltr.
Beimischungskosten Lagerung und Lagerhaltung, anteilige Abschreibung der Investitionskosten, Kosten der Lagerungs- und Vermischungstechnik, Kosten des eigentlichen Beimischungsvorgangs inklusive möglicher Einsparungen durch positive Eigenschaften des Biodiesels, zusätzliche Verwaltungskosten (z. B. Qualitätssicherung)	–	0,03 €/ltr.
Logistik (Fracht/Lagerung/Auslieferung, Tankstellenmarge)	0,08 €/ltr.	0,08 €/ltr.
Technischer Mehraufwand (verkürzte Ölwechselintervalle und Ölfilterwechsel, Biodieselsonderausstattung etc.)	0,03 €/ltr.	–
Mehrverbrauch (durch den geringeren Energiegehalt von Biodiesel gegenüber fossilem Dieselkraftstoff in Höhe von ca. 8 %)	0,05 €/ltr.	–
Summe (ohne USt): (Theoretischer Preis RME für den Vergleich mit fossilem Diesel)	0,76 €/ltr.	0,71 €/ltr.
Durchschnittlicher Preis von fossilem Diesel 2004 (inkl. Mineralölsteuer, ohne USt)	0,81 €/ltr.	0,81 €/ltr
Überkompensation	0,05 €/ltr.	0,10 €/ltr.

Tabelle 10: Überförderung von Biodiesel im Jahr 2004
Quelle: Bundesregierung (Hrsg.): Bericht zur Steuerbegünstigung für Biokraft- und Bioheizstoffe, Drucksache 15/5816, 21.06.2005, http://dip.bundestag.de/btd/15/058/1505816.pdf

Zusammenfassend kann festgestellt werden, dass Pflanzenöl und Biodiesel derzeit in der Bundesrepublik trotz der gegenüber mineralischen Kraftstoffen höheren Produktionskosten, durch die Mineralölsteuerbefreiung konkurrenzfähig sind und auch bei einer Teilbesteuerung bzw. einer Pflichtbeimischung ihren Marktanteil voraussichtlich mittelfristig ausbauen werden.

7.1.5. Volkswirtschaftliche Effekte der Biodieselerzeugung

In einer gesamtwirtschaftlichen Bewertung der „Wertschöpfungskette Biodiesel" in Deutschland kommt das Münchner Institut für Wirtschaftsforschung (ifo) zu dem Ergebnis, dass der Mineralölsteuerausfall im Jahr 2005 durch positive Einnahmeeffekte mehr als ausgeglichen wird.[148] 787 Mio. Euro Mineralölsteuerausfall stehen positive Effekte für den Staatshaushalt in Höhe von 898 Mio. Euro gegenüber. In Szenarien für die Jahre 2007 und 2009 wird vom ifo Institut eine deutliche Überkompensation des Mineralölsteuerausfalls prognostiziert (siehe Tabelle). Hinsichtlich der Besteuerung wird entsprechend den aktuellen Plänen für beigemischten Biodiesel der Versionen B5 bzw. B10 der volle Steuersatz angenommen, für Biodiesel als Reinkraftstoff (B100) werden 10 Cent/Liter angesetzt. Für das Jahr 2009 wird erwartet, dass bereits rund 35 Prozent des Biodiesels nicht mehr auf Raps basiert, sondern andere Öle eingesetzt werden.

	Einheit	Szenario 2005[a]	Szenario 2007[b]	Szenario 2009[b]
Staatseinnahmen aus Steuern, Abgaben, Gewinnanteilen abzgl. Importabgaben	Mill. €	357	687	937
dar. Gütersteuern, Produktionsabgaben abzüglich Subventionen	Mill. €	101	191	256
Lohn-, Einkommensteuer (Arbeitn.)	Mill. €	76	148	200
Einkommen-, Körperschaftssteuer (Untern.)	Mill. €	95	177	230
Einnahmen der Sozialversicherung	Mill. €	165	320	431
dar. von Arbeitnehmern	Mill. €	152	297	400
von Arbeitgebern	Mill. €	13	23	31
Einsparung Ausgaben für Arbeitslosenunterstützung	Mill. €	236	460	620
Einsparung Getreideintervention	Mill. €	140	83	46
Summe positiver Effekte für Staatshaushalt	Mill. €	898	1.550	2.034
Mineralölsteuer				
Ausfall Mineralölsteuer ("altes Recht")	Mill. €	787	1.716	2.603
Einnahmen Mineralölsteuer auf Biodiesel (geplant)	Mill. €	-	1.144	1.998
verbleibender Mineralölsteuerausfall	Mill. €	787	572	605
Verhältnis positiver Effekte zu verbleibendem Mineralölsteuerausfall	Prozent	114%	271%	336%
z. Vergl. Verhältnis nach "altem Recht"	Prozent	114%	90%	78%
a) Biodieselerzeugung allein aus rapsbasierten Rohstoffen				
b) Biodieselerzeugung aus Raps- und sonstigen Ölen				

Tabelle 11: Veränderung der Staatsfinanzen durch die Wertschöpfungskette Biodiesel

Quelle: ifo Institut (Hrsg.): Volkswirtschaftliche Effekte der Wertschöpfungskette „Biodiesel"

Biodieselproduktion und -markt (Ausgangspunkt für alle Kalkulationen)	Einheit	2005	2007	2009
Produktionsmenge	1000 Tonnen	1.465	2.900	4.000
davon nicht RME	1000 Tonnen	100	600	1.400
Gesamtverbrauch	1000 Tonnen	1.800	2.900	4.400
als Beimischung	1000 Tonnen	625	1.500	2.800
als Biodiesel (B100)	1000 Tonnen	1.175	1.400	1.600
Importe	1000 Tonnen	355	100	500
Exporte	1000 Tonnen	20	100	100
Marktpreis Biodiesel	Cent/Liter	68	74	85
Marktpreis fossiler Diesel (inkl. Mineralölst.)	Cent/Liter	85	90	100
Verdrängung fossiler Diesel	1000 Tonnen	1.362	2.697	3.720
davon aus Importen	1000 Tonnen	1.362	2.197	2.720
aus inländischer Erzeugung	1000 Tonnen	-	500	1.000
Wertigkeit Biodiesel zu fossil. Diesel	Faktor	0,93	0,93	0,93

Tabelle 12: Szenarienbeschreibung zur Prognose der volkswirtschaftlichen Effekte der Biodieselproduktion

Quelle: ifo Institut (Hrsg.): Volkswirtschaftliche Effekte der Wertschöpfungskette „Biodiesel"

7.1.6. Gesamtpotential von Pflanzenöl und Biodiesel

Hinsichtlich der Erzeugungskosten gehört Pflanzenöl derzeit zu den günstigsten Biokraftstoffen. Legt man die Rahmenbedingungen des deutschen Rapsanbaus zu Grunde, so kostet die Produktion eines Liters 46 Cent.

Wie unter dem Punkt Rohstoffpotential bereits ausgeführt, ist das absolute Potential dieses Energieträgers jedoch beschränkt.

Vorteile von Pflanzenöl sind neben den günstigen Herstellungskosten, die bereits bestehende Infrastruktur sowie Anbauerfahrungen der Landwirte, ein guter Vorfruchtwert und das technologisch relativ unkomplizierte Herstellungsverfahren. Auch die biologische Abbaubarkeit der Pflanzenölkraftstoffe ist zu erwähnen. Diese Eigenschaft prädestiniert diese Energieträger geradezu für den Einsatz in umweltsensiblen Bereichen wie Naturschutzgebieten, der Landwirtschaft und der Binnenschifffahrt.

Nachteilig wirken sich der relativ hohe Dünge- und Pflanzenschutzmittelbedarf und die zwingende Notwendigkeit hochwertiger landwirtschaftlicher Nutzflächen zum Ölpflanzenanbau aus. In den Industrieländern mag das derzeit als erwünschter Nebeneffekt zur Entlastung der Nahrungsmittelmärkte angesehen werden, doch kann diese Einstellung langfristig nicht Bestand haben.

Die öffentliche Akzeptanz gegenüber Biodiesel und Pflanzenöl ist zwar relativ hoch, doch besteht keine Kompatibilität mit der Brennstoffzellentechnologie, ob im stationären oder mobilen Bereich. Auch der Einsatz von Biodiesel in Reinform als Kraftstoff für die kommenden Motorengenerationen ist nicht gesichert.

Für Nischenanwendungen besteht auch langfristig ein hohes Potential welches maßgeblich auf die guten Umwelteigenschaften, die einfache Erzeugung und das einfache „Handling" zurückzuführen sind.

Der größte Nachteil von Pflanzenöl besteht darin, dass beispielsweise bei Raps lediglich rund 30 Prozent der gesamten Energie der Pflanze in Form von Öl vorliegt und direkt energetisch genutzt werden kann. Die Kraftstofferträge pro Hektar sind somit relativ gering. Auch wenn sich dieses Verhältnis bei tropischen Ölfrüchten besser darstellt, hängt eine sinnvolle und wirtschaftliche Nutzung des Pflanzenöls als Kraftstoff sehr stark von der Absetzbarkeit oder Verwertbarkeit der Nebenprodukte ab, da ansonsten der hohe Verbrauch hochwertiger Nutzfläche zur Erzeugung relativ geringer Energiemengen nicht vertreten werden kann.

Werden die Koppelprodukte Rapsstroh und Rapsschrot einer energetischen Nutzung zugeführt, können sie maßgeblich zu einer verbesserten Energiebilanz, vor allem aber zu einem höheren Kraftstoffertrag pro Hektar beitragen.

Die Verwendung des Rapspresskuchens beispielsweise in einer Biogasanlage, ergibt bei einem Fettgehalt von 15 Prozent rund 550 m³ Biogas pro t.[149] Dies entspricht bei einem Rapsertrag von 3,7 t/ha und einem Methangehalt von 65 Prozent im Biogas rund 32 GJ bzw. dem Energieäquivalent von rund 900 Litern Diesel pro Hektar.

Wird das Rapsstroh als Rohstoff zur Erzeugung von synthetischen Kraftstoffen genutzt, kann bei einem energetischen Prozesswirkungsgrad von 50 Prozent nochmals 30 GJ oder

830 Liter Dieseläquivalent erzeugt werden. Zusammengefasst und um den 14 Prozent niedrigeren Ölertrag bei der Pressung bereinigt (15 statt ein Prozent verbleiben im Presskuchen im Vergleich zur Ölextraktion) ergibt das einen potentiellen Kraftstoffertrag von 109 GJ oder rund 3.000 Liter Dieseläquivalent pro Hektar. Der Kraftstoffertrag könnte durch eine Kombination dieser Verfahren demnach um etwa 100 Prozent gesteigert werden.

In Zukunft wird sich zeigen, ob dies auch langfristig ein möglicher Weg ist, oder ob nicht Pflanzen mit höheren Biomasseerträgen pro Flächeneinheit eine wirtschaftlichere Kraftstoffproduktion auf Basis von Biogas bzw. synthetischen Kraftstoffen zulassen.

Während Biodiesel auch als Mischung mit mineralischem Diesel genutzt werden kann und von daher im Grunde nicht unmittelbar von der Fahrzeug-Freigabe durch die Hersteller abhängig ist, kommt Pflanzenöl nur als Reinkraftstoff in Frage.

Bezogen auf den Einsatz von Pflanzenöl als Treibstoff in Kraftfahrzeugen wird immer deutlicher, dass es sich dabei durch Mangel an entsprechenden Fahrzeugen, aller Wahrscheinlichkeit nach auch in Zukunft um einen engen Nischenmarkt handeln wird. Die Serienproduktion von Kraftfahrzeugen mit speziellen Pflanzenölmotoren wird bei keinem Automobilhersteller verfolgt und Umrüstungen bieten infolge immer komplizierterer Motorentechnik keine langfristige Alternative.

Im Transportsektor (Lkw) hingegen könnte Pflanzenöl in Zukunft eine stärkere Rolle spielen. Bei Lkw amortisieren sich Umrüstungen durch die hohe jährliche Fahrleistung wesentlich schneller und auch Nachteile, wie das schlechtere Kaltstartverhalten von Pflanzenöl lassen sich einfacher lösen.

Ob sich Pflanzenöl im Transportsektor durchsetzen wird, hängt auch maßgeblich von dem Preisabstand zu Biodiesel ab, welcher durch seine gute Kompatibilität eng an den Preis von mineralischem Diesel gekoppelt ist. Bei weiterhin hohen Rohölpreisen könnte sich der Pflanzenöleinsatz demnach als lukrativ herausstellen.

In Deutschland wird das Potential von Biodiesel und Pflanzenöl als Reinkraftstoff stark von den zukünftig stufenweise absinkenden Steuerermäßigungen begrenzt. Neben der Beimischung werden die Pflanzenölkraftstoffe daher nur eine Chance haben, wenn der Erdölpreis in den kommenden Jahren weiter ansteigt. Ab Anfang 2012 soll für Biodiesel und Pflanzenöl außerhalb der Quote nur noch eine Steuerermäßigung von 20,4 Euro pro 1.000 Liter gelten. Durch den geringeren Energiegehalt pro Liter gegenüber fossilem Diesel ergibt sich dadurch faktisch sogar eine höhere Besteuerung pro Energieeinheit.

Langfristig gesehen ist damit zu rechnen, dass sich der Biodieselpreis mit einem Preisabstand von etwa sieben Cent pro Liter über dem Pflanzenöl einpendelt, insoweit keine förderpolitische Verzerrung stattfindet. Dies entspricht den tatsächlichen Mehrkosten der Biodieselproduktion.[150]

Für tropische Länder könnte der Einsatz von Pflanzenöl als Kraftstoff ungleich effektiver sein als in Europa. Einerseits verfügen sie über meist bessere Anbaubedingungen für ertragreiche Ölpflanzen und andererseits bestehen dort auch keine Probleme mit niedrigen Temperaturen. Doch aufgrund der meist mangelnden politischen Förderung ist dort ein verstärkter Einsatz von Pflanzenölen erst zu erwarten, sobald einer Angleichung der Mineralöl- und Pflanzenölpreise erfolgt ist.

Bei weiterhin weltweit steigender Nachfrage nach Pflanzenölen zur energetischen Nutzung wie auch aus dem Nahrungsmittelbereich sollten sich alle Nutzer auf schwankende und tendenziell deutlich steigende Preise für Pflanzenöl gegenüber dem heutigen Niveau einstellen.

7.2. Bioethanol als Kraftstoff

Ethanol (C_2H_5OH), eine klare, farblose Flüssigkeit mit brennendem Geschmack, zählt zu den einwertigen Alkoholen.

Im Kraftstoffsektor wird Ethanol auf Grund seiner Eigenschaften als Substitut für herkömmlichen Ottokraftstoff gehandelt. In den USA sind Mischkraftstoffe mit einem Ethanolgehalt zwischen zehn und 85 Prozent (E10–E85) üblich und in Brasilien kann reiner Ethanol in speziellen Fahrzeugen genutzt werden.

In Deutschland wäre eine Beimischung von bis zu fünf Prozent Ethanol zum Ottokraftstoff im Einklang mit der Kraftstoffnorm zulässig. Die Beimischung von Ethanol zu Dieselkraftstoffen befindet sich in den USA in der Erprobung.[151]

Kraftstoff	Heizwert MJ/kg	Heizwert MJ/l	Dichte kg/l
Ethanol	26,9	21,2	0,789
Normalbenzin	40	29,9	0,748
Superbenzin	44	33	0,75
Diesel	43	36	0,84

Tabelle 13: Heizwerte und Dichten von Ethanol, Normalbenzin, Superbenzin und Diesel
Quelle: In Anlehnung an: netzwerk regenerative kraftstoffe, Daten/Tabellen, www.refuelnet.de

7.2.1. Herstellungsverfahren von Bioethanol

Ethanol kann über die Vergärung von zucker- oder stärkehaltigen Pflanzenbestandteilen gewonnen werden. Einen Überblick über Ethanolanlagen in Deutschland bietet Kapitel 3.1.

Um auch Cellulose als Rohstoffnutzen zu können ist zuvor ein gesondertes Aufschlussverfahren notwendig. In diesem Bereich wurden die Anstrengungen in der Vergangenheit insbesondere durch das kanadische Unternehmen Iogen intensiviert. Vereinfacht lässt sich die Summengleichung der Ethanolerzeugung folgendermaßen darstellen:

$C_6H_{12}O_6 => 2C_2H_5OH + 2CO_2$

Neben der Fermentation gibt es auch die Möglichkeit, Ethanol synthetisch herzustellen. Bei der Ethanolsynthese kommen jedoch fossile Energieträger zum Einsatz, daher wird dieses Verfahren nicht näher ausgeführt.

Da Stärke nicht direkt vergoren werden kann, muss diese zunächst durch Hydrolyse in niedermolekulare Zucker umgewandelt werden.

Nach der Vermahlung der Getreidekörner wird die mit Wasser versetzte Stärke in einem komplizierten Verfahren unter Zugabe von Enzymen bei erhöhter Temperatur zunächst verflüssigt und dann durch die Zugabe weiterer Enzyme in Glucose umgewandelt.

Werden zuckerhaltige Ausgangsstoffe eingesetzt, stellt sich der Schritt der Rohstoffaufbereitung einfacher dar. Bei Rübenmelasse beispielsweise liegt der Zucker als Disaccharid in Form von Saccharose vor und kann von Hefen durch Zugabe von Wasser in die Monosaccharide Fruktose und Glucose gespalten werden.

Nach der Rohstoffaufbereitung erfolgt die Fermentation. Dabei werden die Monosaccharide durch das von Hefen gebildete Enzym Zymase in Ethanol und CO_2 umgewandelt. Dieser Prozess findet unter ansteigendem Ethanolgehalt in der Maische statt.

Da der Siedepunkt von Ethanol unter dem von Wasser liegt, kann durch die Destillation das Ethanol, nach erfolgter Vergärung, von den wässrigen Bestandteilen der Maische weitgehend getrennt werden. In einem geschlossenen Rohrsystem wird das Dampfgemisch daraufhin durch Abkühlung kondensiert und kann im nächsten Prozessschritt durch die so genannte Rektifikation von seinen Nebenbestandteilen gereinigt werden.

Soll Ethanol Ottokraftstoffen beigemischt werden, muss er absolut wasserfrei sein. Da eine höhere Konzentration als 96 Prozent in der Praxis nicht mehr durch herkömmliche Destillation erreicht werden kann, muss dies über Schleppmitteldestillation bzw. Membran- oder Molekularsiebverfahren erfolgen.[152]

Die Bestandteile der Maische, die nach der Destillation zurückbleiben, werden als Schlempe bezeichnet und dienen nach einer speziellen Aufbereitung als Futter oder Dünger. Auch hochwertiges Nahrungsmittelprotein lässt sich aus Schlempe isolieren. Ein Teil der Schlempe wird in der Regel in den Fermentationsprozess zurückgeführt, um dadurch die Konzentration zu erhöhen und den technologischen sowie energetischen Aufwand der Nachbehandlung zu reduzieren. In Großbrennereien, bei denen Getreide als Rohstoff eingesetzt wird, entfallen etwa 45 Prozent des gesamten Energieaufwands wie auch des Investitionsvolumens auf die Anlagen zur Aufbereitung der Schlempe.[153]

Die Nutzung der Schlempe als Substrat zur Erzeugung von Biogas über anaerobe Prozesse könnte gegebenenfalls auch bei großen Anlagen der Ethanolproduktion wirtschaftlich sein. Eine nähere Untersuchung, ob sich Biogasanlagen in den erforderlichen Größenordnungen unter ökonomischen Gesichtspunkten realisieren lassen, wäre wünschenswert. Insbesondere wenn das dabei erzeugte Biogas in Blockheizkraftwerken eingesetzt wird, könnte durch den Einsatz der Abwärme in der zur Ethanolherstellung benötigten Dampferzeugung die Energiebilanz wesentlich verbessert werden.

Dient Melasse aus zuckerhaltigen Ausgangsstoffen als Rohstoff bei der Ethanolerzeugung, ist der Energie- und Kapitalbedarf für die Nachbehandlung des in diesem Fall Vinasse genannten Nebenprodukts wesentlich geringer.

Bei der Fermentation, dem zentralen Element der Ethanolerzeugung unterscheidet man im Wesentlichen das Batch-, das Kaskaden- und das kontinuierliche Verfahren.

Beim Batch-Verfahren, dem traditionellen jahrhundertealten Gärverfahren der Alkoholherstellung wird zunächst ein Göransatz aus Maische und Hefe unter ausreichender Belüftung hergestellt und daraufhin die Maische kontinuierlich hinzu gegeben bis der Gärbehälter gefüllt ist. Anschließend findet die anaerobe Gärung statt bis der verfügbare Zucker abgebaut ist.

Beim Kaskaden-Verfahren wird die Fermentation in mehreren hintereinander geschalteten Fermentern betrieben. Die Belüftung der Maische erfolgt im ersten Fermenter, im darauf folgenden findet der Süßmaischezulauf statt. Im zweiten, sowie den zwei bis drei weiteren Fermentern kommt es zur Umwandlung des Zuckers in Ethanol.

Das kontinuierliche Verfahren zeichnet sich durch einen hohen Automatisierungsgrad, Energieersparnis und eine kompakte Bauweise aus. Der gesamte Fermentationsprozess wird dabei fortlaufend in einem Fermenter betrieben. Die Erzeugung von Hefe, Zugabe von frischem Substrat, die Erzeugung von Ethanol und die Ausschleusung vergorener Maische finden parallel zueinander statt.

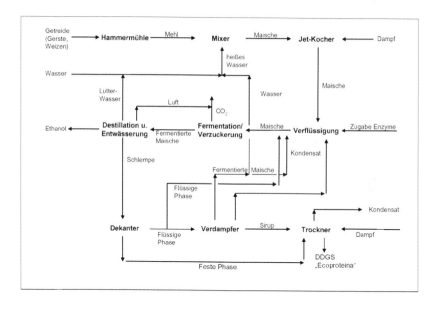

Abbildung 5: Typisches Ablaufschema einer Getreide verarbeitenden Ethanolfabrik
Quelle: Schmitz, N.: Bioethanol als Kraftstoff – Stand und Perspektiven, in: Biogene Kraftstoffe – Kraftstoffe der Zukunft?, (Sonderdruck des Themenschwerpunkts Heft Nr. 1, 15. Jahrgang (April 2006) der Zeitschrift „Technikfolgenabschätzung – Theorie und Praxis"), Seite 18.

Die Erzeugung von Ethanol aus lignozellulosehaltiger Biomasse birgt langfristig gesehen ein großes Potential. Durch günstigere Rohstoffkosten wäre diese Art Bioethanolherstellung, ausgereifte Technologie vorausgesetzt, weitaus wirtschaftlicher, insofern ein hoher Konversionswirkungsgrad erreicht wird.

Um Ethanol aus Zellulose herstellen zu können, müssen zunächst die β-glykosidischen Bindungen des Rohstoffs aufgespalten und dieser dadurch in Einfachzucker umgewandelt werden. Grundsätzlich gibt es dazu drei Möglichkeiten: Durch konzentrierten Säureaufschluss, durch verdünnten Säureaufschluss oder über den enzymatischen Aufschluss. Die Verfahren des Säureaufschlusses sind schon seit langem bekannt, doch haben sie sich auf Grund schlechter Wirkungsgrade und hoher Kosten bisher nicht durchsetzen können.[154] Momentan wird vorwiegend in Bezug auf den enzymatischen Aufschluss von Zellulose geforscht, allerdings bisher nur mit mäßigem Erfolg.

2003 wurden einige Anlagen die auf die Nutzung von Lignozellulose ausgerichtet sind, vornehmlich in den USA geplant bzw. gebaut.[155] Die Anlagen beruhen meist auf der Verwendung des verdünnten Säureaufschlussverfahrens mit nachfolgender Fermentation durch teilweise genetisch modifizierte Enzyme.

Die kanadische Firma Iogen Corp. hat nach Firmenangaben die bisher einzige Demonstrationsanlage zur Herstellung von Bioethanol aus lignozellulosehaltiger Biomasse durch enzymatischen Aufschluss errichtet. Anfang 2006 wird in dieser Anlage etwa 30 t Weizenstroh pro Woche verarbeitet, bei einer Kapazitätsauslastung von 10 Prozent.[156] Möglicherweise wird die erste kommerzielle Anlage mit einem Rohstoffbedarf von 1.500 t pro Tag in Deutschland errichtet. Im Januar 2006 startete Iogen gemeinsam mit Shell und Volkswagen eine Standortstudie für Deutschland. Wahrscheinlicher ist jedoch der Bau der ersten kommerziellen Anlage auf dem nordamerikanischen Kontinent.

7.2.2. Rohstoffpotential von Bioethanol

Da Ethanol aus einer Vielzahl von Pflanzen gewonnen werdenden kann, besteht keine so enge Limitierung im Vergleich zu Pflanzenöl, was das Substitutionspotential von Ethanol gegenüber fossilen Energieträgern betrifft. Die Begrenzung ergibt sich vielmehr aus der Konkurrenz zur Nahrungsmittelerzeugung.

Derzeit werden nahezu ausschließlich zucker- oder stärkehaltige Nahrungspflanzen zur Herstellung von Ethanol genutzt. Durch den gemeinsamen Rohstoffmarkt ist somit einerseits eine einfache Logistik und eine hohe Ertragssicherheit gewährleistet, andererseits muss bedacht werden, dass insbesondere bei Getreide das primäre Zuchtziel von einer hohen Backqualität nicht mit den Anforderungen der Ethanolproduktion in Form von möglichst hohen Stärkegehalten korreliert, sodass sich in Zukunft zunehmend eigenständige Märkte mit unterschiedlichen Rohstoffqualitäten bilden werden.

Die Ethanolproduktion aus lignozellulosehaltiger Biomasse bietet für die Zukunft ein großes Potential, doch besteht in diesem Bereich noch Forschungsbedarf, um eine rentable Produktion zu gewährleisten.

Rund 60 Prozent der globalen Ethanolproduktion beruht auf der Nutzung von Zuckerrohr. Die Herstellung auf Basis von Getreide macht ein Drittel aus und Syntheseethanol aus fossilen Energieträgern deckt weniger als zehn Prozent des Bedarfs ab.

Von einem Hektar Ackerland lassen sich mit Weizen etwa 2.500 Liter und mit Zuckerrüben durchschnittlich 6.500 Liter[157] Ethanol erzeugen. Der Ethanolertrag von Mais liegt in den Vereinigten Staaten bei etwa 3.000 Litern pro ha.[158] In Brasilien werden aus Zuckerrohr 5.500 Liter Ethanol pro ha erzeugt.[159]

Gegenüber Staaten wie Brasilien und den USA, die seit Jahren die Erzeugung von Bioethanol mit speziellen Programmen fördern, liegt die EU mit zwei Millionen t Jahresproduktion weit abgeschlagen zurück.

Ethanol-Produktion	2005 (in Mrd. l)[1]	2004 (in Mrd. l)
Brasilien	16,7	14,6
Vereinigte Staaten	16,6	14,3
Europäische Union	3,0	2,6
Asien	6,6	6,4
China	3,8	3,7
Indien	1,7	1,7
Afrika	0,6	0,6
Welt gesamt	46,0	41,3
		[1] Schätzungen durch F. O. Licht's

Tabelle 14: Weltweite Ethanol-Produktion 2004/2005

Quelle: EU-Kommission (Hrsg.): Eine EU-Strategie für Biokraftstoffe KOM(2006) 34 endgültig, 8.2.2006, S. 24.

Momentan werden in der Bundesrepublik mit 450.000 ha lediglich rund 25 Prozent der für den Zuckerrübenanbau geeigneten Fläche genutzt. Auch in Bezug auf Getreide bietet sich ein ungenutztes Potential, welches der Bioethanolproduktion zugeführt werden könnte. Der Anbau von Zuckerhirse wird sich trotz eines Ertragspotentials, welches vergleichbar mit dem der Zuckerrübe liegt, auf Grund verfahrenstechnischer und landbaulicher Schwierigkeiten in unseren Breiten voraussichtlich auch mittelfristig nicht durchsetzen. Neben witterungsabhängig stark schwankenden Erträgen wäre auch eine sofortige Verarbeitung der Pflanze nach der Ernte erforderlich.[160]

Rechnet man für 2010 mit einer dem Vorschlag der EU-Kommission entsprechenden Substitution von 5,75 Prozent des Ottokraftstoffs (gemessen am Energieinhalt), so wären zur Erreichung diese Ziels in der Bundesrepublik bei gleich bleibendem Bedarf des Jahres 2004 in Höhe von 1.075 PJ (entspricht rund 27 Millionen t Normalbenzin), 2,3 Millionen t Ethanol erforderlich. Bezogen auf einen angenommenen durchschnittlichen Ertrag von 3.860 Litern bzw. 3,05 t/ha, entspricht dies einer Ackerfläche von knapp 6,4 Prozent oder 754.000 ha. Der durchschnittliche Ethanolertrag von 3.860 Liter Ethanol pro ha (2.420 Liter Dieseläquivalent pro ha) beruht auf der Annahme, dass zwei Drittel der Anbaufläche mit Getreide und ein Drittel mit Zuckerrüben bestellt wird.

Ob sich die Ethanolerzeugung aus Zuckerrüben in der Praxis behaupten wird bleibt abzuwarten. Derzeit plant die Nordzucker AG als erstes Unternehmen in Deutschland den Bau einer eigenständigen Ethanolanlage auf Basis von Zuckerrüben. Ein Nachteil dieses Verfahrens liegt darin, dass eine derartige Ethanolanlage aufgrund der begrenzten Lagerfähigkeit von Zuckerrüben nicht das ganze Jahr ausgelastet werden kann bzw. ein Zwischenprodukt (Dicksaft) erzeugt werden muss. Auch das Tochterunternehmen der Südzucker AG, die CropEnergies AG– ein Börsengang ist noch für 2006 vorgesehen – plant die Ethanolerzeugung aus Zuckrüben Dicksaft in der bestehenden Ethanolanlage in Zeitz. Die Produktionskapazität soll dadurch um 100.000 m^3 auf 360.000 m^3 pro Jahr erhöht werden.

Um den gesamten Ottokraftstoffverbrauch in Deutschland durch Ethanol zu ersetzen wären unter den oben ausgeführten Annahmen über 50 Millionen m^3 Ethanol (39,8 Millionen t) bzw. 13,1 Millionen ha (111 Prozent der Ackerfläche) nötig.

Um zehn Prozent des gesamten deutschen Verkehrs-Kraftstoffbedarfs im Bezugsjahr 2004 zu substituieren (255 PJ), müssten bei einem Durchschnittsertrag von 3.860 Litern (81,8 GJ/ha) rein rechnerisch 3,12 Millionen ha oder 26,4 Prozent der Ackerfläche für die Ethanolproduktion zur Verfügung stehen.

Auch bezogen auf die Substitution des Weltrohölbedarfs kann eine überschlagsmäßige Potentialberechnung für Ethanol durchgeführt werden. Bei einem Produktions-Mix von 50 Prozent Zuckerrohr, 20 Prozent Mais, 20 Prozent Zuckerrüben und 10 Prozent Weizen, könnte ein durchschnittlicher Hektarertrag von 5.300 Litern Ethanol (112,4 GJ) erreicht werden. Unter Berücksichtigung des niedrigeren Energiegehaltes von Ethanol würden zur Produktion des Rohölverbrauchs im Jahr 2004 in Höhe von 3,78 Milliarden t RÖE (158,3 EJ), 13 Millionen Quadratkilometer Ackerfläche benötigt. Dies entspricht 9,4 Prozent der weltweiten Landfläche bzw. 94 Prozent der zur Verfügung stehenden Ackerfläche.[161]

Durch die teilweise vergleichsweise schlechte Energiebilanz der Ethanolerzeugung (siehe Kapitel 7.2.3) müssten in diesen Szenarien weiterhin ein hoher Anteil des derzeitigen Rohölverbrauchs zur Ethanolproduktion eingesetzt werden, falls der Energiebedarf im Produktionsverfahren nicht durch andere regenerative Energieträger abgedeckt würde.

Giulliano Grassi, Generalsekretär der „European Biomass Industry Assotiation" geht davon aus, dass das langfristige globale Potential von Bioethanol bei rund zwei Milliarden Tonnen liegt.[162] Für die Produktion aus Zucker- und Stärkpflanzen sieht er ein Potential von 500 Millionen t, für lignozellulosehaltige Biomasse ein Potential von 1,5 Milliarden t. Zusammengenommen entspricht dies 1,3 Milliarden t RÖE oder 34,4 Prozent des Erdölverbrauchs 2004.

Zum Vergleich: 2005 wurden weltweit 46 Millionen m^3 bzw. 23,3 Millionen t RÖE produziert. Dies entspricht 0,62 Prozent des weltweiten Erdölbedarfs.

7.2.3. Energiebilanz von Bioethanol

Die Ermittlung von Energiebilanzen bringt bei Ethanol viele Unabwägbarkeiten mit sich. Wie auch bei Pflanzenöl und Biodiesel hängt das Ergebnis stark von der Bilanzierungsmethode ab. Falls beispielsweise Koppelprodukte nicht einberechnet werden und dem Energieeinsatz im Konversionsverfahren nicht der neuste Stand der Technik sondern Werte von bereits länger bestehenden Anlagen zugrunde gelegt werden, kommt man zu einem klar negativen Ergebnis. Auf der anderen Seite lassen sich Werte natürlich auf ähnliche ungenaue Bilanzierungsmethodik schön rechnen.

Eine Gegenüberstellung im Band 21 der Schriftenreihe Nachwachsende Rohstoffe „Bioethanol in Deutschland" verdeutlicht, dass bezogen auf die Produktion von Ethanol aus Weizen alle sieben untersuchte Studien aus den Jahren 1987 bis 2001 zu einem Output/Input-Verhältnis von unter eins kommen. Der durchschnittliche Energieeinsatz liegt bei 31,4 MJ /l. Bei einem Ethanol Heizwert von 21,2 MJ /l entspricht das gemittelte Output/Input-Verhältnis somit 0,68.

Eine Studie der IEA, die die zukünftigen Energieaufwendungen der Ethanolherstellung für das Jahr 2015 prognostiziert, kommt zu einer positiven Energiebilanz. Diese liegt bei einem Output/Input-Verhältnis von 1,33. Wird dieser Wert in die Berechnung mit einbezogen ergibt sich aus den acht Studien eine gemitteltes Output/Input-Verhältnis von 0,73, für die Produktion von Ethanol aus Weizen.

Auch PD Thomas Senn von der Universität Hohenheim errechnete beispielsweise eine klar positive Energiebilanz bei der Ethanolerzeugung.

Verfahrensschritt der Ethanol Produktion	MJ/t Getreide
Getreideproduktion	-1.367
Getreidelagerung	-150
Ethanolproduktion großtechnisch	-2.500
Schlempetrocknung	-2.400
Summe Ethanolproduktion	*-6.417*
Energiegehalt Ethanol (400 lA/t Getreide)	8.480
Energieertrag pro t Getreide	*2.063*
Verhältnis Energie-Gewinn / Energie-Eintrag (Output/Input)	1,32

Tabelle 15: Energiebilanz der Ethanolerzeugung aus Weizen über das Hohenheimer Dispergier-Maisch-Verfahrens (DMV) in einer großtechnischen Anlage

Quelle: Senn, T. (Universität Hohenheim): Die Produktion von Bioethanol als Treibstoff unter dem Aspekt der Energie-, Kosten- und Ökobilanz, 2003.

Im weiteren Verlauf der Studie wird von einem Output/Input-Verhältnis von 1,2 für die Erzeugung von Ethanol aus Weizen ausgegangen.

Ein Vergleich der Energiebilanzen von Ethanol aus Zuckerrüben kommt zu dem Ergebnis, dass vier von fünf Studien aus den Jahren 1988 bis 1995 einen negativen Energie-Saldo bilanzieren. Zwei aktuelle Publikationen aus den Jahren 2000 und 2002, die in Zusammenarbeit mit der Südzucker AG entstanden, kommen demgegenüber auf positive Werte mit einem Output/Input-Verhältnis von rund 1,2 wenn dem Energiegehalt von Ethanol ein Energie-Input von etwa 18 MJ pro Liter gegenübergestellt wird.[163] Die IEA prognostiziert für den Zeitraum um 2015 ein Output/Input-Verhältnis von etwa 1,6 bei der Herstellung von Ethanol aus Zuckerrüben. Für den später folgenden Vergleich der verschiedenen Biokraftstoffe wird ein Output/Input-Verhältnis in Höhe von 1,4 bei der Erzeugung von Ethanol aus Zuckerrüben angenommen. Eine tendenziell zukunftsgerichtete Wertung der Energiebilanz ist gerechtfertigt, da beispielsweise auch Biokraftstoffe aus Synthesegas erst in einigen Jahren in nennenswertem Umfang im Markt verfügbar sein werden und die Abschätzung deren Energiebilanz für diesen Zeitpunkt erfolgt.

Eine Energiebilanz, herausgegeben vom brasilianischen Ministerium für Wissenschaft und Technologie gibt für die Sao Paulo Region 1995 ein durchschnittliches Output/Input-Verhältnis von 9,2 bei der Ethanolerzeugung aus Zuckerrohr an.[164] Dabei wird ein Teil der Zuckerrohr Rückstände (Bagasse) als Energiequelle bei der Konversion eingesetzt und nicht als Energieinput bilanziert. Darüber hinaus sind knapp neun Prozent des Energie-Outputs als Gutschrift für überschüssige Bagasse enthalten. Wird die letztgenannte Energie-Gutschrift aus der Bilanz herausgenommen, um eine bessere Vergleichbarkeit mit den Bilanzen anderer Herstellungsverfahren zu gewährleisten, ergibt sich ein Output/Input-Verhältnis von 8,5. Ein Viertel der brasilianischen Zuckerrohrproduktion wurde in diese Bilanz einbezogen.

Die von der deutschen GTZ durchgeführte Studie „Liquid Biofuels for Tranportation in Brazil" gibt ein Output/Input-Verhältnis von 9,2 für die Ethanolerzeugung aus Zuckerrohr an.[165]

Im weiteren Verlauf wird von einem durchschnittlichen Output/Input-Verhältnis von 9 ausgegangen.

Für die Ethanolproduktion aus Mais in den USA wird in den meisten Studien ein knapp positiver energetischer Saldo bilanziert. Eine Veröffentlichung des „Institute for Local Self Reliance" (ILSR) ermittelte 1995 eine durchschnittliche Energiebilanz von 1,38.[166] Bei der Annahme, dass einerseits der Mais im Bundesstaat mit der höchsten Maisanbau-Effizienz erzeugt und das Ethanol in der damals energieeffizientesten Anlage produziert wird, ermittelte die gleiche Studie ein Output/Input-Verhältnis von 2,09.

In einer Studie für das amerikanische Landwirtschaftsministerium von 1995 lag die Energiebilanz bei durchschnittlich 1,24.[167]

Im Jahr 2002 wurde in einer weiteren Studie für die Regierung eine Energiebilanz von 1,34 errechnet.[168] Vor dem Hintergrund der Versorgungssicherheit mit flüssigen Kraftstoffen wird in den USA auch gerne ein Vergleich der eingesetzten flüssigen Kraftstoffe im Verhältnis zum Energiegehalt des erzeugten Ethanol erstellt. Es wird argumentiert, dass durch den Einsatz heimischer Energieträger wie Kohle und Erdgas bei der Ethanolerzeugung die Abhängigkeit der USA von ausländischen Ölimporten sinken würde. Da 83 Prozent der in der Ethanolerzeugung eingesetzten Energie aus nicht flüssigen Kraftstoffen gewonnen wird, kann auf diese Weise ein „flüssig/flüssig" Output/Input-Verhältnis von 6,34 ermittelt werden.[169] Unter den Gesichtspunkten des Klimaschutzes ist diese Bilanzierungsweise natürlich äußerst fragwürdig. Im weiteren Vergleich der Biokraftstoffe wird bei Ethanol von einem Input/Output-Verhältnis von 1,3 ausgegangen.

Vergleicht man die Energiebilanzen der verschiedenen Rohstoffe untereinander, so wird deutlich, dass die Erzeugung von Ethanol in den gemäßigten Breiten bei Nutzung der derzeitigen Technologie unter rein energetischen Gesichtspunkten wenig Erfolg versprechend ist. Je nach Bilanzierungsweise kann jedoch auch eine deutlich positive Energiebilanz ermittelt werden, sobald die Nebenprodukte der Ethanolproduktion (Futtermittel) mit in den Bilanzrahmen einbezogen werden.

Speziell für die Ethanolerzeugung gezüchtete Sorten, der Einsatz von Koppelprodukten wie beispielsweise Getreidestroh zur Abdeckung eines Teils der Prozessenergie wie auch die energetische Nutzung von Produktionsrückständen in Biogasanlagen, bei anschließender Düngemittelproduktion aus der Biogasgülle, könnten den prozentualen Anteil fossiler Energien bei der Ethanolgewinnung weitgehend reduzieren und so perspektivisch deutlich bessere Energiebilanzen ermöglichen.

In Regionen mit tropischem und subtropischem Klima hingegen ist die Ethanolproduktion durch die weitaus bessere Energiebilanz in der Herstellung bereits seit Jahrzehnten ein wirksames Mittel um den Verbrauch fossiler Energien zu reduzieren. Am Beispiel Brasiliens ist dies gut nachzuvollziehen.

Für die Ethanolproduktion aus Weizen ergibt sich auf Basis der moderaten Energiebilanz ein leicht positiver Netto-Energieertrag pro Hektar. Bei einer Ethanolerzeugung von 2.500 Litern[170] und einer Energiebilanz von 1,2 liegt der Netto-Energiegewinn bei 8,8 GJ/ha (53 GJ Energieertrag/ha, 44,2 GJ Energieeinsatz/ha).

Werden Zuckerrüben zur Ethanolerzeugung eingesetzt, ergibt sich aus einem durchschnittlichen Ertrag von 6.500 Litern Ethanol pro ha und einer Energiebilanz von 1,4 ein Netto-Energieertrag von 40 GJ (140 GJ Energieertrag/ha, 100 Energieeinsatz/ha).

7.2.4. Produktionskosten von Bioethanol

Wie bei der Produktion von Pflanzenölen sind auch die Kosten bei der Bioethanolerzeugung im internationalen Vergleich sehr unterschiedlich. Derzeit gilt die Herstellung von Ethanol aus Zuckerrohr als die kostengünstigste Produktionsweise. In Brasilen werden die Herstellungskosten (nicht gleichzusetzen mit den Marktpreisen) auf 200 bis 250 US Dollar pro m^3 geschätzt.

In den USA, dem zweitgrößten Ethanolerzeuger, wird fast ausschließlich Mais als Rohstoff verwendet. Der Preis bewegt sich dort seit einigen Jahren zwischen 260 und 320 US Dollar pro m^3.

Der Importzoll auf unvergälltes Ethanol in die EU liegt bei 19,2 Cent pro Liter, denaturiertes Ethanol, welches mit deutlich geringeren Importzöllen belastet ist, wird entsprechend der Definition im Energiesteuergesetz in Deutschland nicht als Biokraftstoff anerkannt.

In Deutschland ist die Ethanolproduktion erst zu deutlich höheren Preisen möglich. Eine detaillierte Auflistung der Produktionskosten von Ethanol aus verschiedenen Rohstoffen in Bezug auf unterschiedliche Anlagengrößen wurde für das Buch: „Bioethanol in Deutschland" unter der Leitung von Norbert Schmitz erstellt.

Rohstoff	Rohstoff-Preis (Euro/t)	Kleine Anlage 60 m³/d	Mittlere Anlage 180 m³/d	Große Anlage 360 m³/d	Größte Anlage 720 m³/d
		Selbstkosten (Euro/m³)			
Zuckerrüben Melasse	85	602	505	483	477
Zuckerrüben Dicksaft	202	588	493	472	467
Weizen	120	750	616	577	555
Roggen	85	683	549	510	489
Triticale	105	724	591	552	532
Mais	105	706	571	530	507
Kartoffel	50	978	873	843	830

Tabelle 16: Herstellungskosten von Bioethanol unter Berücksichtigung verschiedener Anlagengrößen und Rohstoffe ohne Erlöse für Nebenprodukte
Quelle: Schmitz, N. (Hrsg.): Bioethanol in Deutschland, S. 110–111.

Die Berechnungen zeigen, dass kleine Anlagen großen oder sehr großen Anlagen in der Wirtschaftlichkeit weit unterlegen sind. Insbesondere höhere Lohnstückkosten und die auf den Ethanolausstoß bezogenen Kapitalkosten führen zu dieser Diskrepanz.[171] Bei der Ethanolproduktion in bereits abgeschriebenen kleineren Anlagen wäre eine rentable Ethanolherstellung jedoch gegebenenfalls möglich.

Rohstoffe aus Zuckerrüben weisen, gefolgt von Roggen, die geringsten Produktionskosten auf.

In der oben angeführten Tabelle sind jedoch die Koppelprodukterlöse in Höhe von 100 Euro pro m³ Ethanol bei Getreide (für „Distillers' Dried Grains Solubles" (DDGS)), 50 Euro bei Melasse, zwölf Euro bei Rübendicksaft sowie 15 Euro bei Kartoffel nicht enthalten.

Bezieht man diese Erträge in die Kostenbilanz mit ein, ergeben sich daraus für die beiden obersten Anlagengrößen die in Tabelle 17 ersichtlichen Werte.

Bei dieser Berechnung kann Roggen gefolgt von Mais und Triticale den höchsten Überschuss ausweisen. Die Erzeugung aus Roggen profitiert vor allem von niedrigen Rohstoffkosten und kann dadurch Nachteile in Form von höherem Hilfs- und Rohstoffbedarf ausgleichen. Mais verfügt grundsätzlich über sehr gute Eigenschaften, doch kann mit den derzeit zugelassenen Sorten insbesondere in Mittel- und Norddeutschland ein erntesicherer Anbau nicht gewährleistet werden.[172] Die Verwendung von Corn-Cob-Mix könnte diesem Problem gegebenenfalls entgegenwirken zumal bei dieser Produktionsmethode die energieaufwendige Nachtrocknung der Körner entfällt.[173]

Rohstoff	Große Anlage 360 m³/d	Größte Anlage 720 m³/d
	Selbstkosten €/m³ (um Nebenprodukterlöse bereinigt)	
Zuckerrüben Melasse	433	427
Zuckerrüben Dicksaft	460	455
Weizen	477	455
Roggen	410	389
Triticale	452	432
Mais	430	407
Kartoffel	828	815

Tabelle 17: Herstellungskosten von Bioethanol unter Berücksichtigung verschiedener Anlagengrößen und Rohstoffe, um Erlöse für Nebenprodukte bereinigt (ohne Gewinnaufschlag)
Quelle: Eigene Berechnung, abgeleitet aus: Schmitz, N. (Hrsg.): Bioethanol in Deutschland, S. 110–111.

Die Produktionskosten für die Ethanolherstellung aus Kartoffel liegen jeweils weit über denen der anderen Rohstoffe. Bedingt wird dies vor allem durch die aufwendige Logistik und den hohen energetischen und technologischen Aufwand.

Bei den Angaben zur Rentabilität der Ethanolproduktion aus Zuckerrüben muss beachtet werden, dass zum Zeitpunkt der Kalkulation für diese Ackerkultur keine Flächenprämie bezahlt wurde. Bedingt war dies durch die deutsche Zuckermarktordung, die auf ein Quotensystem aufbaut und durch einen wirksamen Außenschutz relativ hohe Zuckerpreise in der Bundesrepublik gewährleistet. Im Rahmen des neuen Betriebsprämiengesetzes, welches im September 2004 beschlossen wurde, sind auch Zuckerrübenanbauflächen Flächenprämienberechtigt. Im Durchschnitt der deutschen Bundesländer liegt die Flächenprämie aktuell bei rund 300 Euro pro ha.

Kosten für Transport, Vertrieb und Kapitalverzinsung der Deutschen Shell AG pro Liter Normalbenzin lagen im Jahre 2001 bei 6,1 Cent.[174] Die Übernahme dieses Wertes für Ethanol ist möglich, da davon auszugehen ist, dass Ethanol in relevanten Mengen in Europa fast ausschließlich als Mischkraftstoff vermarktet werden kann. Für die Beimischung wäre voraussichtlich ein geringer Zuschlag erforderlich, sodass mit insgesamt rund sieben Cent kalkuliert wird. Oben angeführter Kostenblock in Höhe von sieben Cent/l sowie 16 Prozent Mehrwertsteuer einbezogen, ergeben den Mindestpreis zu welchem Ethanol kostendeckend angeboten werden könnte.

In der Realität ist mit einem zusätzlichen Gewinnaufschlag bei der Ethanolerzeugung von etwa zehn Prozent zur Abdeckung unternehmerischer Risiken zu rechnen.

Kraftstoff	Herstellungskosten pro Liter Ethanol in €		Herstellungskosten pro Liter Diesel-Äquivalent in €	
		inkl. Distribution und MwSt.		inkl. Distribution und MwSt.
Ethanol/Zuckerrüben	0,441	0,593	0,749	1,007
Ethanol/Weizen	0,455	0,609	0,773	1,034
Ethanol/Mais (USA)^2	0,29	0,418	0,493	0,709
Ethanol/Zuckerrohr (Brasilien)^2	0,25	0,371	0,425	0,63
Ethanol Mix$^{2,\,4}$	0,311	0,442	0,528	0,75
[4] Ethanolerzeugung: 50 % Zuckerrohr, 20 % Mais (USA), 20 % Zuckerrüben, 10 % Weizen				

Tabelle 18: Herstellungskosten von Ethanol

7.2.5. Gesamtpotential von Bioethanol

Die Vorteile der Ethanolerzeugung liegen vor allem in den vorhandenen Erfahrungswerten mit dem Kraftstoff, der guten Integrierbarkeit in die bestehende Kraftstoffinfrastruktur und einem relativ hohen Hektarertrag, wenn zuckerhaltige Feldfrüchte als Rohstoff verwendet werden. Die breite Rohstoffbasis ermöglicht eine wirkungsvolle und flexible Verwertung landwirtschaftlicher Produktionsüberschüsse.

Demgegenüber sind die Herstellungskosten, der Bedarf hochwertiger Ackerflächen sowie die erforderliche Dünge- und Pflanzenschutzintensität relativ hoch. Die Energiebilanz der Ethanolerzeugung auf Basis von Getreide muss unbedingt deutlich verbessert werden, wenn dieses Produktionsverfahren einen nennenswerten Beitrag zu den Klimaschutzzielen im Verkehrssektor leisten soll.

Da in Europa nur eine geringe Anzahl Fahrzeuge existieren, die mit reinem Ethanol bzw. E85 betrieben werden können, wird sich die Vermarktung von Ethanol mittelfristig gesehen fast ausschließlich im Bereich der Beimischung zu konventionellen Ottokraftstoffen abspielen. Neben der Beimischung von Ethanol in der Größenordnung von bis zu fünf Prozent, bietet auch die Substitution des als Antiklopfmittel zur schadstoffarmen Verbrennung eingesetzten Methyl-Tertiär-Butylether (MTBE) durch Ethyl-Tertiär-Butylether (ETBE) ein hohes Potential. Der Ethanolgehalt im ETBE beträgt 47 Prozent und macht das Produkt durch die steuerliche Befreiung kostengünstiger als MTBE.[175] Der Neu- bzw. Umbau entsprechender Produktionskapazitäten ist in einigen europäischen Ländern bereits geplant. Der Gesamtabsatz von MTBE in Deutschland beläuft sich auf etwa 1,4 Prozent der Ottokraftstoffnachfrage.[176]

Durch die breite Rohstoffbasis ist das theoretische Potential von Ethanol nur durch die zur Verfügung stehende Ackerfläche begrenzt. Doch wird sich langfristig gesehen die Produktion auf Grund komparativer Kostenvorteile voraussichtlich schwerpunktmäßig auf tropische und subtropische Regionen konzentrieren. Dies wird auch durch die relativ schlechte Energiebilanz der Produktion in den gemäßigten Klimazonen bedingt.

Ein Durchbruch in der Ethanolherstellung aus lignozellulosehaltiger Biomasse (insbesondere Stroh) könnte die Vorzeichen für eine wirtschaftliche und auch unter energetischen Gesichtspunkten sinnvolle Ethanolproduktion auch in unseren Breiten verändern.

Werden stärkehaltige Rohstoffe zur Ethanolproduktion verwendet, zeigt sich ebenso wie bei Pflanzenöl ein wesentlicher Nachteil darin, dass lediglich ein Bruchteil des gesamten Energiegehalts der Pflanzen für die Kraftstoffproduktion verwendet wird. Bei zuckerhaltigen Rohstoffen wie Zuckerrohr und Zuckerrüben ist dieser Anteil zwar höher, doch auch da fallen große Mengen Reststoffe an, deren energetische oder stoffliche Verwertung oftmals nicht erfolgt. In Brasilien wurde in der Vergangenheit die „Bagasse" als Pressrückstand des Zuckerrohrs meist so ineffizient wie möglich verbrannt um einerseits die Prozessenergie für die Zucker- bzw. Ethanolerzeugung bereit zu stellen und vor Allem den Reststoff zu „entsorgen". Mittlerweile sind jedoch verschiedene Konzepte in der Umsetzung die Bagasse zur Stromerzeugung nutzen, als Festbrennstoff Pellet/Brikett aufbereiten bzw. zukünftig auch Bagasse zur enzymatischen Erzeugung von Ethanol aus Lignozellulose einsetzen werden.

Langfristig gesehen liegt das größte Potential der Ethanolerzeugung neben dem Einsatz von Zuckerrohr voraussichtlich in der Konversion von lignozellulosehaltiger Biomasse. Neben niedrigeren Kosten und einem wesentlich höheren Rohstoffpotential besteht der maßgebliche Vorteil in der geringeren Flächen-Konkurrenz zu der Erzeugung von Lebensmitteln. Die IEA geht für 2005 von Ethanolherstellungskosten aus Lignozellulose in Höhe von etwa 240 US-Dollar m^3 und für 2015 von etwa 200 US-Dollar m^3 aus.[177] Bis Mitte 2006 ist jedoch noch kein kommerzielles Projekt zur Erzeugung von Ethanol aus Lignozellulose bekannt. Die Produktionskosten werden auch 2015 voraussichtlich deutlich über dem geschätzten Wert der IEA liegen.

Bei dieser Form der Ethanolerzeugung sind zwar die Rohstoffkosten günstiger als bei stärkehaltigen Grundstoffen (Stroh statt Getreide) doch der Produktionsaufwand ist vergleichsweise erheblich höher. Bei den bisher entwickelten Verfahren muss der enzymatische Zelluloseaufschluss in getrennten Behältern stattfinden damit sich die Prozesse nicht gegenseitig beeinträchtigen. Auch die Verweilzeit in den Aufschlussbehältern ist relativ lang, was das Verfahren weiter verteuert. Komparative Kostenvorteile kann die Erzeugung von Ethanol aus Lignozellulose somit wahrscheinlich erst dann ausspielen, wenn Getreide deutlich im Preis ansteigt.

Solange der fossile Energieeinsatz beim Ethanolproduktionsprozess auf Basis von Getreide nicht deutlich absinkt, muss die Unterstützung von Ethanol als Biokraftstoff eher als Förderprogramm für die Landwirtschaft und eine verbesserte Versorgungssicherheit, denn als wirksames Instrument des Klimaschutzes angesehen werden.

In Erwartung einer zukünftigen deutlichen Effizienzsteigerung, kann die Nutzung von Ethanol als Kraftstoff dennoch insgesamt befürwortet werden.

7.3. Biogas/Biomethan als Kraftstoff

Biogas besteht in der Regel aus 50 bis 70 Prozent Methan (CH_4), 30 bis 40 Prozent CO_2 sowie in geringem Umfang aus Gasen wie Wasserdampf, Stickstoff, Sauerstoff, Kohlenmonoxid, Schwefelwasserstoff, Ammoniak und Wasserstoff. Der Energiegehalt von Biogas hängt direkt vom Methangehalt ab. Ein Kubikmeter Methan enthält 9,94 Kilowattstunden (kWh) bzw. 35,8 MJ, so dass Biogas mit einem typischem Methangehalt von 60 Prozent rund sechs kWh oder 21,5 MJ enthält.

Kraftstoff	Heizwert MJ/kg	Heizwert MJ/m³ bzw. MJ/l	Dichte kg/m³
Biogas (60 % Methan)	17,9	21,5	1,2
Methan	49,7	35,8	0,72
Erdgas/Biomethan	44,6	34	0,76
Normalbenzin	40	29,9	0,748
Superbenzin	44	33	0,75
Diesel	43	36	0,84

Tabelle 19: Heizwerte und Dichten verschiedener Kraftstoffe
Quelle: In Anlehnung an: netzwerk regenerative kraftstoffe, Daten/Tabellen, www.refuelnet.de

Biogas wird derzeit in der Bundsrepublik nur in sehr geringen Mengen als Kraftstoff im Straßenverkehr eingesetzt, doch steht der Nutzung im größeren Umfang theoretisch nichts im Wege, insofern das Biogas auf Erdgasqualität aufgereinigt wird und geeignete erdgastaugliche Fahrzeuge, wie beispielsweise der Fiat Multipla Bipower oder die Volvo Bi-Fuel Modelle der Baureihen V70 und S80, eingesetzt werden. Insgesamt bieten derzeit etwa zehn Kraftfahrzeughersteller Modelle für den Betrieb mit Erdgas an. Eine Umrüstung von Benzinfahrzeugen für die alternative Erdgasnutzung ist ebenso möglich. Die Kosten liegen in der Regel zwischen 3.000 und 5.000 Euro. Getankt wird Erdgas an speziellen Tankstellen mit einem Druck von 200 bar im Fahrzeugtank bezogen auf 15 °C. Bei wärmeren Temperaturen wird ein höherer Druck und bei kälteren Temperaturen ein etwas niedrigerer Druck in den Fahrzeugtank abgefüllt, sodass immer der gleiche Energiegehalt zur Verfügung steht. Biogas in Erdgasqualität wird auch als Biomethan, Greengas und Bioerdgas bezeichnet.

Momentan wird Biogas fast ausschließlich über die Verstromung in Blockheizkraftwerken direkt energetisch genutzt. Die elektrische Energie wird nach den Tarifen des Erneuerbaren Energien Gesetzes vergütet und ins allgemeine Stromnetz eingespeist. Die rund 2.700 Biogasanlagen, die bis Ende 2005 in Deutschland errichtet wurden, erzeugen rund 2,9 Mrd. kWh Strom pro Jahr (knapp 0,6 Prozent des deutschen Strombedarfs).[178]

Seit Jahren fordern Vertreter der Biogas-Interessenverbände vehement die Implementierung eines (Bio)Gas-Einspeise-Gesetzes mit erhöhter Vergütung gegenüber Erdgas. Die Schaffung eines solchen Instruments würde einerseits die effektivere energetische Nutzung von Biogas gewährleisten, da bei der Verstromung rund zwei Drittel der Energie meist weitgehend ungenutzt in Form von Motorabwärme verpuffen. Andererseits könnte dies über die Schaffung eines Marktes für die entsprechende Technologie zur Aufreinigung von Biogas auf Erdgasqualität der Nutzung als Treibstoff Vorschub leisten.

Unter das deutsche Gesetz zur Befreiung aller Biokraftstoffe von der Mineralölsteuer „fällt auch Biogas als Kraftstoff, das an anderer Stelle erzeugt und in das Gasnetz eingespeist wird, als es energetisch verwendet wird".[179] Dadurch ist bereits eine wichtige Voraussetzung für die Verankerung von Biogas als Kraftstoff gegeben. Das bedeutet auch, dass der „Biogas-Kraftstoff", den man sich in Zukunft gegebenenfalls in den Tank füllt, in den wenigsten Fällen tatsächlich Biogas, sondern ein entsprechendes Erdgasäquivalent sein wird.

7.3.1. Herstellungsverfahren von Biogas/Biomethan

Biogas ist die allgemeine Bezeichnung für ein unter anaeroben Verhältnissen durch mikrobakteriellen Abbau von Biomasse entstandenes methanreiches Gas. Je nach Entstehungsart wird Biogas beispielsweise auch als Faulgas, Sumpfgas oder Deponiegas bezeichnet. Auch die Herstellung eines Synthesegases aus biogenen Rohstoffen kann im weiteren Sinne als Biogas eingeordnet werden, doch unterscheiden sich die Herstellungsprozesse. Daher erfolgt eine Betrachtung dieses Verfahrens unter dem Kapitel „Biokraftstoffe aus Synthesegas".

Ein großer Teil der in der Bundesrepublik betriebenen Biogasanlagen wurde in kostengünstiger Komponentenbauweise als dezentrale Einzelhofbiogasanlage realisiert. Im industriellen Bereich oder bei großen Gemeinschaftsanlagen die sich zunehmend am Markt durchsetzen, kommen in der Regel schlüsselfertig erstellte Anlagen zum Einsatz.

Der Prozess der Biogasbildung lässt sich in vier Stufen der bakteriellen Umsetzung einteilen:

- Die Hydrolysephase dient der Zerlegung fester Bestandteile in niedermolekulare Substanzen.
- Während der säurebildenden Phase werden diese Substanzen zu organischen Säuren, niederen Alkoholen, Aldehyden, Wasserstoff, CO_2 und weiteren Gasen abgebaut.
- In der acetogenen Phase erfolgt die weitere Umwandlung dieser Stoffe zu Essigsäure.
- Im letzten Schritt, der Methanogese, wird einerseits Wasserstoff und CO_2 zu Methan und Wasser reduziert ($CO_2 + 4H_2 \Rightarrow CH_4 + 2H_2O$), des Weiteren wird die Essigsäure zu Methan, CO_2 und Wasser gespalten (Essigsäure $\Rightarrow CH_4 + CO_2 + H_2O$).

Die Hauptverfahrensschritte der Biogasproduktion sind: Substratbereitstellung, Substrataufbereitung, Vergärung, Entwässerung und Reinigung des Biogases sowie die Gasverwertung. Die Voraussetzungen für eine optimale und zügige Fermentation der Biomasse sind: Gleichbleibende Prozesstemperatur, Sauerstoff- und Lichtabschluss, Gasdichtigkeit, ausreichende Verweilzeit und die Verhinderung der Schichtbildung in der Anlage.

Methanbakterien sind bei Temperaturen zwischen drei und etwa 70 °C aktiv und steigern die Geschwindigkeit der Fäulnisprozesse mit zunehmender Temperatur.[180] Bezogen auf verschiedene Temperaturzonen werden in der Praxis psychrophile Stämme (unter 20°C), mesophile Stämme (25 bis 35 °C) und thermophile Stämme (über 45 °C) unterschieden.

In Deutschland werden Biogasanlagen in der überwiegenden Mehrheit im Temperaturbereich zwischen 30 und 38 °C betrieben.

Grundsätzlich lassen sich die Nass-Vergärung und die Trocken-Vergärung als die zwei Hauptverfahren der Biogasproduktion unterscheiden.

Die Nass-Vergärung erfordert ein Substrat mit einem Trockensubstanzgehalt von maximal 15 bis 20 Prozent. Gülle wird oftmals als Hauptrohstoff genutzt und seit Mitte 2004 nach einer Anpassung des EEG zunehmend durch Kofermente ergänzt. Auch Anlagen die ausschließlich nachwachsende Rohstoffe, insbesondere in Form von Maissilage, einsetzen werden in jüngster Vergangenheit in erheblicher Anzahl realisiert.

Die Nass-Vergärung lässt sich wiederum in kontinuierliche und diskontinuierliche Verfahren unterteilen. Bei den diskontinuierlichen- oder Batch-Verfahren wird das Substrat nicht regelmäßig zugeführt. Der Gärbehälter wird nach der Befüllung verschlossen und erst nach dem Ausfaulvorgang wieder entleert. Unregelmäßigkeiten in der Gasmenge und Gaszusammensetzung versucht man über die zeitversetzte Befüllung mehrer Fermenter auszugleichen. In der Praxis konnten sich diskontinuierliche Verfahren, jedoch nur in geringem Umfang durchsetzen.

Bei kontinuierlichen Verfahren die den Markt weitgehend beherrschen, unterscheidet man zwischen verschiedenen ein oder mehrstufigen Verfahren. Neben dem Durchflussverfahren sind hier das Speicher-Durchflussverfahren und das Durchfluss-Speicherverfahren zu nennen.

Während weitgehend alle derzeit bestehenden Anlagen über die Verfahren der Flüssigvergärung betrieben werden, eröffnet sich über Verfahren der Trockenvergärung ein großes Potential für die effektive energetische Nutzung von Rohstoffen die bisher in Biogasanlagen nur bedingt bzw. lediglich unter Einsatz von hohen Prozessenergie- und Wassermengen eingesetzt werden konnten. Die Anlagen, die sich vor allem für Grüngut, Festmist und speziell angebaute Energiepflanzen eigenen, werden als gasdichte Räume konzipiert, die mit dem Radlader befüllt, dann verschlossen und erst nach einigen Wochen Faulzeit wieder geöffnet werden. Die Gärrückstände werden dann kompostiert und einer Verwertung in der Landwirtschaft zugeführt. Während der Verweilzeit wird das Gärgut kontinuierlich mit der aus dem Substrat austretenden Flüssigkeit von oben benetzt und somit fortlaufend mit Bakterien beimpft.

Die Vorteile der Trocken-Vergärung liegen insbesondere in einer kompakten Bauweise, die durch die Verwendung von Biomasse mit bis 50 Prozent Trockenmasse bedingt ist, einer gegenüber den Flüssiggärverfahren nur geringfügig niedrigeren Gasausbeute mit Methangehalten bis zu 80 Prozent und einem geringen Prozessenergieverbrauch, welcher unter 15 Prozent der erzeugten Energie liegt.[181] Als kritisch sind mögliche unkontrollierte Methanemissionen beim öffnen der Gärräume anzusehen.

Der Biogasertrag aus Gülle, Reststoffen oder landwirtschaftlichen Rohstoffen hängt stark von deren Verweilzeit im Fermenter ab. Die bakterielle Abbaubarkeit vorausgesetzt, kann die Rohstoffenergie theoretisch fast vollständig in Biogas umgewandelt werden, da unter anaeroben Bedingungen nur eine relativ geringe Wärmebildung stattfindet. Allerdings müsste dafür eine extrem lange Verweilzeit hingenommen werden. In der Praxis ist die Verweilzeit, bei Biogasanlagen im mesophilen Temperaturbereich, aus wirtschaftlichen Gründen meist auf 30 bis 50 Tage begrenzt. Bei Anlagen, die im thermophilen Temperaturbereich gefahren werden, liegt die Verweilzeit normalerweise zwischen 15 und 25 Tage.[182] Dies führt dazu, dass ein Teil des Biomasseheizwertes in der Biomassegülle verbleibt. Vom Biomasse Info-Zentrum veröffentlichte Faustzahlen zur Biogasausbeute verschiedener Substrate in landwirtschaftlichen Biogasanlagen sind in der folgenden Tabelle zusammengefasst.

Rohstoff	Biogasausbeute
1 GVE	400–500 m³ Biogas/Jahr
1 ha Silomais/Futterrüben	8.000–12.000 m³ Biogas
1 ha Corn-Cob-Mix (CCM)	6.000–7.000 m³ Biogas
1 ha Wiesengras	6.000–8.000 m³ Biogas
1 t Gülle	22–35 m³ Biogas
1 t Silomais	180–230 m³ Biogas
1 t Corn-Cob-Mix (CCM)	400–600 m³ Biogas
1 t Wiesengras	80–120 m³ Biogas

Tabelle 20: Vergleichszahlen landwirtschaftlicher Biogasanlagen nach Mitterleitner 2000, aktualisiert (Stand August 2003)

Quelle: Biomasse Info-Zentrum (BIZ): Biogas – Wirtschaftlichkeit - Allgemeine Vergleichszahlen, http://www.biomasse-info.net/Energie_aus_Biomasse/Biogas/biogas.htm

Bei einem durchschnittlichen Ertrag von 200 m³ Biogas/t Maissilage, kann bei einem Trockenmassegehalt von 35 Prozent und einem Methangehalt von 60 Prozent ein Methangas-Ertrag von 343 m³ bzw. 12,3 GJ/t Trockenmasse erzielt werden. Daraus ermittelt sich bei einem Heizwert von 17,5 GJ pro t Trockensubstanz ein Konversionswirkungsgrad von rund 70 Prozent. Dieser Wert soll bei den weiter unten folgenden Berechnungen als Faustzahl dienen.

Ein wichtiger Prozessschritt für die Herstellung von Biogas, welches sich als Kraftstoff eignet, ist die Reinigung des Gases auf Erdgasqualität. Diesbezüglich sind in Deutschland mehrere Verfahren in der Entwicklung. In Schweden beispielsweise wird aufbereitetes Biogas bereits seit Jahren von mehreren großen Anlagen ins Erdgasnetz eingespeist.

Im Schweizer Kanton Zürich wird ein Teil des aus der Vergärung von Biomüll gewonnenen Biogases auf Ergasqualität aufbereitet und ins Gasnetz eingespeist. An verschiedenen privaten und öffentlichen Tankstellen kann so bereits seit einiger Zeit eine Mischung aus Biogas und Erdgas unter der Marke Naturgas getankt werden.[183]

Bei dem Prozess der Aufbereitung des Biogases auf Erdgasqualität dem so genannten „Biomethan" findet zunächst eine Entschwefelung, dann eine Gastrocknung und daraufhin eine Abscheidung des CO_2 vom Biogas statt.

Möglichkeiten der CO_2-Abtrennung sind beispielsweise die Druckwasserwäsche (DWW) und die Druckwechseladsorbtion (PSA). Bei der Druckwasserwäsche liegen die Methanverluste bei rund zwei Prozent, bei der Druckwechseladsorption bei etwa fünf Prozent.[184] Mit beiden Verfahren kann ein Methangehalt von über 96 Prozent im Endprodukt erreicht werden (Erdgas H).

7.3.2. Rohstoffpotential von Biogas/Biomethan

Als Ausgangssubstrat für die fermentative Biogasproduktion kommen grundsätzlich alle Formen von Biomasse in Frage, insofern sie als Hauptbestandteile Kohlenhydrate, Eiweiße, Fette sowie Zellulose oder Hemizellulose enthalten. Lignin oder lignininkrustierte Zellulose sind ohne kosten- und energieaufwändige Vorbehandlung nicht für die Biogaserzeugung geeignet. Holzartige Biomasse muss somit vom Rohstoffpotential der fermentativen Biogaserzeugung ausgeschlossen werden, zumal sie ohnehin aufgrund ihrer Eigenschaften für die thermische oder thermo-chemische Verwertung prädestiniert ist.

Im Gegensatz zu Gärverfahren zur Alkoholgewinnung kann bei der Methangärung eine wesentlich größere Bandbreite organischer Verbindungen abgebaut werden. Zudem kann nach Angaben von Edelmann theoretisch über 90 Prozent des Energiegehalts der Ausgangssubstrate bei der Biogaserzeugung in Methan umgewandelt werden.[185]

Traditionell werden vornehmlich Abfall- und Reststoffe zur Produktion von Biogas eingesetzt. Insbesondere in der Landwirtschaft konnte sich die Biogastechnologie zur energetischen Verwertung von Gülle etablieren. Durch die Kofermentation, bei welcher biogene Reststoffe wie Altfette und Speiseabfälle von Unternehmen außerhalb der Landwirtschaft mit verwertet wurden, konnte die Rentabilität der Anlagen in der Vergangenheit meist signifikant gesteigert werden. Seit Mitte 2004 werden zunehmend speziell für die Biogasgewinnung angebauten Pflanzen als Hauptsubstrat genutzt. Seit diesem Zeitpunkt gilt eine neue Fassung des EEG (Erneuerbare Energien Gesetz) welche bei ausschließlicher Nutzung von nachwachsenden Rohstoffen und/oder Gülle, eine deutlich höhere Vergütung für den erzeugten Strom gewährleistet.

Durch diese neue Entwicklung hat zu einem regelrechten Boom in der Biogasbranche geführt und die Zahl der neu errichteten Biogasanlagen ist sprunghaft angestiegen.

Mittlerweile wird über die Biogaserzeugung in vielen Betrieben neben der Nahrungsmittelproduktion ein landwirtschaftliches Zusatzeinkommen generiert. Die Substitutionspotentiale der Biogastechnologie sind jedoch noch nicht annähernd ausgeschöpft.

Vom Bundesverband Erneuerbare Energien e. V. (BEE), dem Biomasse Info-Zentrum (BIZ) und dem Fachverband Biogas wurden Abschätzungen für das deutsche Biogaspotential veröffentlicht. Diese sind in der folgenden Tabelle zusammengefasst.

Organisation	Voraussetzung/ Annahmen	Potential	Substitution Ottokraftstoff	Substitution Kraftstoffe*[186]	Substitution Primärenergie[187]
Bundesverband Erneuerbare Energien e. V. (BEE)[188]	- Landwirtsch. Abfälle & Reststoffe - Energiepflanzen von: 3 Mio. ha Ackerfläche (17 t /TM/ha) 1,5 Mio. ha Grünland (10 t /TM/ha)	40 Mrd. m³ Rohgas/ 24 Mrd. m³ Methan entspricht: 859 PJ	71,5 %	32,8 %	5,9 %
Biomasse Info Zentrum (BIZ)[189]	Potential aufgeteilt in: 47 % Nutzung von Energiepflanzen 20 % Gülle 33 % Sonstiges	23–25 Mrd. m³ Rohgas/ 13,8–15 Mrd. m³ Methan entspricht: ~ 516 PJ	43 %	19,7 %	3,5 %
Fachverband Biogas e. V.[190]	190 Mio. t Gülle 1,5 Mio. ha Ganzpflanzenanbau	15–31,7 Mrd. m³ Rohgas/ 9–19 Mrd. m³ Methan entspricht: 322–680 PJ	26,8– 56,6 %	12,3– 26 %	2,2– 4,7 %
Bezugsjahr für Energieverbrauch: 2001 1 m³ Biogas entspricht 0,6 m³ Methan * Kraftstoffe im Verkehrssektor einschließlich Luftfahrt					

Tabelle 21: Einschätzung des deutschen Biogaspotentials durch verschiedene Organisationen

Die Deckung von zehn Prozent bzw. 255 PJ des deutschen Kraftstoffverbrauchs im Verkehrssektor im Bezugsjahr 2004 über Methan aus Energiepflanzen kann unter folgenden Annahmen abgeschätzt werden: 8.000 m³ durchschnittlicher Biogasertrag pro Hektar (Wiesengras: 6.000 – 8.000 m³/ha, Silomais: 8.000 – 12.000 m³/ha).[191] Dies entspricht bei einem Methangehalt von 60 Prozent, rund 172 GJ oder einem Dieseläquivalent von 4.770 Litern. Für die Gasreinigung über das Druckwechseladsorbtions-Verfahren müssen zusätzlich etwa zwei Prozent Energieverlust einkalkuliert werden. Daraus ergibt sich, dass theoretisch eine Anbaufläche von rund 1,48 Millionen ha bzw. 12,6 Prozent der deutschen Ackerfläche zur Erreichung dieses Ziels erforderlich wäre. In der Praxis könnte beispielsweise jeweils die Hälfte der erforderlichen Fläche auf (ertragsstarkes) Grünland und Ackerland entfallen. Zur besseren Vergleichbarkeit ist hier jedoch nur die Ackerfläche angegeben.

Projiziert auf den globalen Mineralölverbrauch, ergeben sich aus obigen Annahmen folgende Werte: Um die gesamte Mineralölförderung von rund 3,78 Milliarden t RÖE pro Jahr zu substituieren, wären dafür knapp 9,4 Millionen Quadratkilometer Landfläche erforderlich. Auf die globale Landfläche bezogen wären dies knapp 6,3 Prozent bzw. 63 Prozent von 15 Millionen qkm globaler Ackerfläche.

Diese Überschlagsrechnung des Rohstoffpotentials zeigt deutliche Vorteile von Biogas gegenüber Pflanzenöl oder Ethanol. Darüber hinaus muss beachtet werden, dass die vielfältigen Nutzungsmöglichkeiten von Reststoffen innerhalb und außerhalb der Landwirtschaft noch nicht berücksichtigt sind. Das vom Fachverband Biogas e. V. für Deutschland ermittelte Güllepotential in Höhe von 190 Millionen t pro Jahr entspricht beispielsweise etwa 500.000 ha Energiepflanzen bzw. umgerechnet einem Äquivalent von 4,2 Prozent der Ackerfläche.[192]

Neben den biogenen Reststoffen steht ein hohes Energiepflanzen-Potential auch weitgehend unabhängig von hochwertigen Ackerflächen zur Verfügung, da Pflanzen zur Nutzung in Biogasanlagen auf Grünlandflächen angebaut werden können und zusätzliche Biomasse beispielsweise aus der Pflege von öffentlichen Anlagen oder Straßenrändern zur Verfügung steht. Allerdings muss beachtet werden, dass eine Nutzung dieser Potentiale aufgrund einer niedrigeren Effizienz meist nur bei gleichzeitig höheren Biogaserzeugungskosten möglich ist.

7.3.3. Energiebilanz von Biogas/Biomethan

Eine Energiebilanz für die Erzeugung von Biogas zu erstellen ist aufgrund der vielfältigen Anwendbarkeit der Technologie nicht pauschal möglich. Insbesondere muss beachtet werden, ob die Rohstoffe als Abfallstoffe zur Verfügung stehen oder speziell für die energetische Nutzung erzeugt werden. Der in Veröffentlichungen öfters auftauchende Wert eines Output/Input-Verhältnis von 28,8, der auf ein 1996 erschienenes KTBL-Arbeitspapier zurückzuführen ist[193,194], kann somit nicht als universell belastbare Zahl gewertet werden.

Als elektrischer Prozessenergiebedarf für Pumpen und Rührwerke können nach Waitze etwa fünf Prozent der im Falle einer Biogasverstromung erzeugten Energie berechnet werden.[195] Bezogen auf den Energiegehalt im Biogas entspricht dies knapp zwei Prozent. Der relativ hohe thermische Prozessenergiebedarf fällt bei der derzeitigen Nutzung des Biogases in Blockheizkraftwerken kaum ins Gewicht, da für die bei der Verstromung entstehende Abwärme in der Regel ohnehin keine Vermarktungsmöglichkeit besteht. Allgemein wird mit einem Bedarf in Höhe von 50 Prozent der als Wärme anfallenden Energie zur Beheizung der Fermenter gerechnet. Bezogen auf den Energiegehalt des Biogases sind dies etwa 25 Prozent.[196] Der Biogasanlagenhersteller Aufwind Schmack GmbH kalkuliert mit einem thermischen Energiebedarf von durchschnittlich 35 Prozent der aus der Verstromung anfallenden Abwärme.[197] Dies entspricht 17,5 Prozent der ursprünglichen Biogasenergie.

Über aufwändigere Isolierungen, ließe sich dieser Wert vermutlich in Zukunft noch weiter absenken, falls bei der Nutzung von Biogas als Kraftstoff keine kostenfreie Abwärme mehr zur Verfügung stehen würde. Zudem muss berücksichtigt werden, dass der thermische Prozessenergiebedarf stark von der Jahresdurchschnittstemperatur abhängt, in südlicheren Breiten also geringer ist und in der Bundesrepublik vorwiegend im Winterhalbjahr anfällt.

Kalkuliert man mit einem Gesamtprozessenergiebedarf von 18 Prozent für die Produktion von Roh-Biogas, so ergibt sich ein Output/Input-Verhältnis von etwa fünf, insofern ausschließlich Reststoffe verwertet werden, deren Energieverbrauch bei der Erzeugung nicht der Biogasproduktion zugerechnet wird.

Beim Einsatz von speziell für die Biogasproduktion erzeugten Rohstoffen wie beispielsweise Silage, ergibt sich eine schlechtere Bilanz. Zwar fällt der Energieeinsatz für die Düngemittelproduktion weg, da im Rahmen der betriebsinternen Biogasproduktion kaum Nährstoffverluste erfolgen, doch muss die für Anbau, Ernte und Biogasgülletransport erforderliche Energie bilanziert werden. Als Schätzwert für die durchschnittliche Produktion und Bereitstellung von einem Hektar Grass- bzw. Maissilage kann ein pauschaler Energieeinsatz von zehn GJ für den Maschineneinsatz angenommen werden. Rohstoffproduktion und Prozessenergiebedarf einbezogen kann ein Output/Input-Verhältnis von rund drei ermittelt werden, wenn ein durchschnittlicher Biogasertrag von 8.000 m³ bzw. 172 GJ (168,5 nach Reinigungsverlust)/ha zugrunde gelegt wird.

Für die Aufbereitung von Biogas zu Ergasqualität sind Gasverluste und ein weiterer Energieverbrauch einzukalkulieren. Nach Unternehmensangaben der inzwischen insolventen farmatic biotech ag belaufen sich diese beim Verfahren der Druckwechseladsorbtion auf etwa zwei Prozent des Methangehalts bzw. 0,2 kWh pro m³ Biogas.[198]

Für die Kompression des Methangases (4.800 m³/ha) auf den zur Betankung erforderlichen Druck von 250 bar, müssen zusätzlich bis zu 0,38 kW/h pro Kubikmeter angesetzt werden.[199]

	Input GJ/ha	Output GJ/ha
Anbau/Bereitstellung	10	
Prozessenergie elektrisch (2 % des Biogas Heizwertes)	3,5	
Prozessenergie thermisch (18 % des Biogas-Heizwertes)	31	
Produktgas (Roh-Biogas)		172
Gasreinigung	5,75	
Kompression (250 bar)	6,5	
Reinigungsverlust (2 %)		-3,5
Summe: Energieeinsatz/Biomethan	56,75	168,5
Output/Input-Verhältnis	2,97	
Netto Energiegewinn /ha	111,75 GJ	

Tabelle 22: Energiebilanz von kraftstofffähigem Biogas aus Energiepflanzen (inklusive thermischem Prozessenergiebedarf)

Wird der Prozesswärmebedarf aus der Bilanz ausgeklammert, da er theoretisch ohne weiteres über das erzeugte Biomethan gedeckt werden kann, ergeben sich ein Brutto-Energieertrag von 138 GJ/ha und ein Fremdenergiebedarf von 24,65 GJ. Der Netto-

Energieertrag ist mit 113,35 GJ geringfügig höher, da weniger Energie für die Kompression eingesetzt werden muss.

	Input GJ /ha	Output GJ /ha
Anbau/Bereitstellung	10	
Prozessenergie elektrisch (2 % des Biogas-Heizwertes)	3,5	
Prozessenergie thermisch	-	
Gasreinigung	5,75	
Kompression (250 bar)	5,4	
Biogas abzüglich thermischer Prozessenergie (32 GJ)		141
Reinigungsverlust (2 %)		-3
Summe: Energieeinsatz/Greengas	24,65	138
Output/Input-Verhältnis	5,6	
Netto-Energiegewinn/ha	113,35 GJ	

Tabelle 23: Energiebilanz von kraftstofffähigem Biogas aus Energiepflanzen unter der Annahme, dass der thermischem Prozessenergiebedarf über Biomethan gedeckt wird

7.3.4. Produktionskosten von Biogas/Biomethan

Die Ermittlung der Produktions- und Tankstellenbereitstellungskosten von Biomethan birgt einige Komplikationen. Neben den Rohstoffkosten, den Konversionskosten, den Gasreinigungskosten und den Gasnetz-Durchleitungskosten müssen auch die Tankstellen-Bereitstellungskosten ermittelt werden.

Auf der Rohstoffseite variieren die Kosten äußerst stark. Optimal ist der Einsatz von kostenlosen, Substraten mit hohem Energiegehalt. In der Vergangenheit konnten für derartige Reststoffe beispielsweise aus der Lebensmittelindustrie, teilweise sogar noch Entsorgungsprämien erzielt werden. Mittlerweile müssen sie oftmals zugekauft werden. Gülle und Mist aus der Rinder- und Schweinehaltung steht zwar auf vielen landwirtschaftlichen Betrieben kostenfrei zur Verfügung, doch ist der Energie- und Trockenmassegehalt gering. Durch die erforderlichen großen Fermentervolumina führt die ausschließliche Verwendung von derartiger Gülle daher zu hohen Fixkosten auf Seiten der Biogasanlage. Vorteilhaft ist die energetische Güllenutzung zusammen mit Kofermenten. Geflügelmist hat durch seinen hohen Trockenmasse- und Energiegehalt gute Eigenschaften zur wirtschaftlichen Nutzung in Biogasanlagen. Auch die Kosten von „Nachwachsenden Rohstoffen" (Nawaros) zur Nutzung in einer Biogasanlage sind unterschiedlich. Auf Basis einer Vollkostenrechnung muss angenommen werde, dass Maissilage derzeit für ca. 75 bis 80 Euro pro t TM erzeugt werden kann. Keymer und Schilcher schätzen die reinen Erzeugungskosten von Wiesengras-Frischmasse auf 15 Euro/t bzw. 75 Euro/t TM.[200]

Die veröffentlichten Kostenschätzungen und Beispielkalkulationen der Biogaserzeugung beinhalten in der Regel die Kosten für die energetische Umwandlung des erzeugten Biogases in einem Blockheizkraftwerk. Auf Basis von speziell für diese Studie angefertigten Beispiel-Kalkulationen des Biogasanlagen-Projektierers Aufwind Schmack GmbH für Biogasanlagen mit Leistungen von 100 m³ bzw. 500 m³ pro Stunde wurden diese Berechnungen daher selbstständig durchgeführt.

Für die Anlage mit einer Leistung von 100 m³ pro Stunde bzw. 542.862 m³ Biomethan im Jahr konnten reine Konversionskosten in Höhe von 148.285 Euro pro Jahr bzw. 27,3 Cent/m³ Biomethan ermittelt werden. Der gesamte Kostenblock setzt sich aus Anlageninvestitionskosten und laufenden Betriebskosten zusammen.

Die Anlageninvestitionskosten in Höhe von 894.360 Euro werden bei einem angenommenen Zinssatz von fünf Prozent über 20 Jahre abgeschrieben. Daraus kann eine jährliche Belastung von 71.763 Euro errechnet werden. In den Investitionskosten sind die schlüsselfertige Biogasanlage (76,5 Prozent der Investitionssumme), Gutachten und Baugenehmigung (5,1 Prozent), Erdbaumaßnahmen, Außenanlagen, Ausgleichsmaßnahmen (zusammen 7,1 Prozent), die betriebswirtschaftliche Konzeption und Eigenkapital-Beschaffung (7,1 Prozent), Rechtsberatung, Zwischenfinanzierung sowie Disagios (zusammen 4,2 Prozent) enthalten.

Die laufenden Betriebskosten werden auf 76.522 Euro pro Jahr prognostiziert. Darin sind Verwaltungskosten, Versicherung, Maschinenmiete, Betriebsleitervergütung, Facharbeitervergütung, Servicetechnikervergütung, Stromkosten, analytische Betreuung und die Instandhaltung der technischen Anlagen enthalten. Nicht einkalkuliert sind die Ausbringungskosten für die nährstoffreiche Biogasgülle, da diesen Kosten eine Gutschrift aus dem Pflanzenbau gegenüber steht.

Zur Beheizung der Biogasanlage ist zusätzlich ein Brennwertkessel erforderlich, der einen Teil des Biomethan in thermische Prozessenergie umwandelt, um den Fermenter auf Betriebstemperatur zu halten, da keine Abwärme von einem BHKW genutzt werden kann. In der Praxis führt der Einsatz von Erdgas statt Biomethan wohl meist zu einer Verbesserung der Wirtschaftlichkeit. Alternativ wäre auch die Verstromung eines Teils des Biogases in einem BHKW denkbar um den thermischen Prozessenergiebedarf über die Motorabwärme zu decken. Diese Möglichkeit wird an dieser Stelle jedoch nicht weiter ausgeführt.

Angenommen, dass der thermische Prozessenergiebedarf in einer gut isolierten Anlage im Jahresschnitt bei 18 Prozent der Biogasproduktion liegt, ist für eine Anlage mit einer Biogasproduktion von 100 m³/Stunde eine durchschnittliche Leistung von 108 kW erforderlich. Zur Abdeckung von Bedarfsspitzen im Winterhalbjahr ist vermutlich ein Aggregat mit einer Leistung von rund 240 kW erforderlich. Eine Musterkalkulation bezüglich eines entsprechenden Brennwertkessels (Listenpreis 18.177 Euro inkl. Mehrwertsteuer[201]) wurde zur Ermittlung der anteiligen Kosten pro Kubikmeter Biomethan durchgeführt. Bei einer Abschreibung des Heizkessels über 15 Jahre und einem Zinsfuss von sechs Prozent sind pro Jahr Abschreibungs- und Zinskosten von 1.871 Euro zu verbuchen. Hinzu kommt eine geschätzte Service-Pauschale von 300 Euro im Jahr. Einen Methananteil von 60 Prozent im Biogas und ein ununterbrochener Anlagenbetrieb vorausgesetzt, können bezogen auf einen Kubikmeter Biomethan Heizkesselkosten in Höhe von 0,4 Cent/m³ errechnet werden.

Zur Beheizung des Fermenters mit 18 Prozent der Biogasenergie ist von einem jährlichen Bedarf in Höhe von rund 3.390 GJ auszugehen. Dies entspricht dem Brennwert (nicht Heizwert) von rund 90.650 m³ Erdgasäquivalent. Wird Biomethan eingesetzt, steht ein entsprechend geringerer Anteil zur Vermarktung als Kraftstoff zur Verfügung. Die Nutzung von Erdgas, führt bei einem der Abnahmemenge entsprechenden Preis von rund vier Cent pro kWh /Brennwert zu jährlichen Heizenergiekosten von 37.670 Euro. Dies ergibt Heizgas-Kosten von 6,94 Cent pro Kubikmeter Biomethan. Inklusive Heizkesselkosten sind somit für die Fermenterbeheizung insgesamt 7,34 Cent/m³ zu kalkulieren.

Für die Aufbereitung von Biogas zu Biomethan gibt Schrum Kosten in Höhe von drei Cent pro kWh für eine Produktgasmenge von 100 m³/h bzw. ein Cent pro kWh für eine Produktgasmenge über 400 m³/h an.[202] Bezogen auf das Biomethan (CO_2-Abscheidung) ergeben sich daraus Kosten zwischen 28,5 und 9,5 Cent pro Kubikmeter.

Schulz und Hille ermittelten unter Berücksichtigung verschiedener Aufbereitungs-Verfahren bei einer Biogaserzeugung von 100 m³/h Kosten zwischen 1,4 und 2,7 Cent pro kWh.[203] Bei einer Anlagengröße von 400 m³/h ermittelten sie eine Bandbreite von 0,7 bis 2,2 Cent pro kWh. Als „wahrscheinliche" Kosten geben Schulz und Hille bei der erst genannten Anlage 1,8 Cent pro kWh und bei der Zweiten 0,8 Cent pro kWh an. In einer umfassenden Studie des Wuppertaler Instituts unter Mitarbeit vier weiterer renommierter Institute wurden für verschiedene Anlagen mit Leistungen zwischen 50 m³/h und 500 m³/h Aufbereitungskosten zuwischen 5,89 Cent/kWh und 1,13 Cent/kWh ermittelt.[204] Die CO_2-Abscheidungskosten der Druckwasserwäsche und der Druckwechseladsorption unterscheiden sich in dieser Studie nur geringfügig. Zur weiteren Berechnung werden bei der Anlagengröße 100 m³/h 2,5 Cent/kWh und bei der Anlagengröße 500 m³/h 1,1 Cent/kWh für die Biogasaufbereitung auf Erdgasqualität angesetzt. Bezogen auf jeweils einen Kubikmeter Biomethan ergeben sich daraus 23,75 bzw. 10,75 Cent, wenn ein Heizwert von 9,5 kWh pro Kubikmeter zugrunde gelegt wird.

Die Gasnetz-Durchleitungskosten unterscheiden sich je nach Versorger. Optimal wäre eine Biomethan-Tankstelle in direkter Verbindung mit der Biogasanlage, da die Durchleitungskosten in diesem Fall entfallen würden. Schmalschläger, Blase und Gerstmayr ermittelten für die Nutzung von lokalen, regionalen und überregionalen Netzen Nutzungsentgelte zwischen 0,27 und 0,56 pro kWh.[205] Daraus ergibt sich ein durchschnittliches Durchleitungsentgelt von 3,95 Cent pro Kubikmeter Biomethan (Heizwert: ca. 9,5 kWh).

Die Tankstellen-Bereitstellungskosten (z. B. Personalkosten, Stromkosten für Gaskompression sowie Tankstellen Wartungs-, Abschreibungs- und Zinskosten) können nur näherungsweise ermittelt werden da sie in der Praxis sicherlich verschieden und meist zusätzlich subventioniert sind. Am einfachsten ist die Berechnung, indem vom durchschnittlichen Erdgas-Tankstellenpreis, Mehrwertsteuer und Erdgas-Rohstoffkosten einschließlich der vergünstigten Mineralölsteuer subtrahiert werden.

Der durchschnittliche Tankstellenpreis für Erdgas lag zum Zeitpunkt der Berechnung (2003) im Schnitt bei etwa 67 Cent/kg oder 51,1 Cent/m³.

Als Erdgasbezugspreis für Tankstellen waren rund 2,5 Cent/kWh Brennwert zu kalkulieren.[206] Die bis 2020 festgeschriebene ermäßigte Mineralölsteuer für Erdgas entspricht 12,4 Euro pro MWh (im Energiesteuergesetz, verabschiedet am 29. Juni 2006, wurde die Steuer auf 13,9 Euro pro MWh erhöht und die Dauer bis 2018 begrenzt). Zusammengefasst beliefen sich die Gaskosten 2003 somit auf 3,74 Cent/kWh Brennwert, bzw. 4,11 Cent/kWh Heizwert. Anders als bei der thermischen Verwendung von Erdgas muss beim Einsatz als Kraftstoff der Heizwert berücksichtigt werden, da die Kondensationswärme nicht genutzt werden kann.

Bei einem Heizwert von 9,5 kWh pro Kubikmeter Erdgas wurden demnach Erdgas-Kraftstoffkosten von netto 39,1 Cent/m³ kalkuliert. Die Mehrwertsteuer in Höhe von 16 Prozent beläuft sich auf 10,72 Cent/kg bzw. auf 8,2 Cent/m³ Erdgas.

Subtrahiert man die Mehrwertsteuer vom Tankstellenpreis, ergeben sich aus der Differenz des verbleibenden Betrags zu den Rohstoff- und Mineralölsteuerkosten die Aufwendungen für die Tankstellenbereitstellung. In diesem Beispiel lautet der Rechengang wie folgt: 51,1 – 8,2 – 39,1 = 3,8. Für die Tankstellenbereitstellung sind demnach lediglich 3,8 Cent/m³ anzusetzen. Es ist davon auszugehen, dass dieser Wert nicht die tatsächlichen Kosten widerspiegelt, sondern der Betrieb der Erdgastankstellen von den Eigentümern (meist Gasversorgern) subventioniert wird. Dennoch ist dieser Wert maßgeblich, da Biomethan direkt mit Erdgas konkurriert.

Die ermittelten Daten sind in Tabelle 24 auf der nächsten Seite zusammengefasst. Die Biogaserzeugung von 100 m³ pro Stunde entspricht rein rechnerisch einem Biomassebedarf von 1.546 t/TM pro Jahr bzw. dem Aufwuchs von etwa 110 ha, wenn ein Ertrag von durchschnittlich 14 t TM/ha zugrunde gelegt wird.

In der Musterkalkulation für die Biogasanlage mit einer fünffach höheren Leistung (500 m³ Rohgas pro Stunde bzw. 2.714.310 m³ Biomethan pro Jahr; Tabelle 25) können wesentlich günstigere Erzeugungskosten ermittelt werden. Dies ist primär auf die niedrigeren Gasreinigungskosten zurückzuführen.

Die reinen Konversionskosten, die ebenfalls auf Basis einer Musterkalkulation der Firma Aufwind Schmack GmbH ermittelt werden konnten, belaufen sich auf 678.250 Euro pro Jahr bzw. 25 Cent pro m³ Biomethan.

Die Investitionskosten der Muster-Anlage betragen 4.421.920 Euro. Darin sind die schlüsselfertige Biogasanlage (81,2 Prozent der Investitionssumme), Gutachten und Baugenehmigung (drei Prozent), Erdbaumaßnahmen, Außenanlagen, Ausgleichsmaßnahmen (zusammen 4,2 Prozent), die betriebswirtschaftliche Konzeption und Eigenkapital-Beschaffung (7,2 Prozent), Rechtsberatung, Zwischenfinanzierung sowie Disagios (zusammen 4,4 Prozent) enthalten. Wird die Investitionssumme bei einem angenommen Zinssatz von fünf Prozent über einen Zeitraum von 20 Jahren abgeschrieben, kann daraus eine jährliche Belastung von 354.815 Euro errechnet werden.

	Anlagenleistung Ø 100 m³ Biogas/Stunde bzw. 876.000 m³/Jahr (542.862 m³ Greengas/Erdgasäquivalent)			
	Rohstoffkosten: 80 €/t TM		Rohstoffkosten: 60 €/t TM	
	Euro/Jahr	Euro/m³ Greengas	Euro/Jahr	Euro/m³ Greengas
Rohstoffkosten 80 €/t TM	123.704	0,228	–	–
Rohstoffkosten 60 €/t TM	–	–	92.778	0,171
Konversionskosten	148.285	0,273	148.285	0,273
Heizkosten (Erdgas)	39.841	0,074	39.841	0,074
Gasreinigungskosten	129.201	0,238	129.201	0,238
Zwischensumme	*441.031*	*0,813*	*410.105*	*0,756*
Netzdurchleitungskosten	21.443	0,04	21.443	0,04
Tankstellenbereitstellungskosten	20.629	0,038	20.629	0,038
Gesamtkosten	**483.103**	**0,891**	**452.177**	**0,834**
Mehrwertsteuer (16 %)	77.296	0,142	66.528	0,133
Kostendeckender Tankstellenpreis	**560.399**	**1.034**	**482.327**	**0,967**

Tabelle 24: Kostenkalkulation für die Erzeugung von kraftstofffähigem Biogas (Biomethan) in einer für diesen Zweck optimierten Anlage (Input: 1.546 t TM pro Jahr)

Die jährlichen Betriebsausgaben werden mit 323.435 Euro angesetzt. Darin sind Verwaltungskosten, Versicherung, Maschinenmiete, Betriebsleitervergütung, Facharbeitervergütung, Servicetechnikervergütung, Stromkosten, analytische Betreuung und die Instandhaltung der der technischen Anlagen enthalten. Kosten für die Biogas-Gülle-Ausbringung werden aus oben genannten Gründen nicht berücksichtigt.

Abgesehen von den Konversions- und Gasreinigungskosten, bleiben die übrigen Kostenfaktoren pro Kubikmeter Biomethan im Wesentlichen unverändert gegenüber der zuvor berechneten Anlage.

Biomethan aus biogenen Rest- und Abfallstoffen kann zu günstigeren Kosten erzeugt werden. Ohne Rohstoffkosten liegen die reinen Biomethan-Herstellungskosten in dem oben berechneten Anlagenmodell mit der Kapazität von 100 m³ pro Stunde bei 58,5 Cent/m³. Inklusive Gasnetzdurchleitungskosten, Tankstellenbereitstellungskosten und Mehrwertsteuer, kann ein kostendeckender Tankstellenpreis von 76,9 Cent pro m³ Biomethan, bzw. 81,4 Cent pro Liter Dieseläquivalent kalkuliert werden.

	Anlagenleistung Ø 500 m³ Biogas/Stunde bzw. 4.380.000 m³/Jahr (2.714.310 m³ Greengas/Erdgasäquivalent)			
	Rohstoffkosten: 80 €/t TM		Rohstoffkosten: 60 €/t TM	
	Euro/Jahr	Euro/m³ Greengas	Euro/Jahr	Euro/m³ Biomethan
Rohstoffkosten 80 €/t TM	618.520	0,228	–	–
Rohstoffkosten 60 €/t TM	–	–	463.890	0,171
Konversionskosten	678.250	0,25	678.250	0,25
Heizkosten (Erdgas)	199.205	0,074	199.205	0,074
Gasreinigungskosten	293.145	0,108	293.145	0,108
Zwischensumme	**1.789.120**	**0,66**	**1.634.490**	**0,603**
Netzdurchleitungskosten	107.215	0,04	107.215	0,04
Tankstellenbereitstellungskosten	103.145	0,038	103.145	0,038
Gesamtkosten	**1.999.480**	**0,738**	**1.844.850**	**0,681**
Mehrwertsteuer (16 %)	319.916	0,118	295.176	0,109
Kostendeckender Tankstellenpreis	**2.319.396**	**0,856**	**2.140.026**	**0,79**

Tabelle 25: Kostenkalkulation für die Erzeugung von kraftstofffähigem Biogas (Biomethan) in einer für diesen Zweck optimierten Anlage (Input: 7.730 t TM pro Jahr)

Beim Anlagentyp mit einer Leistung von 500 m³ pro Stunde kann Biomethan aus kostenfreien Reststoffen für 43,2 Cent/m³ hergestellt werden. Einschließlich Distribution und Mehrwertsteuer liegen die Kosten bei 59,2 Cent/m³ Biomethan, bzw. 62,6 Cent/m³ Dieseläquivalent.

Niedrigere Fixkosten durch Serienfertigungen der Anlagentechnik und Effizienzgewinne durch zukünftige Optimierung der Gesamtleistung werden mittelfristig insbesondere in großen und sehr großen Anlagen zu niedrigeren Gas-Erzeugungskosten führen.

	Herstellungskosten pro m³ Biomethan in €		Herstellungskosten pro Liter Diesel-Äquivalent in €	
		inkl. Distribution und MwSt.		inkl. Distribution und MwSt.
Greengas/Reststoffe 100 m³/h	0,585	0,769	0,619	0,814
Greengas/Reststoffe 500 m³/h	0,432	0,592	0,457	0,626
Greengas/Nawaros 100 m³/h, 60 € t TM	0,756	0,967	0,80	1.024
Greengas/Nawaros 100 m³/h, 80 € t /TM	0,813	1,034	0,861	1,095
Greengas/Nawaros 500 m³/h, 60 € t TM	0,603	0,79	0,638	0,836
Greengas Nawaros 500 m /h, 80 € t TM	0,66	0,856	0,699	0,906

Tabelle 26: Herstellungskosten und kostendeckende Tankstellenpreise von Biomethan

Da sich der zukünftige Preis von aufbereitetem Biogas nicht an Ottokraftstoffen, sondern an den Kraftstoffkosten von Erdgas, einem ebenfalls steuerbegünstigten alternativen Kraftstoff, orientieren wird, ist Biogas in den oben durchgeführten Beispielrechnungen, die sich auf die Gegenwart beziehen, nur auf Basis des Reststoff-Szenarios mit einer Leistung von 500m³/h konkurrenzfähig.

Der Tankstellenpreis für Erdgas ist durch den starken Ölpreisanstieg zwischen 2003 und 2005 auch deutlich angehoben worden. Die Preisunterschiede zwischen den einzelnen Tankstellen sind beträchtlich. Zudem muss beachtet werden, dass Erdgas je nach Region in zwei verschiedenen Qualitäten angeboten wird. Ergas H (High-Gas) enthält mit einem Heizwert zwischen 11,1 und 10 kWh/m³ deutlich mehr Energie als Erdgas L (Low-Gas) mit einem Heizwert zwischen 8,4 und 8,9 kWh/m³. Dementsprechend ist Ergas L in der Regel auch günstiger als Ergas H. Die aktuellen Ergaspreise der deutschen Ergastankstellen weisen eine relativ hohe Schwankungsbreite auf und können im Internet unter http://www.gibgas.de/german/tankstellen/deutschland.html abgerufen werden.

Der durchschnittliche Tankstellen-Erdgaspreis lag Mitte 2006 bei 83 Cent pro kg (ein kg = 12,4 kWh Heizwert). Dies entspricht 63,3 Cent pro m³ Erdgas oder Biomethan bzw. 67 Cent je Liter Diesel-Äquivalent oder 61,4 Cent/l Superbenzin-Äquivalent.

7.3.5. Gesamtpotential von Biogas/Biomethan

Das Gesamtpotential von Biogas als Kraftstoff ist ungleich höher als jenes von Pflanzenöl und Bioethanol. Im Gegensatz zu synthetischen Kraftstoffen ist die potentielle Rohstofffläche zwar begrenzt, da die Rohstoffe aus der Forstwirtschaft nicht genutzt werden können und auch Stroh für die Biogaserzeugung nicht taugt, doch steht in Deutschland rein hypothetisch 53,5 Prozent der Grundfläche bzw. die gesamte Landwirtschaftsfläche mit 19,1 Millionen Hektar zur Erzeugung von Rohstoffen für die Biogaserzeugung zur Verfügung.

Weitere Vorteile sind die optimale Integrierbarkeit in bestehende landwirtschaftliche Fruchtfolgen und Anbausysteme, relativ geringe Anforderungen an die Infrastruktur auf der Seite der Kraftstofferzeugung, die Nutzbarkeit vorhandener Geräte und Maschinen und ein nicht existenter oder geringer Transport bzw. Logistikaufwand, falls das Gas regional erzeugt und in ein vorhandenes Erdgasnetz eingespeist werden kann. Die erforderliche Dünge- und Pflanzenschutzmittel-Intensität ist relativ gering. Auf externe Düngemittel kann weitgehend verzichtet werden, da der die Pflanzennährstoffe fast vollständig in den Gärresten erhalten bleiben und auf die landwirtschaftlichen Flächen zurückgeführt werden können.

Auch die Energiebilanz mit einem Output/Input-Verhältnis von drei bis 5,6 und der Netto-Kraftstoffertrag mit rund 110 GJ pro Hektar Energiepflanzen bewegen sich in einem vergleichsweise sehr guten Bereich.

Trotz der moderaten Erzeugungskosten, insbesondere wenn die Erzeugung in großen Anlagen stattfindet und/oder biogene Reststoffe eingesetzt werden, kann Biomethan beim derzeitigen technologischen Stand nicht mit dem ebenfalls steuerbegünstigten Erdgas konkurrieren. Im kommenden Jahrzehnt bei wesentlich größer dimensionierten Produktionsanlagen, und weiter steigenden Energiepreisen kann jedoch voraussichtlich mit einer besseren Wirtschaftlichkeit gegenüber Erdgas als Kraftstoff gerechnet werde.

Ob die Biomethanerzeugung in kleinen und mittleren Anlagen jemals zu wirtschaftlichen Kosten stattfinden kann, hängt vor allem von der Absenkung des Kostenblocks der Gasreinigung ab.

Ebenfalls nachteilig für das kurzfristige Biomethan-Potential ist die geringe Zahl der Fahrzeuge die derzeit mit komprimiertem Erdgas betrieben werden können. Die zukünftige Verwendung von Erdgas/Biomethan als Kraftstoff wird daher maßgeblich von der breiten Einführung von Bi-Fuel-Kraftfahrzeugen, oder beispielsweise im Falle des öffentlichen Nahverkehrs von entsprechenden regionalpolitischen Konzepten abhängen. Der analoge Ausbau des Erdgastankstellennetzes ist ebenso Voraussetzung für eine breite Anwendung. Die bis 2018 laufende Steuerbegünstigung für Erdgas wird dieser Entwicklung voraussichtlich zunehmend Vorschub leisten.

Selbst bei einer vollständigen Befreiung von der Mineralölsteuer könnte voraussichtlich lediglich Biomethan aus Substraten die kostenfrei zur Verfügung stehen bereits in naher Zukunft, in großen Anlagen und bei leicht sinkenden Konversionskosten von der zunehmenden Zahl erdgasbetriebener Fahrzeuge profitieren.

Wenn das von Scheffer ermittelte Gülle und Reststoffpotential aus der Lebensmittelverarbeitung in Höhe von 200 PJ pro Jahr[207] genutzt würde, könnte damit theoretisch bei einer Biogasausbeute von 70 Prozent, etwa 5,3 Prozent des gesamten Verkehrs-Kraftstoffbedarfs einschließlich Luftfahrt gedeckt werden. Doch auch Reststoffe stehen nur zu einem geringen Anteil frei Biogasanlage kostenlos zur Verfügung. In den meisten Fällen ist mindestens mit einem nicht zu vernachlässigendem Transportkostenblock zu rechnen.

Anfang Mai 2006 kommunizierte der Bundesverband der deutschen Gas- und Wasserwirtschaft eine Selbstverpflichtung über die Beimischung von Biomethan zum als Kraftstoff verkauften Erdgas:

> *„Wir haben uns verpflichtet, dem Erdgas, das als Kraftstoff verwendet wird, bis zum Jahr 2010 bis zu 10 Prozent Biomethan beizumischen, sofern dieses auf Erdgasqualität aufbereitet ist"*, so Michael G. Feist, Präsident des Bundesverbandes der deutschen Gas- und Wasserwirtschaft e. V. in Berlin. Bis 2020 soll der Anteil auf bis zu 20 Prozent steigen. Voraussetzung dafür ist, dass die derzeit gültige Steuerermäßigung für Erdgas als Kraftstoff und die Steuerbefreiung für Biogas beibehalten werden.[208]

Auf Basis dieser „wachsweichen" Selbstverpflichtung (man lese den genauen Wortlaut) wird es wohl einige Anstrengungen geben, Biomethan in das Erdgasnetz zu integrieren, doch ist wohl kaum zu erwarten, dass die Prozentangaben tatsächlich voll umgesetzt werden. Insbesondere müssen auch die Vorbehalte – Steuerbegünstigung für Erdgas und Steuerbefreiung für Biomethan – beachtet werden.

Motivation für die Selbstverpflichtung war wohl insbesondere, dass man einer Pflichtbeimischung, ohne steuerliche Förderung, wie bei den anderen Biokraftstoffen auch, zuvorkommen wollte. Dennoch ist es ein Schritt in die richtige Richtung.

Für landwirtschaftliche Betriebe könnte sich bei entsprechender Nachfrage nach Biogas als Kraftstoff oder als allgemeines Erdgassubstitut ein bedeutendes Potential bieten. Da bei der Biogaserzeugung die gesamte Wertschöpfungskette der Kraftstoffproduktion direkt auf großen landwirtschaftlichen Betrieben, oder zumindest in dezentralen Gemeinschaftsanlagen stattfinden kann und gleichzeitig ein qualitativ äußerst hochwertiges Gas erzeugt wird, bietet sich Biomethan, mehr als alle anderen Biokraftstoffe als Instrument zur Förderung ländlicher Räume an.

Trockengärverfahren können in den kommenden Jahren voraussichtlich einen nennenswerten Marktanteil erlangen. Der Trend zum Energiepflanzenanbau wird diese Entwicklung unterstützen. Bei optimierten Anlagengrößen kann gegenüber der Energiepflanzen-Nutzung in Flüssiggärverfahren mit Kostenvorteilen und einer besseren Energiebilanz gerechnet werden. Die einfachere Realisierung des Modells von großen landwirtschaftlichen Gemeinschaftsanlagen, die an zentraler Stelle mit bestehendem Gasnetzanschluss errichtet und von mehreren Landwirten mit Rohstoffen beliefert werden, ist ein weiterer Vorteil der Trockenvergärung.

7.4. Biokraftstoffe aus Synthesegas/BTL-Kraftstoffe (Biomass to Liquids)

In diesem Kapitel werden Biokraftstoffe behandelt, die über den Zwischenschritt der Synthesegasherstellung erzeugt werden. Diese synthetischen Biokraftstoffe werden im Fachjargon auch als BTL-Kraftstoff (Biomass to Liquids), Bio-Synfuels, SunFuel bzw. SunDiesel bezeichnet. Neben synthetischen Diesel- und Benzinkraftstoffen lassen sich beispielsweise auch Methanol, Methan und Wasserstoff aus Synthesegas herstellen.[209] Der Begriff

BTL hat sich als Gruppenbezeichnung für alle flüssigen Kraftstoffe, die auf Basis von Synthesegas erzeugt werden durchgesetzt.

BTL-Kraftstoffe lassen grundsätzlich eine sehr starke Diversifizierung der Einsatzstoffe zu und ermöglichen auf Basis des in der Biomasse vorhandenen Kohlenstoffs die Erzeugung eines extrem breiten Produktspektrums. Vereinfacht gesagt können über den Zwischenschritt der Synthesegaserzeugung aus jeglicher Art brennbarer Biomasse nahezu alle Stoffe erzeugt werden die derzeit aus Mineralöl produziert werden. Neben Kraftstoffen sind dies beispielsweise auch Chemikalien, Kunststoffe oder Textilien. Daher sind BTL-Anlagen insbesondere bei langfristiger Betrachtung eher als universelle „Bio-Raffinerien" denn als simple Biokraftstoffproduktionsanlagen zu bewerten.

BTL-Kraftstoffe werden aufgrund des hohen zukünftigen Potentials allgemein auch als „Biokraftstoffe der 2. Generation" bzw. „2nd Generation Biofuels" bezeichnet. Neben Ethanol aus Zellulose wird teilweise auch Biomethan ebenso unter diesem Überbegriff zusammengefasst. In der Terminologie der Bundesregierung werden BTL-Kraftstoffe in der geplanten Änderung des Energiesteuergesetzes (Biokraftstoffquotengesetz) als besonders förderungswürdig eingestuft.

Während die extraktiven oder fermentativen Herstellungsverfahren in der Regel eher einfach konzipiert sind, handelt es sich bei den sogenannten thermochemischen Verfahren zur Konversion von Biomasse zu BTL-Kraftstoffen um hochkomplexe Produktionsketten.

Kraftstoff	Heizwert MJ/kg	Heizwert MJ/l bzw. MJ/m^3	Dichte kg/m^3
Synthetischer Diesel – Choren Verfahren (SunDiesel)	43,9	34,2	0,78
Diesel	43	36	0,84
Methanol	20	15,9	0,795
Methan	49,7	35,8	0,72
Wasserstoff	120	10,7	0,089
Normalbenzin	40	29,9	0,748
Superbenzin	44	33	0,75

Tabelle 27: Heizwerte und Dichten verschiedener Kraftstoffe
Quelle: In Anlehnung an: netzwerk regenerative kraftstoffe, Daten/Tabellen, www.refuelnet.de

Der erste Beleg für die kommerzielle Nutzung der Vergasungstechnologie geht auf das Jahr 1830 zurück. Anfang des 20. Jahrhunderts wurden Vergasungssysteme zunehmend durch mineralölbetriebene Motoren verdrängt. Während des Zweiten Weltkriegs kam es jedoch durch den Mangel an Erdöl insbesondere in Deutschland zu einer Wiederbelebung der Vergasungsverfahren. Über eine Millionen mit Vergasern ausgerüstete Fahrzeuge wurden in dieser Zeit in Deutschland betrieben.[210]

In Südafrika entwickelte sich durch ein Ölembargo im Rahmen internationaler Wirtschaftssanktionen gegenüber dem ehemaligen Apartheidregime eine eigenständige Industrie zur Herstellung synthetischer Kraftstoffe aus Kohle.

2004 waren weltweit 117 Vergasungsanlagen mit insgesamt 385 Vergasern und einer Leistung von 45.001 MWth, verteilt auf 24 Länder, in Betrieb. 49 Prozent des erzeugten Synthesegases werden aus Kohle erzeugt, 37 Prozent aus Erdöl und 14 Prozent aus anderen Rohstoffen wie Erdgas, Petrolkoks und Biomasse. Haupterzeugnisse der installierten Vergasungskapazität sind Synthesegas aus dem weitere marktgängige Erzeugnisse produziert werden (37 Prozent), Fischer-Tropsch-Flüssigkeiten (36 Prozent), Strom (19 Prozent) und gasförmige Kraftstoffe (acht Prozent). 41 Prozent der Vergasungsleistung basiert auf Sasol Lurgi Technologie, GE Energy (ehemals Texaco) repräsentiert 34 Prozent und 19 Prozent der installierten Leistung wurde mit Shell Technologie errichtet. Bis 2010 wird vom amerikanischen „Department of Energy" (DEO) ein Anstieg der Vergasungsleistung um 56 Prozent gegenüber 2004 erwartet. Shell-Technologie wird 2010 voraussichtlich rund 43 Prozent der globalen Vergasungskapazität darstellen. Es wird erwartet, dass in 29 der bis 2010 weltweit geplanten 38 Projekte Kohle als Rohstoff eingestzt wird. Das größte Einzelprojekt basiert jedoch auf Ergas. Die Leistung der Shell GTL-Anlage (Gas to Liquids) in Quatar liegt bei rund 11.000 MWth und wird über die Fisher-Tropsch-Synthese insbesondere synthetischen Diesel produzieren.[211] Die Fischer-Tropsch-Synthese wird beispielsweise von CHOREN Industries auch zur Erzeugung von BTL-Kraftstoffen favorisiert.

Auf Biomasse basierende Vergasungsverfahren werden bereits seit einiger Zeit beispielsweise in Finnland und Schweden zur Stromerzeugung eingesetzt. Das dabei erzeugte Gas ist jedoch in der Regel von geringer Qualität und wird über einen Dampfturbinenprozess, d.h. über den Zwischenschritt der Verbrennung, genutzt. Für eine Kraftstoffsynthese wäre es ohne eine aufwendige Reinigung und Aufbereitung untauglich.

Größere Anlagen zur Herstellung von Synthesekraftstoffen aus Biomasse existieren bisher noch nicht. Einige Unternehmen und Forschungsinstitute sind jedoch bereits seit Jahren aktiv, da den BTL-Kraftstoffen langfristig ein sehr hohes Potential beigemessen wird.

7.4.1. Herstellungsverfahren von Synthesegas aus Biomasse

Bei den Vergasungsverfahren werden die Molekularverbindungen der Biomasse unter reduzierenden, d.h. sauerstoffdefizitären Bedingungen thermisch zersetzt. Dies bedeutet, dass beispielsweise bei autothermen Verfahren (Wärme wird durch den Vergasungsprozess freigesetzt) lediglich 20 bis 40 Prozent der für eine vollständige Verbrennung erforderlichen stöchiometrischen Sauerstoffmenge zugeführt wird.[212] Bei allothermen Verfahren (Wärme wird zur Durchführung des Vergasungsprozesses von Außen zugeführt) ist der Anteil geringer, bzw. es wird gar kein Sauerstoff eingesetzt.

Soll lediglich Brenngas zum Antrieb von Motoren oder Gasturbinen erzeugt werden, kann Luft als externes Vergasungsmittel genutzt werden. Für die Produktion von Synthesegas zur Erzeugung flüssiger Kraftstoffe ist der Einsatz von Sauerstoff vorteilhaft, da der Stickstoff der Luft bei der Kraftstoffsynthese hinderlich ist.

Energiegehalt und Zusammensetzung des Produktgases hängt bei allen Verfahren von verschiedenen Faktoren ab. Insbesondere Brennstoffart, Vergasungsmittel, Bauart des Reaktors, Vergasungstemperatur, Druckverhältnisse und gegebenenfalls die Anwesenheit eines Katalysators haben einen großen Einfluss.

Allein durch die Nutzung einer Dampf/Sauerstoff-Mischung statt Luft als Vergasungsmittel kann der Energiegehalt von 4,5–6,5 MJ/m³ auf 12–13 MJ/m³ erhöht werden.[213]

Zur Herstellung von Synthesegasen aus Biomasse stehen mit Festbettvergasern, Wirbelschichtvergasern und Flugstromvergasern grundsätzlich drei verschiedene übergeordnete Technologien zur Verfügung.

➢ *Festbettvergasung*

Bei Festbettvergasern wandert der Brennstoff von oben nach unten durch den Reaktor. Es werden niedrige Strömungsgeschwindigkeiten und große Biomassepartikel eingesetzt. Festbettvergaser können je nach Strömungsrichtung des Gases in Gegenstrom und Gleichstromvergaser unterteilt werden.

- Beim Gegenstromvergaser wird das Vergasungsmittel in entgegengesetzter Richtung des Brennstoffflusses zugeführt. Die Vorteile liegen im hohen Vergaserwirkungsgrad den niedrigen Gasaustrittstemperaturen und der sehr geringen Rohstoffselektivität. Biomasse mit bis zu 50 Prozent Wassergehalt kann verwendet werden. Aufgrund von hohen Teergehalten kann das Produktgas jedoch meist ausschließlich thermisch genutzt werden.[214]

- Gleichstromvergaser, bei denen sich Vergasungsmittel und Brennstoff in der gleichen Richtung bewegen arbeiten mit Temperaturen von über 1.000 °C und zeichnen sich gegenüber den Gegenstromvergasern durch eine bessere Gasqualität aus. Nachteile sind vor allem der schlechtere Konversionswirkungsgrad und höhere Anforderungen an die Qualität der Rohstoffe. Der Wassergehalt in der Biomasse darf 20 Prozent nicht übersteigen. Gleichstromvergaser eignen sich Hofbauer und Kaltschmitt zufolge in der Praxis lediglich zur Nutzung von stückigem, trocknem Holz bei thermischen Leistungen von unter zwei MW.[215]

➢ *Wirbelschichtvergasung*

Die Wirbelschichtvergaser arbeiten bei Temperaturen von 700 bis 900 °C, wobei die fein gekörnten Brennstoffpartikel in einem inerten Bettmaterial (meist Quarzsand) durch den Reaktor gewirbelt werden. Die Gasqualität der Wirbelschichtvergasung liegt zwischen den Verfahren der Gleichstrom- bzw. Gegenstromvergasung. Durch den höheren technologischen Aufwand wird das Wirbelschichtverfahren vornehmlich im größeren Anlagenbereich, bis 100 MW thermische Leistung realisiert.[216]

Beispielsweise die Planungsstudie für eine BTL-Produktionsanlage der TU Bergakademie Freiberg, die unter Führung von Bernd Meyer durchgeführt wird, basiert auf einer Wirbelschichtvergasung mit nachfolgender Teer-Reformierung, Methanolsynthese und als letztem Schritt einer MtS-Synthese (Methanol to Synfuel).

> *Flugstromvergasung*

Bei Flugstromvergasern wird der feingemahlene Brennstoff zusammen mit dem Vergasungsmittel (Luft/Sauerstoff/Wasserdampf) bei Temperaturen von über 1.000°C durch den Reaktor geblasen. Vorteile sind die gute Gasqualität und die hohe Durchsatzleistung durch Reaktionszeiten von wenigen Sekunden. Die Biomassenutzung in Flugstromvergasern kann entweder durch direkte Vergasung sehr feiner Biomassepartikel erfolgen oder über eine vorgeschaltete Pyrolyse der Biomasse und darauffolgender Nutzung des niederqualitativen Schwelgases sowie des feingemahlenen Pyrolysekokses.[217] Auch die Kondensation des Schwelgases zu Pyrolyseöl ist möglich. Dadurch kann ein hervorragendes Eingangsprodukt für die Flugstromvergasung erzeugt werden, welches jedoch durch den Zwischenschritt der Kondensation, d.h. Abkühlung des Schwelgases, einen schlechteren energetischen Wirkungsgrad gegenüber der direkten Biomasse, bzw. Schwelgasnutzung aufweist.

Die Flugstromvergasung zeichnet sich insbesondere auch dadurch aus, dass das erzeugte Rohgas auf Grund der hohen Temperaturen in der Regel absolut teerfrei ist und damit einer wichtigen qualitativen Voraussetzung für die folgenden Syntheseschritte entspricht. Aufgrund der Bauweise der Flugstromvergaser ist ein Aufschmelzen der Mineralstoffbestandteile der Biomasse geradezu erwünscht. Bei anderen Vergasungsverfahren darf die jeweilige Ascheschmelztemperatur der eingesetzten Rohstoffe nicht überschritten werde, was wiederum meist negative Auswirkungen auf die Gasqualität hat.

7.4.2. Herstellungsverfahren von Biokraftstoffen aus Synthesegas

Bei allen Vergasungsverfahren wird ein möglichst hoher Anteil Kohlenmonoxid (CO) und Wasserstoff (H_2) am Produktgas angestrebt. Neben CO und H_2 sind auch CO_2, H_2O, geringe Mengen CH_4 sowie C_2+ und falls Luft statt Sauerstoff als Vergasungsmittel eingesetzt wurde beträchtliche Mengen an Stickstoff (N_2) im Rohgas enthalten.[218] Des Weiteren entstehen abhängig von den Vergasungsverfahren Teere und Kondensate in unterschiedlichen Mengen sowie Schlacke bzw. Asche und Staub. Insbesondere die langkettigen organischen Verbindungen der Teere und Kondensate führen bei der Herstellung synthetischer Kraftstoffe zu nicht zu unterschätzenden Problemen. Bei Temperaturen von über 1.200 °C werden diese Verbindungen jedoch vollständig zerlegt.

Die Anforderungen an das Synthesegas zu Herstellung von Synfuels sind sehr hoch. Reinigungsschritte und eine CO_2-Wäsche sind der Kraftstoffsynthese daher in jedem Fall vorzuschalten.

Bei der Herstellung synthetischer Kraftstoffe erweisen sich einerseits das unvorteilhafte Molverhältnis von Kohlenstoff zu Wasserstoff und andererseits der hohe Sauerstoffgehalt von Produktgasen aus Biomasse als problematisch. Während der Sauerstoff nicht molekular, sondern nur chemisch gebunden als CO_2 oder H_2O abgeführt werden kann und somit entweder zu Kohlenstoff- oder Wasserstoffverlusten führt, muss für die Synthese flüssiger Kraftstoffe ein stöchiometrisches Molverhältnis von Kohlenstoff zu Wasserstoff ($C/H_2 = 1$)

über die Zuführung von Wasserstoff in Form von Wasserdampf erfolgen. Dies führt jedoch wiederum zu Kohlenstoffverlusten über die Bildung von CO_2. ($CO+H_2O = CO_2+H_2$).

Um den Kohlenstoff der Biomasse nahezu vollständig zu nutzen, kann der zusätzlich erforderliche Wasserstoff auch in Reinform zugeführt werden.[219] Die elektrolytische Herstellung von Wasserstoff aus regenerativ erzeugtem Strom ist in diesem Zusammenhang abzuwägen aber bei realistischer Betrachtungsweise erst langfristig eine Option.

➤ Methanol

Methanol wird aus Synthesegas vornehmlich über die Niederdruck-Synthese hergestellt. Dabei werden Katalysatoren auf Kupfer- oder Zinkoxydbasis, Temperaturen von 250 - 280 °C und Drücke zwischen 50 und 100 bar eingesetzt.[220] Vor der Synthese wird ein stöchiometrisch korrektes Verhältnis zwischen CO und H_2 eingestellt.[221] Die chemische Gleichung lautet:

$$CO + 2\ H_2 \Rightarrow CH_3OH\ (\Delta H_R = -90{,}81\ kJ/mol).$$

Bei der Methanolsynthese liegt der theoretische Wärmeverlust bei 13,44 Prozent des Produktheizwertes.

➤ Synthetische Diesel-Substitute

Synthetische Dieselkraftstoffe lassen sich über die Fischer-Tropsch-Synthese aus Synthesegas herstellen. Neben Katalysatoren auf Eisen- oder Kobaltbasis werden dabei in der Regel Temperaturen von 220–240 °C und ein Druck von etwa 20–60 bar eingesetzt. Dabei entstehen verschieden langkettige Kohlenwasserstoffe, die später durch Destillationsschritte in die jeweiligen Qualitäten getrennt werden. Bei einer Mengenmaximierung der Dieselqualität, werden längerkettige Kohlenwasserstoffe (Wachse) durch die Zuführung von Wasserstoff in kurzkettige Kohlenwasserstoffe umgewandelt (Hydro-cracking).[222] Üblicherweise liegt synthetischer Dieselkraftstoff bei einer Kettenlänge zwischen acht und 22 Kohlenstoffatomen.

Die Basisreaktion der Fischer-Tropsch-Synthese lautet folgendermaßen:

$$nCO + 2nH_2 \Rightarrow (-CH_2-)_n + nH_2O\ (\Delta H_R = -166\ kJ/mol).[223]$$

Über die Wasser-Gas-Shift Reaktion kann ein unvorteilhaftes, nicht stöchiometrisches Verhältnis von Wasserstoff zu Kohlenstoffmonoxid ($H2/CO <2$) ausgeglichen werden:

$$CO + H_2O \Rightarrow H_2 + CO_2\ (\Delta H_R = -40{,}83\ kJ/mol).$$

Die Netto-Gesamtreaktion bei einem 100-prozentigen CO-Überschuss lautet:

$$2nCO + 2nH_2 \Rightarrow (-CH_2-)_n + nCO_2\ (\Delta H_R = -205\ kJ/mol).$$

Der synthetische Kraftstoff Octan beispielsweise hat folgende Gleichung:

$$8CO + 17H_2 \Rightarrow C_8H_{18} + 8H_2O\ (\Delta H_R = -1259{,}47\ kJ/mol).[224]$$

Der theoretische Heizwertverlust durch die Synthese beträgt in diesem Fall 24,62 Prozent. Ein hoher Prozesswirkungsgrad hängt demnach maßgeblich von der Nutzung der bei der

Synthese entstehenden Abwärme im Vergasungsprozess oder zur Stromproduktion über Dampferzeugung ab.

Die qualitativen Parameter von Fisher-Tropsch Diesel, gleichgültig ob aus Erdgas, Kohle oder Biomasse produziert, sind in der folgenden Tabelle am Beispiel von Shell-GTL (Gas to Liquids) aufgeführt.

Property	Test Method	Results	ASTM D975 Specification
Density, g/mL	ASTM D4052	0.7838	
API Gravity	ASTM D287	49	
Viscosity, cSt at 40°C	ASTM D445	3.468	1.9-4.1
Flash Point, °C	ASTM D93	89	52 minimum
Sulfur, ppm	ASTM D5453	0.5	500 maximum
Carbon to Hydrogen ratio		2.13	
SFC Aromatics, mass%			
Monoaromatics	ASTM D5186	1.4	
Polynuclear aromatics		<0.1	
Total aromatics		1.4	
Hydrocarbon types, vol%			
Aromatics	ASTM D1319	1.0	35 maximum
Olefins		1.0	
Saturates		98.0	
Heat of combustion, BTU/lb			
Gross	ASTM D240	20,246	
Net		18,878	
Cetane Number	ASTM D613	79.5	40 minimum
	IQT	77.9	
Autoignition temperature, °C	ASTM E659	207.2	
Ignition delay time, seconds		141.3	
Distillation, °C			
IBP		208.9	
T10	ASTM D86	246.7	
T50		299.0	
T90		331.1	282-338
FBP		343.2	
Cloud Point, °C	ASTM D2500	1	
Pour Point, °C	ASTM D97	-6	
Cold filter plugging point (CFPP), °C	IP 309	-1	
Low temperature flow test (LTFT), °C	ASTM D4539	-2	
Water and Sediment	ASTM D1796	<0.02	--
Copper Corrosion	ASTM D130	1A	3 maximum
Peroxide number, mg/kg	ASTM D3703	<1	
Gum content, mg/100mL	ASTM D381	5.9	
Ash, mass%	ASTM D482	<0.001	0.01 maximum
Carbon residue, %mass	ASTM D524	0.03	0.15 maximum
Acid number, mg	ASTM D664	<0.5	
Accelerated stability, mg/100mL	ASTM D2274	0.4	
High temperature stability, 180 min, Avg % Reflectance	ASTM D6468	100	
Scuffing Load Ball-on-Cylinder Lubricity Evaluator, scuff load, g	ASTM D6078	2,750*	
High Frequency Reciprocating Rig, wear scar, mm	ASTM D6079	0.395*	

* Results from subsequent test.

Tabelle 28: Kraftstoffeigenschaften von Shell-GTL

Quelle: Fuel Property, Emission Test, and Operability Results from a Fleet of Class 6 Vehicles Operating on Gas-To-Liquid Fuel and Catalyzed Diesel Particle Filters, NREL, 2004, Seite 3.

> *Methan*

Durch die Methanisierungsreaktion kann auch Methan aus Synthesegas hergestellt werden. Die Bildungsreaktion verläuft ähnlich wie die Fischer-Tropsch-Synthese und lautet:

$$CO + 2H_2 => CH_4 + H_2O \ (\Delta H_R = -206{,}25 \ kJ/mol).^{225}$$

Der Wirkungsgradverlust durch Wärmebildung entspricht bei dieser Reaktion 25,71 Prozent.

Ein weiteres Verfahren zur Methanherstellung aus Biomasse ist die hydrierende Druckvergasung. Dabei wird bereits im Reaktor ein Synthesegas mit einem hohen Methananteil von ungefähr 50 Prozent erzeugt. Bei Temperaturen von 400 °C wird in einem nachgeschalteten Reaktionsschritt der Restanteil des Gases methanisiert.[226]

> *Wasserstoff*

Über die Wasser-Gas-Shiftreaktion wird das Kohlenstoffmonoxid im Synthesegas in CO_2 und Wasserstoff umgewandelt. Die Reaktionsgleichung lautet:

$$CO + H_2O => H_2 + CO_2 \ (\Delta H_R = -40{,}83 \ kJ/mol).^{227}$$

Durch die Druckwechseladsorption kann daraufhin die Abtrennung des Wasserstoffs von CO_2 und anderen Spurengasen erfolgen.

Der Wirkungsgrad für den Gesamtprozess der Wasserstofferzeugung aus Holz in einer 400 MW_{th} Anlage wird in der Literatur mit 48 bis 60 Prozent angegeben.[228] Bei kleineren Anlagen zur Wasserstofferzeugung mit geringerem technischem Aufwand könnten über das Redoxverfahren voraussichtlich Wirkungsgrade von 40 Prozent erzielt werden.[229]

7.4.3. Innovative Gesamtkonzepte zur Herstellung von Bio-Synfuels

Einige Unternehmen und Forschungseinrichtungen arbeiten bereits seit Jahren an der theoretischen und praktischen Entwicklung sowie der Umsetzung von BTL-Verfahren.

Deutsche Forschungseinrichtungen die sich mit der Thematik beschäftigen sind unter anderem das Forschungszentrum Karlsruhe, die Cutec Institut GmbH und die TU Bergakademie Freiberg. International beschäftigen sich beispielsweise ECN (Energy Reserach Center of the Netherlands) und die niederländische BTG (Biomass Technology Group) intensiv mit BTL-Produktionskonzepten.

Die Planungsstudie der TU Bergakademie Freiberg für eine BTL-Produktionsanlage, die unter Führung von Bernd Meyer durchgeführt wird, basiert auf einer Wirbelschichtvergasung mit nachfolgender Teer-Reformierung, Methanolsynthese und als letztem Schritt einer MtS-Synthese (Methanol to Synfuel). Nach Abschluss der ingenieurtechnischen Auslegung bis Ende 2006 soll Anfang 2007 der Bau einer schlüsselfertigen Pilotanlage bis einschließlich der Methanolsysnthese erfolgen.[230]

Neben der CHOREN Industries GmbH ist auch die Future Energy GmbH als privatwirtschaftliches Unternehmen in der Vergasungsbranche tätig. Die Wurzeln beider Unternehmen liegen im ehemaligen ostdeutschen DBI (Deutsches Brennstoff Institut) in Freiberg/Sachsen. Zu DDR-Zeiten wurde dort langjährig Vergasungsforschung betrieben, um Verfahren zu entwickeln, die eine Nutzung der vorhandenen Kohlevorkommen ermöglichen. Beispielsweise im Industriepark Schwarze Pumpe kam die entwickelte Vergasungstechnologie zum Einsatz und wird in der SVZ Sustec Schwarze Pumpe GmbH immer noch kommerziell genutzt.

Die Future Energy GmbH, wurde im Mai 2006 von der schweizerischen Sustec Holding AG an die Siemensabteilung „Power Generation" verkauft. Auch wenn die Future Energy GmbH in der Vergangenheit einige Versuche mit der Vergasung von Pyrolyseölen aus Biomasse durchgeführt hat, so liegt der Fokus des Unternehmens in der Vergasung von fossilen Energieträgern. Sowohl bei einigen Projekten in China wie auch bei den zukünftigen Aktivitäten im Siemens-Konzern wird es um die Vergasung von Kohle gehen. Siemens zielt insbesondere auf die Nutzung von Braun- bzw. Steinkohle in IGCC-Kraftwerken (Integrated Gasification Combined Cycle) ab.[231] Dies sind kombinierte Gas- und Dampfturbinen (GuD) Kraftwerke, bei denen das Brenngas in einer vorgeschalteten Kohle-Vergasungsanlage erzeugt wird. Sie zeichnen sich gegenüber herkömmlichen Kohlekraftwerken durch einen verhältnismäßig hohen elektrischen Wirkungsgrad aus.

Die BTL-Konzepte des Forschungszentrums Karlsruhe und der CHOREN Industries GmbH werden in den folgenden Kapiteln genauer beschrieben.

> *Flugstrom-Druckvergasung von Pyrolyseprodukten – bioliq®-Verfahren*

Seit einigen Jahren beschäftigt sich das Forschungszentrum Karlsruhe mit der Entwicklung eines Konzepts zur Nutzbarmachung von Rest- und Abfallbiomasse aus der land- und Forstwirtschaft für die Erzeugung von synthetischen Biokraftstoffen.

Im ersten Schritt des bioliq®-Verfahrens wird über eine Schnellpyrolyse 50 bis 75 Prozent der trockenen und zerkleinerten Biomasse in Pyrolyseöle, der Rest in Pyrolysekoks und Pyrolysegas umgewandelt. Aus dem Pyrolyseöl und den vermahlenen Koksbestandteilen wird daraufhin eine so genannte Slurry hergestellt, die z. B. über Bahnkesselwagen zur zentralen Großanlage transportiert werden kann. Der Energiegehalt der Slurries wird mit bis zu 90 Prozent der ursprünglichen Biomasseenergie angegeben. In der zentralen Anlage werden diese Slurries daraufhin in einem Flugstrom Druckvergaser bei Temperaturen um 1.300 °C in Rohsynthesegas umgewandelt, welches daraufhin zur direkten energetischen Nutzung oder für die Erzeugung von Kraftstoffen zur Verfügung steht.[232]

Im November 2005 wurde mit dem Bau einer Pilotanlage zur Biomasseaufbereitung in Karlsruhe begonnen. Die Fachagentur Nachwachsende Rohstoffe e. V. als Projektträger des BMELV fördert die Erstinvestition in Höhe von 5,6 Mio. Euro mit über zwei Mio. Euro. Als industrielle Partner in das Projekt sind die Lurgi AG für die Schnellpyrolyse und MtS-Synthese (Methanol to Synfuel) und die Future Energy GmbH für die Flugstromvergasung eingebunden.[233]

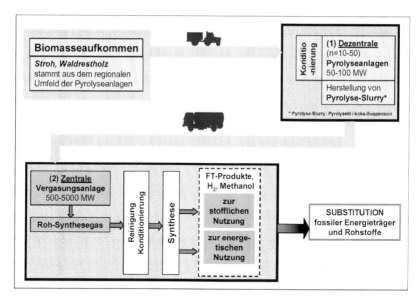

Abbildung 6: Merkmale des Verfahrens der dezentralen Schnellpyrolyse und zentralen Synthesegaserzeugung

Quelle: Leible, L. et al.: Kraftstoff, Wärme oder Strom aus Stroh und Waldrestholz – ein systemanalytischer Vergleich, in: Biogene Kraftstoffe – Kraftstoffe der Zukunft?, (Sonderdruck des Themenschwerpunkts Heft Nr. 1, 15. Jahrgang (April 2006) der Zeitschrift „Technikfolgenabschätzung – Theorie und Praxis"), Seite 65.

Durch die räumliche Entkopplung von Schnellpyrolyse und Vergasungs- Synthesekomplex verspricht man sich beim bioliq®-Verfahren eine Effizienzverbesserung gegenüber den relativ hohen Strohtransportkosten bei einer Anlage die den gesamten Prozess vollständig an einem zentralen Standort abbildet. Allerdings muss in Frage gestellt werden ob dieser erhoffte Effekt in der Praxis tatsächlich eintritt. Denn die errechnete Erhöhung der Energiedichte bis zum Faktor zehn zwischen Strohballen und dem Bioöl/Koks-Slurrys[234] bezieht sich nur auf das Volumen und nicht auf das Gewicht. Pro Tonne ist die Energiedichte sogar etwas geringer als bei Stroh, da ein Teil der enthaltenen Biomasseenergie für die Konversion der Biomasse zum Slurry verbraucht wird (der Wassergehalt im Slurry steigt dadurch über den Wassergehalt der eingesetzten Biomasse).

Zudem muss bedacht werden, dass für den Transport von Slurry im Schienenverkehr spezielle Waggons benötigt werden, die aufgrund der Giftigkeit des Transportgutes für keine anderen Zwecke genutzt werden können und somit Rückfrachten oder Dreiecksverkehre unmöglich machen. Je nach Bahnstrecke ist darüber hinaus das Gewicht der Waggons bzw. Ganzzüge relativ stark limitiert. Pro Ganzzug (ca. 500-600 m Zuglänge) ist in der Regel eine Zuladung von rund 1.000 t möglich. Auch mit Strohballen kann bei Nutzung des aktuellen Stand der Technik (Ballenpresse: Krone BiG Pack 1290 HDP) pro Ganzzug eine Zuladung von 600 - 700 t erreicht werden. Somit kann der Verdichtungsfaktor von bis zu zehn, in der Praxis bei Weitem nicht ausgenutzt werden. Im Lkw-Verkehr ist eine Zwischenkonversion von Strohballen zu Pyrolyse-Slurry zur Verbesserung der Transporteffizienz ohnehin überflüssig, da eine vollständige Auslading der Fahrzeuge bis zum zulässigen Gesamtgewicht von 40 t, bei Nutzung entsprechender Strohpressen auch mit Strohballen möglich ist. Der Landmaschinenhersteller Krone gibt auf Basis seiner BiG Pack 1290 HDP eine Zuladung von bis zu 24,5 t pro Lkw an (Lkw Eigengewicht 15,5 t).[235]

Folgerichtig wird die räumliche Entkopplung der Slurryerzeugung und Kraftstoffproduktion beim bioliq®-Verfahren einer integrierte Produktion aller Verfahrensschritte am zentralen Standort gegenüber gestellt. Der Zwischenschritt der Slurryerzeugung findet beim bioliq®-Konzept jedoch in jedem Fall statt. Ein Vergleich der vom Forschungszentrum Karlsruhe errechneten Kostenstrukturen der beiden Ansätze ist in der folgenden Abbildung dargestellt. Nach Auffassung des Autors halten die angegebenen Logistik-Kostenstrukturen einer Überprüfung auf Basis des oben geschilderten Sachverhaltes jedoch nicht stand, sodass voraussichtlich auch bei Projekten der oberen Leistungsklasse die integrierte Pyrolyse wirtschaftlicher ist.

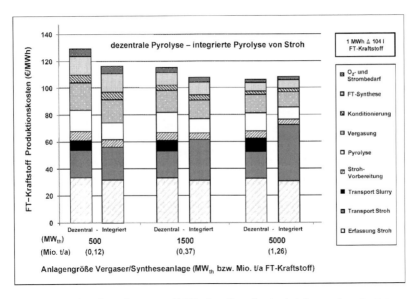

Abbildung 7: Gestehungskosten von FT-Kraftstoff aus Stroh – bei dezentraler oder integrierter Pyrolyse

Quelle: Leible, L. et al.: Kraftstoff, Wärme oder Strom aus Stroh und Waldrestholz – ein systemanalytischer Vergleich, in: Biogene Kraftstoffe – Kraftstoffe der Zukunft?, (Sonderdruck des Themenschwerpunkts Heft Nr. 1, 15. Jahrgang (April 2006) der Zeitschrift „Technikfolgenabschätzung – Theorie und Praxis"), Seite 66.

Auch in China stößt das bioliq®-Konzept auf großes Interesse. Am 22. Mai 2006 wurde in Peking ein Abkommen über den Einsatz des Verfahrens mit der ZiboTreichel Industry & Co. Ltd. unterzeichnet.[236] Der Aufbau einer Pilotanlage in China ist geplant.

➤ Carbo-V®-Verfahren (CHOREN Industries GmbH)

Die CHOREN Industries GmbH in Freiberg/Sachsen betreibt seit Mitte 2003 die weltweit einzige Anlage zur Erzeugung von BTL-Kraftstoffen.

Eine langjährige Kooperation bei der Entwicklung von synthetischem Dieselkraftstoff aus Biomasse (Markenname: SunDiesel) besteht seit einigen Jahren mit Volkswagen und DaimlerChrysler. Am 17. August 2005 erwarb der Shell-Konzern eine Minderheitsbeteiligung, d.h. unter 25 Prozent, an der CHOREN Industries GmbH.[237] Gleichzeitig wurde eine technologische Zusammenarbeit in den Bereichen Biomassevergasung und Fischer-Tropsch-Synthese vereinbart. Über die genauen Konditionen des Einstiegs von Shell wurde Stillschweigen vereinbart.

In der CHOREN-eigenen Versuchsanlage mit einer thermischen Leistung von 1 MW wurde zunächst rund 11.000 Liter Methanol erzeugt (Syntheseleistung 50 kg/h) und nach dem Umbau der Methanol- zu einer Fischer-Tropsch-Synthese bisher deutlich über 20.000 Liter Fischer-Tropsch-Produkt (Syntheseleistung 8 kg/h).[238] Das erzeugte Fischer-Tropsch-Produkt wurde zu synthetischem Diesel (SunDiesel®) aufbereitet und überwiegend an DaimlerChrysler und Volkswagen zu Testzwecken abgegeben.

Die weltweit erste kommerzielle Anlage zur BTL-Erzeugung wird voraussichtlich Mitte 2007 durch die Projektgesellschaft CHOREN Fuel Freiberg GmbH & Co. KG in Betrieb genommen. Die Investitionssumme dieser sogenannten Beta-Anlage mit einer Leistung von rund 15.000 t Fischer-Tropsch-Produkt pro Jahr (ca. 18 Mio. Liter) liegt bei knapp 50 Mio. Euro. Die Fischer-Tropsch-Synthese dieser Anlage wird von Shell bereitgestellt.

Weitere industrielle BTL-Projekte sind in Vorbereitung. Eine breit angelegte Standortevaluation für mehrere deutsche Anlagen der nächsten Größenklasse, die von CHOREN „Σ-Anlagen" (Sigma-Anlagen) genannt werden, wird derzeit durchgeführt. Bisher werden mit Lubmin (Mecklenburg-Vorpommern), Dormagen (NRW) und Uelzen (Niedersachsen) drei Standorte kommuniziert, die grundsätzlich für die Errichtung einer Σ-Anlagen mit einem Rohstoffbedarf von rund 1 Mio. t Trockenmasse bzw. einer Produktionsleistung von 200.000 t Fischer-Tropsch Kraftstoff geeignet sind. Ob an diesen Standorten der Bau der ersten Σ-Anlagen weiterverfolgt wird, oder ob sich andere deutsche Standorte aufgrund besserer natürlicher Bedingungen sowie Synergien zu vorhandenen Industrieanlagen (z. B. Sauerstoff, Infrastruktur, Produktabsatz) durchsetzen werden, soll bis Ende 2006 abschließend geklärt werden.

Neben dem deutschen Markt ist CHOREN auch in China und den USA vertreten. In zwei weiteren europäischen Ländern bestehen konkrete Ansätze zur Realisierung von KWK-Projekten zur Strom und Wärmeproduktion mit CHOREN Technologie.

Im von CHOREN entwickelten Carbo-V® Verfahren wird über einen mehrstufigen Prozess, der die Vorteile einer Flugstromvergasung mit denen der Niedertemperaturvergasung vereint ein hochwertiges, teerfreies Gas hergestellt.

Zunächst werden die getrockneten Brennstoffe mit einem Wassergehalt von durchschnittlich 15 Prozent in einem Niedertemperaturvergaser (NTV) bei 400 bis 500 °C durch partielle Oxidation in feste und flüchtige Bestandteile zersetzt. Dabei entsteht ein teerhaltiges

Gas und Pyrolysekoks. Das Gas wird daraufhin einem zweiten Vergasungsreaktor von oben zugeführt und bei Temperaturen von 1.200 bis zu 1.700 °C mit Sauerstoff nachoxidiert, während die Holzkohle zuerst vermahlen und dann unterhalb der Brennkammer in den Reaktor eingeblasen wird.[239] Der eingeblasene Kohlenstoff reagiert dabei endotherm mit CO_2 und Wasserdampf des heißen Rohgases aus der Brennkammer zu CO und H_2, sodass bei dieser Reaktion ein Teil der thermischen Energie wieder in chemische Energie überführt wird. Dieser Prozessschritt des sogenannten chemischen Quenchens im Carbo-V® Verfahren erhöht die Effizienz im Vergleich zu anderen Verfahren der Flugstromvergasung maßgeblich. Mit einer Temperatur von nunmehr rund 800–900 °C verlässt das Produktgas den Reaktor und wird daraufhin abgekühlt, entstaubt und durch eine Gas- und CO_2-Wäsche weiter aufbereitet. Das Gas kann nun zur Synthese von Kraftstoffen verwendet werden. Der chemische Wirkungsgrad des Carbo-V® Verfahrens liegt bei bis zu 80 Prozent bezogen auf den Heizwert der eingesetzten Biomasse.[240] Die Fischer-Tropsch-Synthese zur Herstellung von Synfuels arbeitet mit einem Wirkungsgrad von maximal 75 Prozent.[241, 242]

In einer LCA durchgeführt von PriceWaterhousCoopers für Shell International wird bei einer GTL-Anlage mit einer Leistung von 13.000 t pro Tag (4,7 Mio. t pro Jahr) mit einer Prozesseffizienz in Höhe von 66 Prozent kalkuliert.[243] Diese Zahl kann jedoch nicht vom Rohstoff Erdgas auf Biomasse übertragen werden. Im CHOREN-Verfahren liegt die Gesamteffizienz je nach Prozessführung bei rund 50 Prozent der eingesetzten Biomasseenergie.

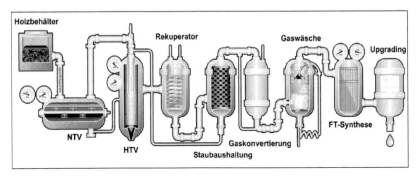

Abbildung 8: Technologisches Schema des Carbo-V®-Verfahrens
Quelle: CHOREN Industries GmbH

Auch beim Verfahren von CHOREN Industries ist der Ansatz der dezentralen Biomasse-Veredelung und zentralen Erzeugung von Synfuels, ähnlich dem oben dargestellten Konzept der Flugstrom-Druckvergasung von Pyrolyseprodukten (bioliq®-Verfahren), denkbar. In diesem Fall wird jedoch aufgrund der begrenzten Transportvorteile von flüssigen Pyrolyseprodukten die dezentrale Erzeugung von Holzkohle, bei gleichzeitiger regionaler Nutzung der Schwelgase zur Strom- und Wärmeerzeugung, bzw. die Erzeugung von „Torrefied Wood/Biomass" als dezentrales Zwischenprodukt als voraussichtlich chancenreicher angesehen. „Torrefied Wood" bzw. „Torrefied Biomass" ist vorbehandelte Biomasse, die bei Temperaturen von knapp 300 °C unter Sauerstoffausschluss sozusagen „geröstet" bzw. „gedörrt" wird und dadurch ähnliche Eigenschaften wie Holzkohle erhält. Die Konversionseffizienz liegt bei diesem Prozess bei über 90 Prozent des Heizwertes der eingesetzten Biomasse.[244]

7.4.4. Rohstoffpotential für BTL-Kraftstoffe

Grundsätzlich eignet sich fast jede Form von Biomasse zur Nutzung über die Vergasung. Insbesondere lignozellulosehaltige Biomasse ist im Gegensatz zu den Herstellungsverfahren der übrigen Biokraftstoffe als Rohstoff hervorragend geeignet. Diese Tatsache erlaubt die Ermittlung des absoluten Biomassepotentials ohne die Berücksichtigung nicht verwertbarer Pflanzenbestandteile. Selbstverständlich ist in der Praxis die Vergasung von Biomasse nicht in jedem Fall die beste Option. In Flüssigkeit gelöste, oder sehr feuchte Biomasse eignet sich beispielsweise nicht für dieses Verfahren, da in der Regel je nach Technologie ausschließlich trockene Biomasse eingesetzt werden kann. Zur groben Abschätzung des Rohstoffpotentials wird jedoch teilweise von dem gesamten Biomassepotential als Rohstoff ausgegangen zumal die Biomassearten mit sehr hohem Wassergehalt einen relativ geringen Anteil ausmachen.

Im jährlichen Biomasseaufwuchs unseres Planeten wird ein Vielfaches des Weltprimärenergiebedarfs über die Fotosynthese gespeichert. Bereinigt um die Pflanzenatmung wird die theoretisch erntebare Biomasse auf etwa 50 Milliarden t RÖE geschätzt.[245] Verglichen mit dem Weltprimärenergieverbrauch 2003 in Höhe von 10,58 Milliarden t RÖE[246] entspricht dies etwa der fünffachen Menge. Diese Zahl relativiert sich jedoch, wenn bedacht wird, dass davon lediglich 30 Milliarden t RÖE an Land wachsen, von denen wiederum 70 Prozent in Wäldern gebildet wird und nur ein Viertel oder rund fünf Milliarden t RÖE dieser Waldbiomasse in Form von Holz als Rohstoff mit relativ guten Nutzungseigenschaften zur Verfügung steht. Der Rest verrottet in der Regel vor Ort, meist in Form von herabgefallenem Laub. Auf Basis der globalen Waldfläche (39 Mio. km²) entspricht die Holzmenge mit guten Nutzungseigenschaften einem Zuwachs von durchschnittlich 3 t Trockenmasse pro ha bzw. 1,3 t RÖE pro Jahr.

Legt man für die Erzeugung synthetischer Kraftstoffe einen Prozesswirkungsgrad von 50 Prozent zugrunde, so könnte also mit dem gesamten Holzaufwuchs mit guten Nutzungseigenschaften eines Jahres rein hypothetisch und ohne Beachtung von klassischen Holznutzungspfaden bzw. ökologischen Beschränkungen, knapp 70 Prozent des Mineralöl-Primärenergieverbrauchs oder 25 Prozent des gesamten Primärenergieverbrauchs aller Energieträger substituiert werden. Grundlage für diese Kalkulation ist der Verbrauch des Jahres 2004 bzw. 2003 in Höhe von 3,78 bzw. 10,58 Milliarden t RÖE.[247,248]

Geht man davon aus, dass zusätzlich 20 Prozent der Landbiomasse (20 Prozent entspricht 1,8 Milliarden t RÖE), die nicht in Wäldern gebildet wird, energetisch genutzt werden kann, so erhöht sich nach dieser Bilanzierungsweise das theoretische Substitutionspotential synthetischer Biokraftstoffe auf 93 Prozent der Erdölförderung bzw. auf 33 Prozent des Weltprimärenergieverbrauchs 2004 bzw. 2003.

Bezogen auf den globalen Endenergieverbrauch 2000 in Höhe von 6,03 Milliarden t RÖE[249] entspricht das Substitutionspotential, ebenfalls unter Berücksichtigung des Konversionswirkungsgrads und konkurrierender Holznutzungsformen 56 Prozent.

Des Weiteren muss bedacht werden, dass beispielsweise die IEA einen Anstieg des Endenergieverbrauchs zwischen 2000 und 2030 um zwei Drittel prognostiziert.[250] In diesem Fall läge das theoretische Substitutionspotential von Biomasse nur noch bei 34 Prozent wenn ein Konversionswirkungsgrad von 50 Prozent zugrunde gelegt wird.

Auf Basis der folgenden Annahmen eines zukunftsgerichteten, etwas komplexeren Grobszenarios kann das rechnerische Biomassepotential zur Erzeugung von BTL-Kraftstoffen ermittelt werden:

- Nutzung von 50 Prozent des globalen Holzzuwachses (geschätzter Zuwachs 3 t Trockenmasse(TM)/ha/a) – beispielsweise auch in Form von Sägerestholz und Waldrestholz.
- Nutzung von 20 Prozent der globalen Ackerfläche zum Energiepflanzenanbau (geschätzter Ertrag 12 t TM/ha/a.
- Nutzung der Reststoffe von 80 Prozent der übrigen Ackerfläche (geschätzter Ertrag 3 t TM/ha/a)
- Nutzung von 35 Prozent des Weidelands zum Anbau von angepassten Energiepflanzen, zum Teil auch durch Bewässerung (geschätzter Ertrag 5,5 t TM/ha/a)

Biomassequelle	Energieertrag		Kraftstoffertrag[1]	
	Mrd. t RÖE	EJ	Mrd. t RÖE	EJ
Forstbiomasse (Holz)	2,50	105	1,25	52,5
Energiepflanzen auf Ackerflächen	1,34	56	0,67	28
Landwirtschaftliche Reststoffe	1,24	52	0,62	26
Energiepflanzen auf Weideland	2,75	115	1,38	58
Summe	**7,83**	**328**	**3,92**	**164,5**

[1] Konversionseffizienz von 50 Prozent des Heizwerts der Biomassetrockenmasse angenommen

Tabelle 29: Abschätzung des globalen technisch nutzbaren Biomassepotentials

Wie die oben stehende Tabelle zeigt, kann der derzeitige weltweite Mineralölverbrauch (3,78 Mrd. RÖE) theoretisch über BTL-Kraftstoffe substituiert werden. Wird nur der Kraftstoffverbrauch im Verkehrsbereich in Höhe von 57,8 Prozent[251] des Mineralölverbrauchs und der Energieverlust in Erdölraffinerien (ca. zehn Prozent) berücksichtigt verbleibt ein Mineralöl-Endenergiebedarf im globalen Verkehrsbereich in Höhe von rund 2 Mrd. t RÖE. Dieser Bedarf kann auf Basis der groben Rohstoffpotentialermittlung für BTL-Kraftstoffe um 100 Prozent übertroffen werden.

Für die Bundesrepublik Deutschland wurden im Rahmen einer mehrjährigen Studie unter Beteiligung führender deutscher Forschungsinstitute die technischen Biomassepotentiale im Auftrag des Bundesumweltministeriums erhoben. Je nach Szenario konnten dabei Biomassepotentiale von bis zu knapp über 100 Mio. t Trockenmasse pro Jahr ermittelt werden (Biomasseszenario, Betrachtungsjahr 2030, angenommener Biomasseertrag 15 t TM/ha).[252] Dabei wird ein Reststoffpotential in Höhe von 658 PJ (482 PJ feste Reststoffe), sowie ein landwirtschaftliches Flächenpotential für den Energiepflanzenanbau in Höhe von 4,44 Mio. ha (3,94 Mio. ha Acker, 0,5 Mio. ha Grünland) für 2030 prognostiziert. Für ausschließlich feste Bioenergieträger ergeben sich etwas geringere Werte:

Bezugsjahr	Feste Biomasse		Kraftstoffäquivalent[2]	
	Mio. t TM[1]	Mio. t RÖE	Mrd. t RÖE	Anteil des deutschen Kraftstoffverbrauchs[3]
2010	57	24,6	12,3	20,2 %
2020	79	33,9	17	27,8 %
2030	93	40,2	20,1	33 %

[1] Energiepflanzenertrag in Höhe von durchschnittlich 15 t TM/ha/a angenommen
[2] Konversionseffizienz von 50 Prozent des Heizwerts der Biomassetrockenmasse angenommen
[3] Kraftstoffverbrauch 2004 incl. Luftfahrt entspricht 2.548 PJ bzw. 60,9 Mio. t RÖE

Tabelle 30: Technisch verfügbares (festes) Biomassepotential in Deutschland (forcierte Marktentwicklung vorausgesetzt) und BTL-Erzeugungspotentiale

Quelle: Eigene Darstellung, Zahlen weitgehend übernommen aus: „Biomasseszenario" in: Fritsche, U. et al.: Stoffstromanalyse zur nachhaltigen energetischen Nutzung von Biomasse, Mai 2004, S. 189, 197–202.

Der erzielbare Kraftstoffertrag pro ha Ackerfläche liegt bei einem durchschnittlichen Trockenmasseertrag in Höhe von 15 t/a mit rechnerischen 3,14 t Fischer-Tropsch-Diesel (rund 4.000 Liter) bzw. 138 GJ/ha/a deutlich über dem Kraftstoffertrag von Biodiesel oder Ethanol. Bei der Erzeugung von BTL in Form von Methanol liegt der Kraftstoffertrag sogar noch deutlich höher, da die Methanolsynthese gegenüber der FT-Synthese eine höhere Effizienz aufweist.

Zur Deckung von zehn Prozent des Kraftstoffbedarfs (255 PJ) im deutschen Verkehrssektor wären auf der oben ausgeführten Basis rund 1,85 Millionen ha Landfläche erforderlich. Dies entspricht einem Ackerflächenanteil von knapp 16 Prozent.

Da sich gerade die Vergasungsverfahren durch ihre geringe Selektivität gegenüber den eingesetzten Rohstoffen auszeichnen, kann auch ein Großteil der Restbiomasse, die bei den Produktionsverfahren des Ackerbaus vor allem in Form von Stroh anfällt, genutzt werden. Allein der Energiegehalt der jährlich global anfallenden Strohmenge beläuft sich bei einem angenommenen Korn/Stroh-Gewichtsverhältnis von 1/1 auf 800 Mio. t RÖE.[253] Mit dieser Menge ließen sich theoretisch 10,6 Prozent des globalen Mineralölverbrauchs über synthetische Biokraftstoffe substituieren (bei einer angenommenen Konversionseffizienz von 50 %). In Deutschland beträgt das Strohpotential rund 40 Mio. t (17 Mio. t RÖE) pro Jahr.

Darüber hinaus könnte über hochproduktive Wasserpflanzen und/oder innovative Landnutzungskonzepte in Zukunft ein hohes zusätzliches Potential erschlossen werden.

7.4.5. Energiebilanz von BTL-Kraftstoffen

Die Berechnung einer Energiebilanz für synthetische Biokraftstoffe ist sehr komplex und kann je nach Auslegung der Vergasung bzw. Kraftstoffsynthese zu unterschiedlichen Ergebnissen führen. Dies ist insbesondere darauf zurück zu führen, dass der Einsatz externer Energie im Herstellungsverfahren nahezu beliebig durch die Nutzung eines Teils der Biomasseenergie substituiert werden kann und dies auch in der Praxis erfolgen wird. Eine niedrigere Kraftstoffausbeute im Konversionsprozess führt beispielsweise zu einem geringeren Fremdenergiebedarf bzw. zur Erzeugung von Überschussenergie in Form von Strom und Wärme.

Insbesondere die Nutzung von reinem Sauerstoff als Vergasungsmittel erfordert einen relativ hohen Einsatz elektrischer Energie für die Luftzerlegung. Wird dieser Strombedarf in der Anlage selbst erzeugt, etwa durch die Verstromung der Abwärme durch einen Dampfturbinenprozess und die Nutzung von Restgasen, so ist die Energiebilanz deutlich besser, als bei einer Anlage, die auf eine maximale Kraftstofferzeugung ausgelegt ist.

Beauftragt von Volkswagen und DaimlerChrysler wurde 2004 durch die PE Europe GmbH, einem Spezialisten für Life Cycle Engineering eine *„Vergleichende Ökobilanz von SunDiesel (CHOREN-Verfahren) und konventionellem Dieselkraftstoff"* erstellt. Basis für die Untersuchung war die im Bau befindliche CHOREN-Anlage mit 43 MW Leistung am Standort Freiberg.

Je nach Szenario wird ein unterschiedlicher Prozesswirkungsgrad bezogen auf den Heizwert der zugeführten Biomasse errechnet. Dabei wurden auf Basis eines Lebenszyklus-Ansatzes alle Prozesse entlang der Kraftstoff-Wertschöpfungskette, von der Erzeugung der Rohstoffe bis zur Nutzung des Kraftstoffs in die Untersuchung einbezogen.[254]

	Szenario		
	Zukunft	Basis-Autark	Teil-Autark
Holz Transport Wald > Choren-Anlage	50 km		
Kraftstoff Transport Choren-Anlage > Tankstelle	50 km		
Sensitivitätsanalysen	100% Stammholz als Biomasse Input Transportentfernung Wald-Choren-Anlage 200 km Transportentfernung Choren-Anlage – Tankstelle 100 km		
Massen-Verhältnis Biomasse [kg] zu Diesel [kg]	≈ 3,4 : 1 (35 % H_2O) ≈ 2,2 : 1 (atro)	≈ 9,3 : 1 (35 % H_2O) ≈ 6 : 1 (atro)	≈ 7,5 : 1 (35 % H_2O) ≈ 4,9 : 1 (atro)
Wirkungsgrad Chorenprozess [%] (Hu Output / Hu Input)	≈ 64 %	≈ 45 %	≈ 55 %
Treibhauspotenzial bzgl. konventionellem Diesel	-91 %	-87 %	-61 %

Tabelle 31: Konversionseffizienz und Treibhausgasverminderung von BTL (CHOREN-SunDiesel) im Vergleich zu konventionellem Diesel

Quelle: Baitz, M. et al.: Vergleichende Ökobilanz von SunDiesel (CHOREN-Verfahren) und konventionellem Dieselkraftstoff – Kurzfassung, September 2004.

Wie die vorhergehende Tabelle zeigt, liegt der Konversionswirkungsgrad des CHOREN-Verfahrens bei der voraussichtlich 2007 in Betrieb gehenden BTL-Anlage je nach Szenario zwischen 45 und 64 Prozent des Biomasseheizwertes. Beim Basis-Autark-Szenario wird vorausgesetzt, dass der Energiebedarf des Gesamtverfahrens vollständig selbst gedeckt wird, einschließlich Sauerstofferzeugung. Das Teil-Autark-Szenario setzt voraus, dass bestimmte Betriebsmittel und externe Energie dem Verfahren zugeführt werden. Im Zukunft-Szenario wird angenommen, dass zusätzlicher Wasserstoff aus regenerativem Strom erzeugt und der Kraftstoffsynthese zugeführt wird. Dabei lässt sich der in der Biomasse enthaltene Kohlenstoff vollständig in Kraftstoff umwandeln und die Kraftstoffausbeute pro eingesetzte Biomasseeinheit steigt deutlich an.

Im Weiteren soll bei der Ermittlung der Energiebilanz von einer Konversionseffizienz von 45 Prozent des Biomasseheizwertes ausgegangen werden, wenn gleichzeitig der Energiebedarf der Kraftstofferzeugung über Koppelprodukte wie etwa Abwärme und das Restgas bei der Kraftstoffsynthese abgedeckt wird. Dabei muss beachtet werden, dass kommerzielle Anlagen voraussichtlich die Kraftstoffausbeute unter Hinnahme einer etwas schlechteren Energiebilanz optimieren werden. Für das CHOREN-Verfahren ist somit eher von einem tatsächlichen Kraftstoffertrag in Höhe von rund 50 Prozent des eingesetzten Biomasseheizwertes bei gleichzeitiger Nutzung von zusätzlicher externer Energie auszugehen. Andere Vergasungsverfahren, die nicht über eine chemische Quenchung verfügen haben tendenziell eine geringere Effizienz.

Mittelfristig lässt sich die Konversionseffizienz der BTL-Verfahren selbst bei vollständig autarker Betriebsweise verbessern. Insbesondere die Nutzung von weniger exothermen Syntheseverfahren als die Fischer-Tropsch-Synthese würde sofort zu einer deutlich höheren Gesamteffizienz führen. Ein anderer Kraftstoff könnte sich beispielsweise bei Einführung von Methanol-Brennstoffzellensystemen im Straßenverkehr durchsetzen, was jedoch noch einige Zeit dauern wird.

Gegen die Methode, dass der BTL-Prozess ohne Energieinput bilanziert wird, obwohl ein Teil der Biomasseenergie dabei verbraucht wird, kann zwar eingewendet werden, dass beispielsweise die Nutzung von Rapsstroh zur Energiebereitstellung auch bei Biodiesel zu wesentlich besseren Energiebilanzen führen würde, doch kann die Sonderbilanzierung synthetischer Biokraftstoffe gegenüber den anderen Produktionsverfahren durchaus argumentativ gerechtfertigt werden: Der Prozess der Biomassekonversion und die gleichzeitige Prozessenergiebereitstellung ist weitgehend geschlossen und es findet keine gesonderte Umwandlung bzw. Erzeugung von nutzbaren Energieträgern statt.

Je nach Rohstoff ergeben sich verschiedene Energiebilanzen für die Rohstofferzeugung. Für Waldrestholz wird ein Output/Input-Verhältnis von 19 angegeben.[255] Für schnellwachsende Baumarten wie Weiden ermittelt Maier et al. einen Ertrag von etwa 150 GJ/ha pro Jahr. Dabei übersteigt der energetische Ertrag den Einsatz fast um fast das 24-Fache. Für Hanf wird ein Output/Input-Verhältnis von 11,3 ermittelt.[256] Der Anbau von Miscanthus sinensis erbringt bei Hektarerträgen von etwa 150 bis 225 GJ eine Energiebilanz je nach Quelle zwischen 11,5 und 19.[257,258]

Für die Erzeugung von einer Tonne synthetischem Dieselkraftstoff sind nach dem CHOREN-Verfahren im Basis-Autarken-Betrieb rund sechs Tonnen Trockenmasse erforderlich.[259] Um ausreichend Biomasse für eine Anlage in wirtschaftlicher Größenordnung bereitstellen zu können, kann mit einem geschätzten durchschnittlichen Transportweg von 50 km für die Anlieferung der Biomasse gerechnet werden. Der Kraftstoffaufwand beträgt dabei rund 50 Gramm pro t und Kilometer.[260] Dies entspricht rund 1,5 Prozent des pro t Biomasse erzeugten Kraftstoffs.

Zur Bilanzierung des energetischen Output/Input-Verhältnisses gemischter, Rohstoffpotentiale kann ein Durchschnitt der verschiedenen Kulturen gebildet werden. Dafür sollen die Energiebilanzen von Waldrestholz, Kurzumtriebsplantagen mit Weiden sowie Miscanthus sinensis und Hanf, stellvertretend für einjährige landwirtschaftliche Energiepflanzen, jeweils auf ein Viertel der Rohstoffbereitstellung bezogen, gemittelt werden.

Dadurch ergibt sich eine Primärenergieerzeugung die etwa beim 18,2-Fachen des Energieeinsatzes liegt. In der Praxis wird auch Stroh und Altholz zu einem wesentlichen Anteil zum Einsatz kommen, was die Energiebilanz verbessert, da diese Rohstoffe als Reststoffe anfallen. Bei Stroh muss jedoch bedacht werden, dass bei der Nutzung Pflanzennährstoff entzogen werden, die wiederum mit einem Energieäquivalent bewertet werden können.

Da bei einem Prozesswirkungsgrad von 45 Prozent rund die doppelte Menge Primärenergie im Verhältnis zum Heizwert des synthetischen Kraftstoffs erforderlich ist, verschlechtert sich die Energiebilanz der Erzeugung synthetischer Biokraftstoffe auf Basis von Energiepflanzen. Daraus ergibt sich ein Output/Input-Verhältnis von 8,2.

Wird der Kraftstoffaufwand für den Transport der Biomasse zur Konversionsanlage addiert, reduziert sich der Energiegewinn auf das Acht-Fache des Energieeinsatzes.

Um den Kraftstoffertrag bzw. den Energiegewinn pro Hektar zu ermitteln, wird entsprechend den Angaben der dem Landwirtschaftsministerium zugeordneten Fachagentur Nachwachsende Rohstoffe e. V. (FNR) ein Trockenmasseertrag in Höhe von durchschnittlich 15 t bzw. 263 GJ pro ha angenommen.[261]

	Input GJ /ha	Output GJ /ha
Anbau/Bereitstellung	13	
Transport (Ø 50 km)	1,8	
Brutto-Biomasseenergie		263
Kraftstoffertrag (um Konversionsverlust bereinigt)		118
Summe	14,8	118
Output/Input-Verhältnis	8	
Netto Energiegewinn/ha	103,2 GJ	

Tabelle 32: Energiebilanz synthetischer Biokraftstoffe am Beispiel von CHOREN-SunDiesel

Bei Trockenmasseerträgen von 20 t/ha, wie sie beispielsweise im von Scheffer entwickelten Zweikultur-Nutzungssystem oder mit Miscanthus auf guten Standorten erzielt werden können, steigt der Bruttokraftstoffertrag auf 158 und der Netto-Kraftstoffertrag auf rund 138,2 GJ/ha.

Interessant ist auch eine genaue Evaluierung der Umweltentlastung von SunDiesel gegenüber konventionellem Diesel. In der vergleichenden Ökobilanz von PE Europe werden in allen untersuchten Szenarien deutliche Emissionsverminderungen ermittelt. Interessant ist insbesondere auch, dass das CO_2-Reduktionspotential auch bei einer Steigerung der Transportdistanz von durchschnittlich 50 km auf 200 km nur unwesentlich verringert wird.[262]

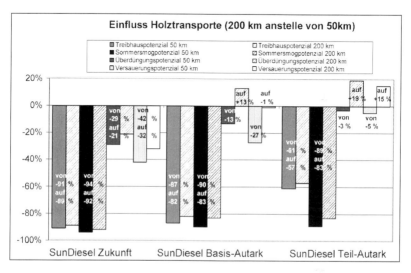

Abbildung 9: Umweltentlastungspotentiale verschiedener SunDieselTechnologieszenarien gegenüber konventionellem Diesel bei verschiedenen Biomassetransportdistanzen

Quelle: Baitz, M. et al.: Vergleichende Ökobilanz von SunDiesel (CHOREN-Verfahren) und konventionellem Dieselkraftstoff – Kurzfassung, September 2004

7.4.6. Produktionskosten von Bio-Synfuels

Da derzeit noch kein synthetischer Kraftstoff aus Biomasse vermarktet wird, kann an dieser Stelle lediglich eine grobe Abschätzung der Produktionskosten erfolgen, welche mit den Aussagen beteiligter Unternehmen bzw. Forschungseinrichtungen verglichen wird.

Die Kosten für die Kraftstofferzeugung werden neben der Rohstoffbereitstellung maßgeblich von den spezifischen Anlageninvestitionskosten und den Personalkosten beeinflusst.

Das Forschungszentrum Karlsruhe gibt für das bioliq®-Verfahren Produktionskosten in Höhe von rund 100 Cent pro Liter an.[263]

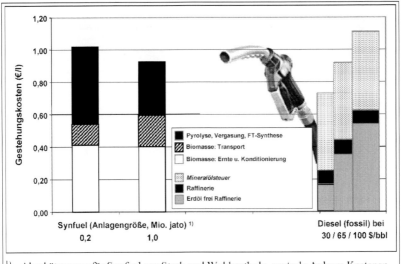

[1] Abschätzungen für Synfuel aus Stroh und Waldrestholz, zentrale Anlage; Kostenangaben frei Anlage, vor Steuern

Abbildung 10: Gestehungskosten von FT-Kraftstoff aus Stroh und Waldrestholz (bioliq®-Verfahren) im Vergleich zu fossilem Diesel

Quelle: Leible, L. et al.: Kraftstoff, Wärme oder Strom aus Stroh und Waldrestholz – ein systemanalytischer Vergleich, in: Biogene Kraftstoffe – Kraftstoffe der Zukunft?, (Sonderdruck des Themenschwerpunkts Heft Nr. 1, 15. Jahrgang (April 2006) der Zeitschrift „Technikfolgenabschätzung – Theorie und Praxis"), Seite 67.

Die Produktionskosten für SunDiesel gibt CHOREN Industries ebenfalls mit knapp 100 Cent für die erste kommerzielle Anlage mit 43 MW Vergaserleistung an. Bei den ersten der geplanten industriellen Anlagen in Deutschland mit einer Produktionskapazität in Höhe von jeweils rund 200.000 t FT-Kraftstoff erwartet man jedoch eine Verringerung der Produktionskosten auf rund 70 Cent pro Liter mit weiterem Kostensenkungspotential.

Optimistischer ist das Energy Research Center of the Netherlands (ECN). Ree et al. ermitteln Produktionskosten in Höhe von 47 bzw. 57 Cent pro Liter, je nachdem welche Biomassevorkonditionierung und Logistikkette für importierte „Reststoffbiomasse" gewählt wird.[264]

Auch wenn die Annahmen von ECN bezüglich der Kosten für die Fischer-Tropsch-Synthese und die Biomassevergasung wohl etwas zu niedrig angesetzt sind, verdeutlicht die Berechnung, wie wichtig optimierte Biomasse-Logistikkonzepte sind.

Die Deutsche Energie Agentur GmbH (dena) führt derzeit im Auftrag von Unternehmen aus der Automobil- Mineralöl- und Anlagenbaubranche eine Studie über Potential und Produktionskosten von BTL-Kraftstoffen durch. Insbesondere werden die Möglichkeiten zur Gewinnung von Biomasse, der Stand der BTL-Technologie, das Verhältnis von Kosten und Nutzen, Förder- und Finanzierungsmodelle sowie mögliche Standorte für die großtechnische Produktion untersucht.[265]

Economics BTL (€/GJ FT diesel)		
	densified cases	chips case
fuel price	6,7	6,7
fuel logistics	1,7	4,4
syngas production	3,2	3,2
FT-diesel from syngas	1,5	1,5
total FT-diesel costs	13,1	15,8
(€/liter)	0,47	0,57

Tabelle 33: Gestehungskosten von FT-Kraftstoff aus Biomasse (Berechnung durch ECN)
Quelle: Market competitive Fischer-Tropsch diesel production, Presentation: 1st International Biorefinery Workshop, Washington, 20–21 July 2005, S. 16.

Ein großer Unsicherheitsfaktor der in allen Preisprognosen steckt sind die Kosten für Biomasse. Insbesondere wenn bedacht wird, dass zukünftig gegebenenfalls der Preis für den Rohstoff deutlich über den eigentlichen Kosten der Bereitstellung liegt. Zur Verdeutlichung sei angemerkt, dass Erdöl auch nicht zu den tatsächlichen Produktionskosten verkauft wird, sondern zu einem Preis der sich auf dem freien Markt durch Angebot und Nachfrage bildet.

Gleiches gilt selbstverständlich auch für andere Biokraftstoffe, sogar in deutlich verschärfter Form, denn die Verdopplung des Getreide- oder des Pflanzenölpreises über einen Zeitraum von einigen Jahren wird mit größerer Wahrscheinlichkeit eintreten, als eine sehr starke Erhöhung des Strohpreises.

Bei Rohölpreisen von 70 Euro pro Barrel liegen die Energiekosten von Biomasse wie beispielsweise Restholz oder Stroh gemessen am Heizwert bei etwa 28 Prozent, wenn ein Biomassepreis von 60 Euro pro t Trockenmasse angenommen wird.

Während Stroh je nach Region voraussichtlich in nennenswerten Mengen zu diesem Preis verfügbar ist, lässt sich beim Rohstoff Holz in Deutschland lediglich ein Teil des Potentials zu diesem Preis mobilisieren. Abschätzungen der Bundesforschungsanstalt für Forst- und Holzwirtschaft ergaben, dass erst ab einem Preis von rund 80 Euro t_{atro} (atro = absolut trocken) über 50 Prozent des deutschen Energieholzpotentials wirtschaftlich genutzt werden kann. Soll 80 Prozent genutzt werden, so ist mit Preisen von etwa 100 Euro t_{atro} für Energieholz zu rechnen.[266]

Für eine grobe Abschätzung der reinen Rohstoffkosten bei der Herstellung synthetischer Dieselkraftstoffe werden ein Heizwert des Kraftstoffs von 34,2 MJ/l, ein Heizwert der Trockenbiomasse von 17,5 GJ/t und ein energetischen Gesamtprozesswirkungsgrad von 45 Prozent angenommen.

Bei Preisen von 60 Euro pro t_{atro} Biomasse frei Anlage ergeben sich daraus Rohstoffkosten von 22,3 Cent pro Liter (23,5 Cent pro Liter Dieseläquivalent). Bei 80 Euro pro t_{atro} frei Anlage ergeben sich Rohstoffkosten von 29,7 Cent pro Liter Kraftstoff (31,3 Cent pro Liter Dieseläquivalent). Bei 100 Euro pro t_{atro} frei Anlage für Biomasse steigen die Rohstoffkosten auf 37,1 Cent pro Liter Kraftstoff (39,1 Cent pro Liter Dieseläquivalent). Bei BTL-Kraftstoffen die über eine Verflüssigung mit besserem Wirkungsgrad als die Fischer-Tropsch-Synthese erzeugt werden, beispielsweise die Methanolsynthese, sind die die Biomassekosten pro Liter Dieseläquvalent deutlich geringer.

Im weiteren Verlauf der Potentialbetrachtung werden BTL-Produktionskosten (synthetischer Diesel) in Höhe von 100 Cent/l (105,3 Cent/l Dieseläquivalent) kurz- bis mittelfristig und 70 Cent/l (73,7 Cent/l Dieseläquivalent) mittel- bis langfristig angenommen.

Inklusive Tankstellenbereitstellungskosten in Höhe von sieben Cent/l und 16 Prozent Mehrwertsteuer, ergeben sich daraus kostendeckende Endverbraucherpreise (ohne Mineralölsteuer) in Höhe von 124,1 und mittelfristig 89,3 Cent pro Liter. Dies entspricht 130,6 bzw. 94 Cent/l Dieseläquivalent.

Bei den relativ hohen Kosten für synthetische Dieselkraftstoffe muss bedacht werden, dass es sich um ein Premiumprodukt handelt, welches auch in Beimischung zu einer erheblichen Verbesserung der Kraftstoffqualität führt.

7.4.7. Gesamtpotential von Bio-Synfuels

Neben der guten Energiebilanz liegen die größten Vorteile synthetischer Biokraftstoffe in der breiten Rohstoffbasis sowie der hervorragenden Integrierbarkeit in die bestehende aber auch eine zukünftige Kraftstoffinfrastruktur. Auch der Schadstoffausstoß gegenüber konventionellen Kraftstoffen kann deutlich verringert werden, selbst ohne Eingriff in die Motorsteuerung. Die Schadstoffemissionen von synthetischem Dieselkraftstoff aus Erdgas (GTL) im Vergleich zu herkömmlichem schwefelarmen Diesel wurden von VW in einer fünfmonatigen Testphase mit 25 Serien-Golf PKW überprüft. Die Emissionen konnten bezogen auf die einzelnen Schadstoffe um folgende Werte reduziert werden: NOx - minus 6,4 Prozent, Partikel - minus 26 Prozent, HC - minus 63 Prozent, CO - minus 91 Prozent.[267] Da synthetischer Diesel auf Biomassebasis (BTL) die gleiche Qualität wie GTL aufweist, ist eine direkte Übertragung dieser Versuchsergebnisse möglich.

Auch ein nahtloser Übergang mit beliebigen Beimischungsverhältnissen von mineralölstämmigen hin zu biogenen Kraftstoffen kann durch die Nutzung von BTL gewährleistet werden. Neben dem Einsatz in Verbrennungsmotoren eignen sich Synfuels auch zur Energiebereitstellung für Brennstoffzellen-Antriebe, insofern ein On-Board-Reformer eingesetzt wird.

Über einen Reformer werden beispielsweise Methanol oder Fischer-Thropsch-Kraftstoffe zu Wasserstoff und CO_2 umgewandelt. Der Wasserstoff wird daraufhin in der Brennstoffzelle genutzt und das CO_2 in die Atmosphäre entlassen. Bei weiteren Entwicklungsfortschritten in Bezug auf die „Direct Methanol Fuel Cell" (DMFC) kann in Zukunft möglicherweise sogar auf den Reformer verzichtet werden.

Die Anlagen zur Vergasung von Biomasse ließen sich bei Bedarf auch zur Erzeugung von reinem Wasserstoff statt der flüssigen Kraftstoffe modifizieren, insofern die bestehende Transport- und Speicherproblematik dieses höchst flüchtigen Elements bei annehmbarer Energiebilanz in Zukunft gelöst werden sollte und Wasserstoff als Kraftstoff nachgefragt wird.

Auf der Rohstoffseite weist die Herstellung von synthetischen Kraftstoffen ebenfalls entscheidende Vorteile auf. Insbesondere die Möglichkeit der Ganzpflanzenverwertung und die allgemeine niedrige Rohstoffselektivität sind anzuführen. Abgesehen von Substanzen mit einem hohen Wassergehalt die sich schlecht eignen, sind die Ansprüche relativ gering und es können bei entsprechend angepasster Technologie jede Art von Kohlenwasserstoffen eingesetzt werden. Monokulturen von öl-, stärke- oder zuckerhaltigen Pflanzen werden über die beträchtliche Bandbreite der nutzbaren biogenen Ressourcen vermieden. Ein hoher Dünge- und Pflanzenschutzmittelbedarf und auch landwirtschaftlich hochwertige Flächen, wie sie insbesondere zum Anbau von Zuckerrüben und Raps beansprucht werden, sind nicht zwingend erforderlich.

Neben speziell angebauten biogenen Rohstoffen werden in Zukunft insbesondere Reststoffe wie Stroh und Waldrestholz aber voraussichtlich auch Abfälle wie Haus- und Verpackungsmüll als Rohstoffquelle erschlossen. Forschungs- und Entwicklungsanstrengungen in diesem Bereich sollten in jedem Fall intensiviert werden.

In ferner Zukunft könnten synthetische Kraftstoffe auch aus CO_2 und elektrolytisch gewonnenem Wasserstoff erzeugt werden, insofern regenerativ gewonnener Strom kostengünstig zur Verfügung steht. Die Umsetzung dieser Vision ist jedoch erst dann sinnvoll, wenn bereits der gesamte Strombedarf regenerativ gedeckt wird oder am Ort der Erzeugung keine Möglichkeit des wirtschaftlichen Netzanschlusses besteht. Aufwindkraftwerke in Wüstengebieten oder große Windparks an der Spitze Südamerikas sind in diesem Zusammenhang denkbar.

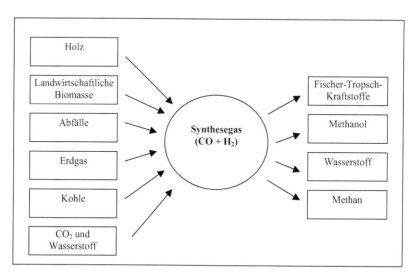

Abbildung 11: Rohstoff- und Kraftstoffvarianten synthetischer Treibstoffe (unvollständig)

Nachteile der synthetischen Biokraftstoffe sind das relativ kostenaufwändige und technologische komplexe Produktionsverfahren sowie tendenziell zentralistisch ausgerichtete Strukturen, welche zu einem hohen Logistik- und Transportaufwand führen. Auch ist der

Netto-Kraftstoffertrag pro Hektar, zumindest bei der Erzeugung von Fischer-Tropsch-Kraftstoffen, durch den Gesamtprozesswirkungsgrad von rund 50 Prozent, geringer als bei der Erzeugung von Biomethan als Kraftstoff. Bei der Erzeugung von synthetischem Methanol, welches in dieser Studie nicht genauer betrachtet wurde, liegt der Netto-Kraftstoffertrag pro Flächeneinheit etwa in der gleichen Größenordnung wie bei Biomethan.

Die Vorteile synthetischer Biokraftstoffe kommen insbesondere dann zum Tragen, wenn die einheitliche und sehr hohe Kraftstoffqualität in speziell an den Kraftstoff angepassten Energiewandlungsanlagen, seien es Verbrennungsmotoren oder Brennstoffzellen, zu höheren Wirkungsgraden bei der Nutzung führt. Auch die kurz- bis mittelfristig höheren Produktionskosten von synthetischen Biokraftstoffen, gegenüber Biokraftstoffen der 1. Generation fallen bei einer höheren Nutzungseffizienz weniger stark ins Gewicht.

8. Die untersuchten Biokraftstoffe im Vergleich

8.1. Energiebilanzen

Der Vergleich der Energiebilanzen zeigt erwartungsgemäß eindeutige Vorteile der Herstellungsverfahren, in denen die gesamte Pflanze energetisch genutzt werden kann. Neben synthetischen Kraftstoffen und Biogas ist im weiteren Sinne auch Zuckerrohr dazu zu zählen.

Kraftstoff	Brutto-Kraftstoff-ertrag GJ /ha	Energie-Input GJ /ha	Output/Input-Verhältnis	Netto-Kraftstoff-ertrag GJ /ha
Rapsöl	55,5	16,5	3,35	39
Biodiesel A[1]	54	24,5	2,21	29,5
Biodiesel B[2]	54	–1,5	–	54
Ethanol/Zuckerrüben	140	100	1,4	40
Ethanol/Weizen	53	44,2	1,2	8,8
Ethanol/Mais (USA)	64	49	1,3	15
Ethanol/Zuckerrohr (Brasilien)[3]	117	13	9	104
Greengas A[4]	168,5	56,75	2,97	111,75
Greengas B[5]	138	24,65	5,6	113,35
BTL (Diesel) A[6,7]	118	14,8	8	103,2
BTL (Diesel) B[6,8]	158	19,8	8	138,2

[1] Das Koppelprodukt Glycerin wird mit dem Heizwert in der Bilanz angesetzt

[2] Das Koppelprodukt Glycerin substituiert synthetisch hergestelltes Glycerin. Der eingesparte Energieeinsatz der synthetischen Herstellung wird gutgeschrieben

[3] Bagasse wird als Energiequell bei der Konversion eingesetzt und nicht bilanziert, keine Energie-Gutschrift für Bagasse-Überschuss

[4] thermischer Prozessenergiebedarf in Bilanz aufgenommen

[5] thermischer Prozessenergiebedarf wird durch Greengas gedeckt und aus der Bilanz ausgeklammert

[6] der Konversionsprozess wird bei einem energetischen Wirkungsgrad von 45 % ohne externen Energieeinsatz bilanziert

[7] angenommener Biomasseertrag: 15 t TM/ha á 17,5 GJ/t (bei 0 % H2O, entspricht 262,5 GJ/ha)

[8] angenommener Biomasseertrag: 20 t TM/ha á 17,5 GJ/t (bei 0 % H2O, entspricht 359 GJ/ha)

Tabelle 34: Energiebilanzen verschiedener Biokraftstoffe

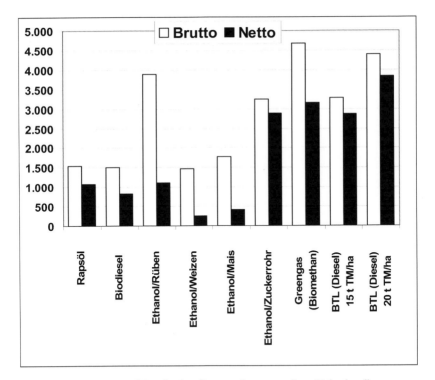

Abbildung 12: Brutto- und Nettokraftstofferträge der untersuchten Biokraftstoffe pro Hektar Ackerfläche in Liter Dieseläquivalent

Die Herstellung von Ethanol aus Getreide ist unter energetischen und damit auch klimapolitischen Gesichtspunkten nur begrenzt bzw. für einen Übergangszeitraum sinnvoll. Auch wenn moderne Anlagen mittlerweile eine deutlich positive Energiebilanz aufweisen, liegt der Netto-Kraftstoffertrag pro ha weit hinter allen anderen untersuchten Kraftstoffen zurück. Die Energiebilanz von Ethanol aus Zuckerrüben ist bereits bei heutigen Produktionsverfahren deutlich positiv. Wenn es perspektivisch gelingt den hohen Energieeinsatz im Produktionsverfahren weiter zu reduzieren stellt sich dieses Produktionsverfahren als eine tragfähige Option für eine langfristige Biokraftstoffversorgung dar. Der Bruttokraftstoffertrag liegt in einer vergleichbaren Größenordnung mit Biomethan, BTL und Ethanol aus Zuckerrohr.

Pflanzenöl hat eine relativ gute Energiebilanz. Der Netto-Kraftstoffertrag pro Hektar liegt im Mittelfeld. Wird für das Nebenprodukt „Extraktionsschrot" eine Energiegutschrift in die Bilanz einbezogen, kann der Nettoenergieertrag (nicht Kraftstoffertrag) um 25,4 GJ/ha auf dann 64,4 GJ/ha erhöht werden.

Die Produktion von Biodiesel erscheint unter energetischen Gesichtspunkten insbesondere dann als zweckmäßig, solange mit dem als Nebenprodukt anfallenden Glycerin eine Substitution von konventionell hergestelltem Glycerin stattfindet. Bei Neuanlagen kann dies jedoch nicht mehr angenommen werden, da der Markt bereits überversorgt ist.

Von den Biokraftstoffen die in der Bundesrepublik erzeugt werden können, zeichnen sich Biomethan und synthetische Kraftstoffe mit dem höchsten Nettokraftstofferträgen pro Hektar ab. Bei einem zum gegenwärtigen Zeitpunkt realistischen durchschnittlichen Biomasseertrag in Höhe von 15 t TM pro ha als Basis für die BTL-Produktion liegt Biomethan, gemessen am Nettokraftstoffertrag pro ha, an der Spitze. An dieser Stelle sei darauf hingewiesen, dass die angegebenen Biomethanerträge auf Literaturangaben basieren. Beim Anbau von neuen massewüchsigen Maissorten oder Verbesserungen im technologischen Bereich ist mit deutlich höheren Biomethanerträgen zu rechnen.

Synthetische Kraftstoffe weisen mit einem Output/Input-Verhältnis von acht eine hervorragende Energiebilanz auf. Dieser Wert beruht auf der Annahme, dass der Heizwert der Biomasse die bei einem Konversionswirkungsgrad von 45 Prozent teilweise zur Bereitstellung der Prozessenergie genutzt wird, nicht als Input in die Energiebilanz eingeht. Auch bei der Ethanolherstellung auf Basis von Zuckerrohr wird die energetische Nutzung des Nebenprodukts Bagasse im Konversionsprozess nicht als Input bilanziert.

8.2. Rohstoffpotentiale

Durch die meist unterschiedlichen Ausgangs-Rohstoffe der verschiedenen Biokraftstoffe, kann ein Vergleich des Potentials nur unter allgemeinen Gesichtspunkten erfolgen.

Kraftstoff	Rohstoffquelle oder Rohstoff				
	Ackerfläche	Grünland	Holz	Stroh	Organische Reststoffe
Rapsöl	ja	nein	nein	nein	nein
Biodiesel	ja	nein	nein	nein	bedingt (Altfett)
Ethanol	ja	nein	nein/bedingt[1]	nein/bedingt	bedingt
Biogas	ja	ja	nein	nein	bedingt
Synthetischer Kraftstoff	ja	ja/bedingt	ja	ja	ja/bedingt

[1] Verfahren zur enzymatischen Fermentation von Lignozellulose sind in der Entwicklung; Säureaufschlussverfahren ist Stand der Technik, aber mangelhafte Wirtschaftlichkeit.

Tabelle 35: Rohstoffquellen bzw. Rohstoffe zur Herstellung von Biokraftstoffen

Die Herstellungsverfahren von synthetischen Biokraftstoffen zeichnen sich durch die geringste Rohstoffselektivität aus. Bei entsprechender technologischer Ausstattung oder Aufbereitung (Trocknung) der Rohstoffe können alle organischen Materialien eingesetzt werden.

Auch Biogas verfügt über ein breites Spektrum einsetzbarer Rohstoffe, wobei beachtet werden muss, dass Holz und Stroh, als sehr wichtige Bioenergiequellen mit den heute bekannten Verfahren nicht genutzt werden können.

Ethanol verfügt über eine vergleichsweise mittlere Bandbreite einsetzbarer Rohstoffe. Grundsätzlich sind alle zucker- oder stärkehaltige Substanzen geeignet. Bei einem Durchbruch bezüglich des fermentativen Aufschlusses von Lignozellulose in der Ethanolerzeugung könnte gegebenenfalls auch Bioethanol sein derzeitiges Rohstoffpotential stark ausweiten.

Da die Erzeugung von Pflanzenölkraftstoff oder Biodiesel auf den Anbau von ölhaltigen Acker- oder Plantagenpflanzen beschränkt ist, ist das Rohstoffpotential entsprechend gering.

Zur Bemessung des quantitativen Rohstoffpotentials der verschiedenen Kraftstoffe eignet sich die Berechnung der erforderlichen Ackerfläche nur bedingt. Denn je nach Herstellungsverfahren können teilweise auch Abfälle oder Rohstoffe, die nicht auf Ackerflächen erzeugt wurden, als Rohstoff eingesetzt werden. Aus Gründen der besseren Vergleichbarkeit der verschiedenen Herstellungsverfahren untereinander wird die Acker- bzw. Landfläche dennoch in der folgenden Tabelle als Richtwert genutzt.

Flächenbedarf zur Energiesubstitution durch den Brutto-Biokraftstoffertrag				
	Substitution des deutschen Energieverbrauchs im Verkehrssektor 2004 (63 Mio. t RÖE bzw. 2,64 EJ)		Substitution des globalen Mineralölverbrauchs des Verkehrs 2003 (1,8 Mrd. t RÖE bzw. 75,2 EJ)	
	Landfläche* (von 357 000 km²)	Ackerfläche* (von 118 000 km²)	Landfläche* (von 149 Mio. km²)	Ackerfläche* (von 15 Mio. km²)
Pflanzenöl	133 %	403 %	9 %	90 %
Biodiesel	137 %	414 %	9 %	93 %
Ethanol/Rüben	53 %	160 %	4 %	36 %
Ethanol/Weizen	140 %	422 %	10 %	95 %
Ethanol/Mais	116 %	350 %	8 %	78 %
Ethanol/Zuckerrohr	63 %	191 %	4 %	43 %
Greengas (Biomethan)	44 %	133 %	3 %	30 %
BTL (Diesel) bei 15 t TM/ha	63 %	190 %	4 %	43 %
BTL (Diesel) bei 20 t TM/ha	47 %	142 %	3 %	32 %
* theoretisch erforderliche Flächen				

Tabelle 36: Bruttokraftstoffertrag: Erforderliche Landflächen bzw. Ackerflächen-Äquivalente zur Substitution des Kraftstoffbedarfs im Verkehrsbereich

Der deutsche Endenergie-Kraftstoffverbrauch des Verkehrs entsprach 2004 2636 PJ bzw. 63 Mio. t RÖE (41 % Ottokraftstoff, 44 % Diesel, 12 % Kerosin und 3 % Strom, Flüssiggas, Gas usw.).[268] Vom globalen Mineralöl-Endenergieverbrauch 2003 in Höhe von 3,108 Milliarden t RÖE (130,1 Exajoule) wurden laut IEA 57,8 Prozent im Verkehrssektor eingesetzt.[269] Dies entspricht 1,796 Milliarden t RÖE bzw. 75,2 Exajoule.

Flächenbedarf zur Energiesubstitution durch den Netto-Biokraftstoffertrag				
	Substitution des deutschen Energieverbrauchs im Verkehrssektor 2004 (63 Mio. t RÖE bzw. 2,64 EJ)		Substitution des globalen Mineralölverbrauchs des Verkehrs 2003 (1,8 Mrd. t RÖE bzw. 75,2 EJ)	
	Landfläche* (von 357 000 km²)	Ackerfläche* (von 118 000 km²)	Landfläche* (von 149 Mio. km²)	Ackerfläche* (von 15 Mio. km²)
Pflanzenöl	190 %	574 %	13 %	129 %
Biodiesel	251 %	758 %	17 %	170 %
Ethanol/Rüben	185 %	559 %	13 %	125 %
Ethanol/Weizen	840 %	2542 %	57 %	570 %
Ethanol/Mais	493 %	1491 %	34 %	334 %
Ethanol/Zuckerrohr	71 %	215 %	5 %	48 %
Greengas (Biomethan)	66 %	200 %	5 %	45 %
BTL (Diesel) bei 15 t TM/ha	72 %	217 %	5 %	49 %
BTL (Diesel) bei 20 t TM/ha	54 %	162 %	4 %	36 %
* theoretisch erforderliche Flächen				

Tabelle 37: Nettokraftstoffertrag: Erforderliche Landflächen bzw. Ackerflächen-Äquivalente zur Substitution des Kraftstoffbedarfs im Verkehrsbereich

Rapsöl und Biodiesel haben durch den jeweiligen eher geringen Netto-Kraftstoffertrag pro Hektar ein begrenztes quantitatives Potential zur Substitution fossiler Kraftstoffe. Zudem muss bedacht werden, dass das fruchtfolgebedingte Substitutionspotential dieser Kraftstoffe in Deutschland bei etwa 3,9 Prozent des Verkehrs-Kraftstoffverbrauchs liegt.

Da der Energieverbrauch bei der Ethanolerzeugung in Deutschland im Vergleich zum Kraftstoffertrag relativ hoch ist, ist der Flächenbedarf exorbitant wenn ein nennenswerter Anteil des Kraftstoffbedarfs über den Nettokraftstoffertrag substituiert werden soll.

Biomethan als Kraftstoff hat durch den hohen Netto-Kraftstoffertrag die vergleichsweise geringsten Flächenansprüche, wenn das eher zukunftsgerichtete BTL-Szenario mit einem durchschnittlichen Ertrag von 20 t TM/ha ausgeklammert wird.

BTL mit 15 t TM/ha, liegt bei der Berechnung des Ackerflächen-Äquivalents zwar über Biomethan, doch kann bei deren Herstellung im Gegensatz zu allen anderen untersuchten Verfahren, das Stroh, Holz und Trockenreststoffpotential erschlossen werden.

Auch wenn die hohen theoretischen Flächenansprüche für die Substitution fossiler Kraftstoffe durch Biokraftstoffe zunächst abschreckend wirken, muss bedacht werden, dass Deutschland als dicht besiedeltes Industrieland ein traditioneller Energieimporteur ist. Somit wird auch zukünftig der Großteil des Kraftstoffbedarfs importiert werden müssen – ganz gleich ob fossilen oder biogenen Ursprungs. Wie die Tabelle auf Basis des Brutto-Kraftstoffertrags zeigt, ist eine realistische Substitution von rund 20 Prozent des Kraftstoffverbrauchs im Verkehrsbereich auf Basis von etwa einem Drittel der verfügbaren Ackerfläche möglich. Wird nur der Kraftstoffverbrauch des Straßenverkehrs zugrunde gelegt (rund 53 Mio. t RÖE), verringert sich der in den Tabellen jeweils ermittelte Flächenbedarf für Deutschland um 16 Prozent.

8.3. Produktionskosten

Das jeweilige Potential der biogenen Kraftstoffe hängt maßgeblich von den Herstellungskosten ab. Es muss jedoch beachtet werden, dass der relative Abstand der Herstellungskosten bei den unterschiedlichen Kraftstoffen nicht gleich bleiben wird. Bei steigenden Kosten für die Landnutzung (Pacht bzw. Opportunitätskosten) verbessert sich die relative Wirtschaftlichkeit der Kraftstoffe, die einen hohen Kraftstoffertrag pro ha ermöglichen und/oder Reststoffe nutzen können. Gleiches gilt für externen Energiebedarf. Derzeit ist Landfläche und Energie noch relativ günstig, sodass hohe Investitionskosten für aufwändige Produktionsverfahren (Biomethan, BTL) stärker ins Gewicht fallen als Flächen- und Energieeffizienz.

Zudem sagen die Herstellungskosten noch nichts über das tatsächliche Potential eines Kraftstoffs aus, da sie lediglich auf den Heizwert bezogen sind. Andere Eigenschaften der Kraftstoffe, wie beispielsweise die Reinheit, Kompatibilität zur gegenwärtigen und zukünftigen Motorentechnologie, bleiben unberücksichtigt.

Tabelle 38 gibt einen Überblick über die untersuchten Kraftstoffe.

In großen Anlagen erzeugtes Biomethan aus Reststoffen sowie Pflanzenöl zeichnen sich als die Biokraftstoffe mit den gegenwärtig geringsten Herstellungskosten aus. In großen Anlagen erzeugtes Biomethan aus Nawaros, Biodiesel und die mittelfristig voraussichtlich erreichbaren Herstellungskosten von BTL-Kraftstoffen liegen mit kostendeckenden Endverbraucherpreisen zwischen 0,73 und rund 0,94 Euro/l Dieseläquivalent im Mittelfeld. Aus Zuckerrüben oder Weizen erzeugtes Ethanol, BTL-Kraftstoff aus den ersten Anlagen (2007), aber auch in kleinen Anlagen (100 m³ Biogas/h) erzeugtes Biomethan aus Nawaros bei Rohstoffkosten von 80 Euro/t TM können bei kostendeckenden Endverbraucherpreisen von über einem Euro je Liter Dieseläquivalent preislich nicht mit den anderen Biokraftstoffen konkurrieren.

Der Import von Ethanol, das zu niedrigeren Kosten in Brasilien oder den USA erzeugt wird, ist durch hohe Transportkosten und Einfuhrzölle nicht wesentlich günstiger als die nationale Erzeugung (19,2 Cent Einfuhrzoll plus Transportkosten).

Langfristig gesehen können die Erzeugungskosten von Biomethan und synthetischen Biokraftstoffen voraussichtlich weiter reduziert werden.

Kraftstoff	Herstellungskosten in Euro pro Liter bzw. m³		Herstellungskosten in Euro pro Liter Diesel-Äquivalent (36 MJ)	
		inkl. Distribution und MwSt.		inkl. Distribution und MwSt.
Pflanzenöl	0,46	0,615	0,473	0,63
Biodiesel	0,51	0,673	0,556	0,726
Ethanol/Zuckerrüben	0,441	0,593	0,749	1,007
Ethanol/Weizen	0,455	0,609	0,773	1,034
Ethanol/Mais (USA)[1]	0,29	0,418	0,493	0,709
Ethanol/Zuckerrohr (Brasilien)[1]	0,25	0,371	0,425	0,63
Ethanol Mix[2]	0,311	0,442	0,528	0,75
Greengas/Reststoffe 100 m³/h	0,585	0,769	0,619	0,814
Greengas/Reststoffe 500 m³/h	0,432	0,592	0,457	0,626
Greengas/Nawaros 100 m³/h, 60 € t TM	0,756	0,967	0,80	1.024
Greengas/Nawaros 100 m³/h, 80 € t /TM	0,813	1,034	0,861	1,095
Greengas/Nawaros 500 m³/h, 60 € t TM	0,603	0,79	0,638	0,836
Greengas Nawaros 500 m³/h, 80 € t TM	0,66	0,856	0,699	0,906
Synthetischer Kraftstoff kurzfristig (≈ 2007)[3]	1,00	1,241	1,053	1,306
Synthetischer Kraftstoff mittelfristig (≈ 2012)[3]	0,70	0,893	0,737	0,94

[1] Ohne Transportkosten und Importsteuern
[2] Ethanolerzeugung: 50 % Zuckerrohr, 20 % Mais (USA), 20 % Zuckerrüben, 10 % Weizen
[3] Schätzwerte

Tabelle 38: Herstellungs- und kostendeckende Tankstellenkosten verschiedener Biokraftstoffe

Bei allen genannten Zahlen muss bedacht werden, dass es sich um eine reine Kostenkalkulation handelt, auch wenn grundsätzlich konservativ gerechnet wurde. In der Praxis ist zur Kompensation unternehmerischer Risiken mit rund zehn Prozent zusätzlicher Gewinnmarge bei den Erzeugungskosten zu rechnen.

8.4. Gesamtpotentiale

Zur Ermittlung des Gesamtpotentials der verschiedenen Biokraftstoffe ist eine Zusammenführung der einzelnen Teilergebnisse erforderlich.

Für die üblichen Anwendungsbereiche von Kraftstoffen kann eine einheitliche multifaktorielle Bewertung der verschiedenen Biokraftstoffe vorgenommen werden, die die Abschätzung des jeweiligen Gesamtpotentials ermöglicht.

In Einzelfällen oder unter Berücksichtigung von Sonderformen des Kraftstoffeinsatzes sind daher abweichende Potentialeinschätzungen möglich. Beispielsweise ist Pflanzenöl aufgrund seiner geringen Ökotoxizität für den Einsatz in umweltsensiblen Bereichen prädestiniert.

Fasst man die Ergebnisse aus Tabelle 39 (auf der nächsten Seite) zusammen, können die untersuchten Biokraftstoffe nach ihrem jeweiligen Gesamtpotential gestaffelt werden. Allerdings ist zwischen dem kurzfristigen (bis etwa 2008) und dem mittel- bis langfristigen Potential zu unterscheiden.

Kurzfristig verfügt in Deutschland Biodiesel über das höchste Potential. In anderen Teilen der Welt vor allem Brasilien und den USA steht Ethanol ganz oben. Der Einsatz von Pflanzenöl beschränkt sich auf einen engen Kreis von Einsatzbereichen bzw. Nutzergruppen.

Biomethan und synthetische Biokraftstoffe sind noch nicht oder nur in sehr geringem Umfang am Markt eingeführt.

Mittel- bis langfristig (ab frühestens 2010) verfügen synthetische Biokraftstoffe über ein sehr hohes Potential. Vor allem die gute Kompatibilität zur zukünftigen Motorengeneration und die Integrierbarkeit in das bestehende Kraftstoffsystem sind neben den akzeptablen Produktionskosten, dem sehr hohen Rohstoffpotential und der guten Energiebilanz maßgeblich für diese Einstufung.

Vorausgesetzt dass sich Erdgas mittelfristig als Kraftstoff durchsetzen wird und dass vorübergehend eine zusätzliche Förderung für Biomethan eingeführt wird, um die Konkurrenzfähigkeit zu Erdgas herzustellen, liegt dessen Potential gleichauf mit dem der synthetischen Biokraftstoffe.

Biomethan und synthetische Biokraftstoffe ergänzen sich zudem hervorragend, was das Rohstoffpotential angeht. Während für Biomethan feuchte und somit normalerweise auch mineralstoffreiche Biomasse besonders geeignet ist, können synthetische Kraftstoffe am wirtschaftlichsten aus trockner, holzartiger Biomasse erzeugt werden. Hohe Mineralstoffkonzentrationen in der Biomasse wirken bei der Erzeugung von BTL tendenziell störend und stehen zudem nach der energetischen Umwandlung der Biomasse im Gegensatz zu der Biogaserzeugung in der Regel nicht mehr als Düngemittel zur Verfügung.

Die Bedeutung von Biodiesel und Pflanzenöl in Reinform wird in den kommenden Jahren vermutlich weiter abnehmen. Spätestens nach dem Auslaufen der steuerlichen Förderung (ab Anfang 2012), werden diese Reinkraftstoffe vom Markt nahezu verschwinden, falls sich an der Förderpolitik nicht doch noch etwas ändert oder der Erdölpreis deutlich schnel-

	Pflanzenöl	Biodiesel	Ethanol	Biogas	BTL (Diesel)
Herstellungskosten kurzfristig	niedrig	mittel	sehr hoch	hoch	sehr hoch
Voraussichtliche Herstellungskosten mittelfristig (≈ 2012)	niedrig/ mittel[9]	mittel[9]	hoch[2]/ hoch	mittel/hoch	hoch
Energiebilanz	gut	mittel/sehr gut[1]	schlecht	sehr gut	sehr gut
Rohstoffpotential	niedrig	niedrig	mittel/ hoch[2]	sehr hoch	sehr hoch
Vielseitigkeit der Ressourcen	niedrig	niedrig	mittel/ hoch[2]	hoch	sehr hoch
Systemfreundlicher Übergang (fossil => biogen)	nein	bedingt	nein	bedingt/ja	ja
Ohne Motormodifikation einsetzbar	nein	bedingt[3]	bedingt[4]	nein	ja
Kraftstoff ist auf dem Markt bereits eingeführt	bedingt	ja	bedingt[5]	nein	nein
Kompatibel zu zukünftigen Motorengenerationen	nein	nein	bedingt[4]	bedingt/ja[6]	ja
Kompatibel zu Brennstoffzellentechnologie	nein	nein	bedingt	bedingt	bedingt
Handling	sehr gut	gut	mittel	mittel/ schlecht	gut
Umwelttoxizität	sehr gering	gering	gering	gering/ mittel[7]	gering
Vorhandene Tankstelleninfrastruktur kann genutzt werden	bedingt	ja	bedingt[3]	nein/ bedingt[8]	ja
Kraftstoffeinführung wird von Ölkonzernen unterstützt	nein	bedingt	nein	nein	ja
Kraftstoffeinführung wird von Automobilkonzernen unterstützt	nein	nein	bedingt	bedingt[6]	ja

[1] sehr gute Energiebilanz, wenn durch das Nebenprodukt Glycerin synthetisch hergestelltes Glycerin substituiert wird
[2] bei Durchbruch in der Nutzung von Lignozellulose
[3] nur bei Fahrzeugmodellen weniger Hersteller oder als Mischkraftstoff (< 5 %)
[4] nur als Mischkraftstoff (< 5 %)
[5] als Mischkraftstoff < 5 % in Deutschland zugelassen, in USA, Brasilien usw. in Reinform oder höheren Konzentrationen erhältlich
[6] spezielle Erdgasmodelle werden von einigen Hersteller angeboten, Benzinmotoren können umgerüstet werden
[7] Methan-Emissionen (Klimagas)
[8] nur Erdgastankstellennetz
[9] stark abhängig vom Preis für Ölsaaten bzw. Pflanzenöl

Tabelle 39: Vor- und Nachteile der untersuchten Biokraftstoffe

ler als der Pflanzenölpreis steigt. Biodiesel als Beimischung wird demgegenüber voraussichtlich noch einige Jahr hohe Zuwachsraten verzeichnen, da kein anderer Biokraftstoff die bis 2010 vorgegebenen EU-Ziele besser erfüllen könnte.

Aus Getreide erzeugtes Ethanol enttäuscht vor allem durch eine relativ schlechte Energiebilanz und kann daher nur als beschränkte Alternative zu konventionellen Kraftstoffen eingestuft werden. Die Ethanolerzeugung auf Basis von Zuckerrüben fällt durch einen sehr hohen Brutto-Kraftstoffertrags auf und kann bei zukünftig verbesserter Energieeffizienz des Produktionsverfahrens einen substanziellen Beitrag zu einer nachhaltigen Kraftstoffversorgung leisten. Der mögliche Einsatz von Lignozellulose als Rohstoff wird in Zukunft eine Neubeurteilung des Ethanol-Potentials auch in Europa erfordern.

9. Der Stellenwert von Biomasse in der zukünftigen Energieversorgung

9.1. Nutzungspfade für Biomasse im Langfristvergleich

Biomasse als Energieträger hat ein vielfältiges Nutzungspotential. Neben der Produktion von Biokraftstoffen kann Sie auch zur Strom und Wärmeerzeugung verwendet werden. Oftmals werden diese drei Nutzungspfade gegenübergestellt und unter dem Aspekt des maximalen CO_2-Reduktionspotentials verglichen. Tatsache ist: Die effizienteste Methode Biomasse zu nutzen ist die Erzeugung von Wärme. Dabei kann nahezu der gesamte Energieinhalt in Nutzenergie umgewandelt werden. Vergleicht man beispielsweise die Substitution von Heizöl durch Holzpellets mit der Substitution von Diesel durch BTL-Kraftstoff, so kommt man schnell zu dem Ergebnis, dass die CO_2-Einsparung in der ersten Variante etwa beim Doppelten gegenüber der zweiten Variante liegt. Die Empfehlung würde demnach lauten: Holz in den Ofen, Heizöl in den Tank.

Zwei essentielle Tatsachen werden bei dieser Betrachtungsweise jedoch außer Acht gelassen:

1. Biomasse (bzw. Landfläche zur Biomasseerzeugung) ist global gesehen kurz und mittelfristig kein wirklich limitierender Faktor, sodass genügend Rohstoff für alle drei Nutzungsformen vorhanden ist bzw. erzeugt werden kann. Die Tatsache, dass auf dem gesamten afrikanischen Kontinent jährlich nur etwa genauso viele Traktoren verkauft werden wie in Österreich, verdeutlicht die riesigen noch schlummernden globalen Biomassepotentiale.

2. Zur Erzeugung von Strom und Wärme über erneuerbare Energien sind neben Biomasse bereits heute viele verschiedene Möglichkeiten denkbar (Wind, Wasser, Sonne, Geothermie). Erneuerbarer Kraftstoff kann jedoch zumindest mittelfristig in nennenswerten Mengen und bei guter Ökobilanz lediglich über die Nutzung von Biomasse erzeugt werden.

Insbesondere im Wärmebereich können bereits heute riesige Einsparpotentiale bis hin zu „Nullenergiehäusern" kostengünstig und mit relativ geringen Anstrengungen erschlossen werden. Neben vernünftiger Isolierung gehören Wärmerückgewinnungsanlagen, die Solarthermie sowie Wärmepumpen zu den populärsten Maßnahmen. Der dann noch bestehende geringe Energiebedarf, kann perspektivisch beispielsweise auch über erneuerbare Elektrizität bereitgestellt werden – effizienter als deren Umwandlung in Wasserstoff und der Aufbau der notwendigen Infrastruktur zur Wasserstoffbereitstellung als Treibstoff wäre das allemal.

Biomasse ist somit langfristig für die Erzeugung von Kraftstoffen für den mobilen Einsatz und darüber hinaus zur Erzeugung von Spitzenlaststrom prädestiniert. Sie ist der einzige erneuerbare Energieträger, der in absehbarer Zeit zur CO_2-Reduktion im Verkehrsbereich maßgeblich beitragen kann. Zukünftig wird zunehmend auch Elektrizität in den Verkehrsbereich fließen, zunächst zur Nutzung in bivalenten (Hybrid)Fahrzeugen, deren Batterien „nächtlich" für die alltägliche Fahrt zur Arbeit aufgeladen werden und deutlich später zur elektrolytischen Erzeugung von Wasserstoff. Allerdings sollte dieser Strom dann aus Effizienzgründen besser nicht aus Biomasse sondern beispielsweise aus Windkraft, Geothermie oder Solarthermie erzeugt werden – zu Zeiten, wenn das Stromangebot die gegenwärtige Nachfrage übersteigt.

9.2. Prognose der langfristigen Preisentwicklung von Biomasse bzw. Biokraftstoffen

Der Preis für Biomasse ist langfristig gesehen der größte Unsicherheitsfaktor bei der Erzeugung von Biokraftstoffen. An dieser Stelle soll versucht werden einige Aspekte zusammen zu führen, die für die Preisbildung von Biomasse zur energetischen Nutzung relevant sind.

Derzeit sind weltweit noch relative große Biomassemengen in Form von Reststoffen vorhanden. Der Preis für diese Biomassequalitäten orientiert sich daran, was der Markt bereit ist dafür zu bezahlen. Teilweise werden, je nach alternativen Entsorgungskosten, auch Zuzahlungen für die Abnahme dieser biogenen Reststoffe geleistet. Es ist davon auszugehen, dass alle Reststoffe mit guten Nutzungseigenschaften bereits sehr bald im Preis ansteigen werden.

Bei gezielt angebauter Biomasse sind als Preisuntergrenze die Produktionskosten relevant, solange Angebot und die Nachfrage ausgeglichen sind. Während sich die Kosten für Anbau, Ernte und Logistik im Rahmen des biologischen und technischen Fortschritts pro t Biomasse tendenziell verringern, sind die Kosten für die Flächennutzung nicht über einen längeren Zeitraum zu prognostizieren. Allgemein steigende Preise für landwirtschaftliche Produkte werden sich beispielsweise mit einem großen Hebel auf die Boden- und Pachtpreise auswirken.

Bei einem durch die Nachfrageseite getriebenen Markt haben die tatsächlichen Produktionskosten nur noch eine untergeordnete Bedeutung. Der Verkäufer wird immer versuchen den bestmöglichen Preis für sein Produkt zu erzielen.

Da Anbauflächen meist für verschiedene Kulturen genutzt werden können, ist eine starke Korrelation der verschiedenen Biomassequalitäten untereinander zu erwarten.

Der Ölpreis wird wohl (nur noch) für die kommenden Jahrzehnte ein sehr wichtiger Parameter für die Preisentwicklung bei Biokraftoffen sein.

Erdöl wird den weiter steigenden Energiebedarf voraussichtlich quantitativ nicht mehr im derzeitigen Verhältnis befriedigen können – vorausgesetzt es kommt nicht zu einer nachhaltigen Störung der globalen Weltwirtschaft. Der Preis für fossile Kraftstoffe wird daher voraussichtlich mittelfristig zunächst weiter steigen, langfristig jedoch nicht mehr Referenzgröße für die entsprechende Nutzungsform sein. Die Substitutionsmöglichkeiten bzw. Opportunitätskosten zunächst im Wärmebereich und darauf im Mobilitätssektor sind Effizienztechnologien, Verzicht, CTL (Coal to Liquids), BTL (Biomass to Liquids), vorübergehend GTL (Gas to Liquids); und werden in den jeweiligen Bereichen die zukünftigen Benchmarks sein.

Bei Heizenergie wird der Ölpreis voraussichtlich als erstes seine Referenzfunktion verlieren. Ölheizungen werden langfristig aber weniger durch Biomasse (Pellets) sondern durch thermische Nutzung der Solarenergie und Energieeffizienz substituiert (Passivhäuser).

Biomasseabsatzmärkte werden somit zunehmend die Kraftstoffproduktion, Hochtemperatur-Prozessenergiebereitstellung in der Industrie und die Stromerzeugung (insbesondere Regelenergie) sein.

Da die Kohlevorkommen der Erde noch Reserven für einige 100-Jahre bieten, werden mittel- bis langfristig auch große Mengen CTL (Coal to Liquids) in den globalen Kraftstoffmarkt integriert. China ist bereits dabei entsprechende Anlagen im großen Stil zu errichten und auch die USA planen entsprechende Projekte. Unter dem Aspekt der Versorgungssicherheit konkurrieren Biokraftstoffe somit zunehmend nicht nur mit Erdöl sondern auch mit CTL.

Durch die Erzeugung und Nutzung von CTL-Kraftstoff wird etwa doppelt soviel CO_2 freigesetzt wie bei der Verwendung von mineralölstämmigen Kraftstoffen. Unter Klimaschutzaspekten ist somit entscheidend, dass zumindest die bei der CTL-Produktion entstehende CO_2-Menge unterirdisch „endgelagert" (sequestriert) wird. Die Möglichkeiten der CO_2-Einlagerung sind insbesondere:

- Verpressung in Öl- und Gaslagerstätten, zur Steigerung des Outputs

- Verpressung in bereits ausgebeutete Öl- und Gaslagerstätten bzw. andere unterirdische geeignete Hohlräume

- Einlagerung in Tiefseeregionen insbesondere in salzhaltigen wasserführenden Schichten (größtes quantitatives Potential)

Beim derzeitigen Stand der Technik rechnet die IEA mit Sequestrierungskosten in Höhe von 50–100 USD pro t CO_2. Bis 2030 können die Kosten voraussichtlich auf 25 bis 50 USD/t CO_2 gesenkt werden.[270]

Bei mittel- bis langfristiger Betrachtungsweise ist davon auszugehen, dass der Preis für die CO_2-Emissionszertifikate sich etwa im Bereich der Sequestrierungskosten einpendeln wird.

In den wichtigen Energiebereichen - Kraftstoff (CTL, BTL), Hochtemperaturwärme und Strom ergibt sich voraussichtlich die langfristige Referenzgröße für die Wirtschaftlichkeit von Bioenergieträgern durch folgende Faktoren:

Kohlepreis

+ CO_2-Zertifikat bzw. Kosten für Sequestrierung

+ (alternative oder zusätzliche Fördermechanismen für erneuerbare Energien)

– Mehraufwand im Vergleich zu Kohle bzw. geringere Nutzungseffizienz

Diese Parameter werden somit voraussichtlich indirekt den zukünftigen Biomassewert für die Wärme, Strom und BTL-Erzeugung bestimmen. Bei anderen Biokraftstoffen sind noch die Effizienzen im jeweiligen Produktionsverfahren zu berücksichtigen.

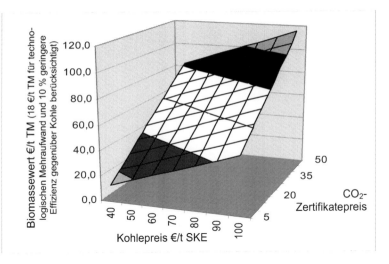

Abbildung 13: Biomassewert in Abhängigkeit von Kohlepreis und CO_2-Emissionskosten

Aufgrund der global gesehen riesigen Flächenpotentiale sowie dem züchterischen und technologischen Fortschritt wird sich zwischen speziell angebauter Biomasse, der Effizienztechnologie und Kohle (plus Zusatzkosten) voraussichtlich langfristig ein Preisgleichgewicht einpendeln.

Durch die Sequestrierung von abgetrenntem CO_2 bei der BTL-Erzeugung kann bei entsprechendem Preisniveau für CO_2-Emissionszertifikate die Wirtschaftlichkeit dieser Kraftstoffproduktion voraussichtlich deutlich verbessert werden.

Bezogen auf die CO_2-Bilanz von BTL-Kraftstoffen wäre bei dieser Variante ein Netto-Entzug von CO_2 aus der Atmosphäre zu verbuchen.

10. Schlussfolgerung

Der Einsatz von Biokraftstoffen kann in der Zukunft maßgeblich zu einer Substitution von fossilen Kraftstoffen im Verkehrssektor beitragen. Wie der wirtschaftliche Vergleich und der Vergleich der Energiebilanzen verdeutlicht, bestehen diesbezüglich jedoch große Differenzen unter den verschiedenen Kraftstoffalternativen.

Synthetische Biokraftstoffe und Biomethan verfügen über ein erheblich größeres mittel- bis langfristiges Gesamtpotential als Pflanzenöl, Biodiesel und in den gemäßigten Breiten erzeugtes Ethanol. Allerdings besteht insbesondere bei den BTL-Kraftstoffen noch Unsicherheit in Bezug auf die tatsächlichen Erzeugungskosten. Die gegenwärtigen Prognosen liegen relativ weit auseinander und Erfahrungswerte aus kommerziellen Anlagen sind noch nicht vorhanden.

Dennoch ist voraussichtlich mit einer stark ansteigenden Produktionsmenge von Biomethan und BTL, beginnend ab dem kommenden Jahrzehnt, zu rechnen. Bei Biomethan als Kraftstoff hängt die Ausschöpfung des Potentials von einer zusätzlichen, über die Befreiung von der Mineralölsteuer hinausgehende, Förderung ab, da Biomethan in direkter Konkurrenz zu Erdgas, einem ebenfalls steuerlich begünstigten Kraftstoff steht.

Da sich die deutsche Erdgaswirtschaft Anfang Mai 2005 selbst verpflichtet hat, dem als Kraftstoff verkauften Erdgas bis 2010 „bis zu" zehn Prozent und bis 2020 20 Prozent Biomethan beizumischen, ist eine stärkere Nutzung dieses Kraftstoffs zu erwarten. Insbesondere mittelfristig, wenn der Erdgasanteil am Kraftstoffverbrauch ansteigt, wird somit Biomethan voraussichtlich zu einer relevanten Größe im Kraftstoffmarkt. Vorausgesetzt die Erdgaswirtschaft hält sich an die Selbstverpflichtung, die ja auch an einige Bedingungen geknüpft ist (siehe Kapitel: Gesamtpotential von Biogas / Biomethan). Falls es zu keiner zügigen Entwicklung in diesem Bereich kommt, ist jedoch auch eine politisch vorgegebene Pflichtbeimischung im Rahmen einer ansteigenden Biomethan-Quote denkbar.

Die Herstellung von Biodiesel ermöglicht eine schnelle Erhöhung des Biokraftstoffanteils im Markt, da die Errichtung der erforderlichen Produktionsanlagen lediglich vergleichsweise geringe Investitionskosten pro Kraftstoffeinheit erfordern. Vor dem Hintergrund des Umwelt- und Klimaschutzes müssen bei einem forcierten Ausbau der Biodieselkapazitäten in Europa unbedingt funktionierende Instrumente implementiert werden, die verhindern das beispielsweise Palmöl oder Sojaöl, welches auf zuvor gerodeten Regenwaldflächen erzeugt wurde, als Ausgangsprodukt eingesetzt wird.

Die Erzeugung von Ethanol aus Nahrungspflanzen wie Zuckerrüben und Getreide sollte vorübergehend auch in Europa gebilligt und unterstützt werden. Durch den hohen Fremdenergiebedarf im Produktionsverfahren, kann die Bioethanolerzeugung auf Basis von Getreide jedoch keinen großen Beitrag zum Klimaschutz leisten.

Von Seiten der Politik sollte zukünftig ein Instrument entwickelt werden, welches eine förderpolitische Differenzierung der verschiedenen Biokraftstoffe unter den Aspekten CO_2-Reduktion und Versorgungssicherheit (d.h. möglichst hoher (Netto)Kraftstoffertrag pro Flächeneinheit) ermöglicht. Beispielsweise im Rahmen von steigenden, separaten

Quoten für BTL, Ethanol aus Lignozellulose und Biomethan, während die Quoten von Biokraftstoffen der 1. Generation auf einem bestimmten Niveau eingefroren werden.

Die untersuchten Ölkonzerne praktizieren gegenüber Biokraftstoffen weiterhin eine abwartende Haltung. Zu einer Zeit, in der alle Unternehmen der Branche Rekordergebnisse erwirtschaften, besteht offensichtlich wenig Anlass das Geschäftsmodell zu überdenken oder gar zu modifizieren. Im Bereich der erneuerbaren Energien wurden in der Vergangenheit von einigen Konzernen über die Wind- und Solarenergie stattdessen eher Segmente besetzt die mit dem Kerngeschäft keine großen Überschneidungen aufweisen. Durch strategische Beteiligungen an Unternehmen, die über innovatives Know-how im Biokraftstoffbereich verfügen, hat jedoch bereits teilweise eine verstärkte „Absicherung" der Marktführerschaft auch im Bereich der Biokraftstoffe stattgefunden (Shell). Synthetische Biokraftstoffe und Biomethan werden voraussichtlich mittelfristig bei den Mineralölkonzernen die wichtigste Rolle im Bereich der Biokraftstoffe spielen, da diese aufgrund ihrer hohen Qualität gut in den mittelfristigen Kraftstoffmarkt passen und auch langfristig in das nach wie vor propagierte zukünftige „Wasserstoff-Energiesystem" integrieren lassen. Insbesondere die Bedeutung von synthetischen Biokraftstoffen könnte bei einer sich abzeichnenden Investitions- und Nachfragesicherheit stark steigen, da sie sich mit dem derzeitigen Trend hin zu synthetischen Kraftstoffen fossilen Ursprungs (GTL und CTL) verbinden.

Automobilkonzerne sind Biokraftstoffen gegenüber in der Regel grundsätzlich aufgeschlossen. Insbesondere wird kurzfristig erhofft, dass über die verstärkte Nutzung von Biokraftstoffen die Selbstverpflichtung der europäischen Automobilindustrie, den CO_2-Ausstoß bei Neufahrzeugen auf durchschnittlich 140 g/km zu senken bis 2008 noch erreicht werden kann.

Mittel- und Langfristig wird jedoch die Kompatibilität zu neuen Motorengenerationen vorausgesetzt. Pflanzenöl und Biodiesel scheiden daher von vornherein als mögliche Kraftstoffe für eine strategische Ausrichtung aus. Das längerfristige zukünftige Potential von Biodiesel wie auch voraussichtlich Ethanol für den europäischen Kraftstoffmarkt, wird demnach auch von dieser Interessensgruppierung in der Beimischung zu konventionellem Kraftstoff gesehen.

Unter allen Biokraftstoffen werden von den Automobilkonzernen synthetische Kraftstoffe, auch auf fossiler Basis, am stärksten favorisiert, da sie neue Spielräume bei der Motorenentwicklung eröffnen. Biomethan oder Erdgas spielt bei den Automobilkonzernen bisher noch keine große Rolle, doch wird sich dies im Zuge einer in Zukunft stärker werdenden Gewichtung von Erdgas als Kraftstoff ändern. Die um etwa ein Viertel geringeren CO_2-Emissionen von Erdgas gegenüber mineralölstämmigen Kraftstoffen werden den allgemeinen Trend zur stärkeren Nutzung von Methangas im Kraftstoffsektor unterstützen.

Die Untersuchung des Potentials biogener Kraftstoffe hat auch gezeigt, dass eine nationale Substitution das Kraftstoffverbrauchs im Verkehrsbereich nicht möglich ist, auch wenn ausgeklammert wird, dass in jedem Fall ein Teil des Biomassepotentials beispielsweise zu Heizzwecken oder zur Stromerzeugung genutzt wird. Global sehen die Chancen für eine weitgehende Substitution des gesamten Mineralölverbrauchs besser aus. Wie im Kapitel „Rohstoffpotential für BTL-Kraftstoffe" (7.4.4.) gezeigt wird, kann unter der Annahme eines optimistischen Szenarios zur Biomassebereitstellung der derzeitige weltweite Mineralölverbrauch (3,78 Mrd. RÖE) substituiert werden. Wird nur der der Kraftstoffverbrauch im Verkehrsbereich in Höhe von 57,8 Prozent[271] des Mineralölverbrauchs und der Energieverlust in Mineralölraffinerien (ca. zehn Prozent) berücksichtigt verbleibt ein Mineralöl-Endenergiebedarf im globalen Verkehrsbereich in Höhe von rund 2 Mrd. t RÖE. Dieser Bedarf kann auf Basis der groben Rohstoffpotentialermittlung für BTL-Kraftstoffe um 100 Prozent übertroffen werden (ohne Beachtung von Biomasse-Nutzungskonkurrenzen durch den Strom und Wärmebereich).

In der EU betrug der Anteil des Mineralölverbrauchs im Verkehrsbereich 2002 70 Prozent.[272] In den kommenden Jahrzehnten ist neben einem prognostizierten global ansteigenden Erdölverbrauch mit einer weiteren Verschiebung dieses Verhältnisses zu Gunsten des Verkehrs-Kraftstoffbedarfs zu rechnen. Insbesondere vor dem Hintergrund, dass flüssige Energieträger zu wertvoll werden um damit Wärme zu erzeugen.

Einige EU-Mitgliedsstaaten sind auf einem guten Weg die Substitution fossiler Kraftstoffe in der Größenordnung von rund sechs Prozent, entsprechend der EU-Vorgabe bis 2010 zu erreich. Deutschland nimmt dabei eine Vorreiterrolle ein. Es bleibt abzuwarten ob die EU-Richtlinie zur Förderung der Verwendung von Biokraftstoffen auch in weniger ambitionierten Mitgliedsländern zur Erreichung dieses Ziels ausreicht.

In den Entwicklungsländern kann kurzfristig nur dann mit einem signifikanten Anteil von Biokraftstoffen am Kraftstoffverbrauch gerechnet werden, wenn die Erdölpreise weiterhin auf hohem Niveau bleiben bzw. noch weiter steigen, denn es ist nicht davon auszugehen, dass in den oft maroden Staatshaushalten nennenswerte Mittel für die Förderung der umweltfreundlichen Kraftstoffe vorhanden ist. Dies heißt jedoch nicht, dass in den Entwicklungsländern in Zukunft keine Biokraftstoffe erzeugt werden. Im Gegenteil: In diesen Regionen kann Biomasse oftmals wesentlich günstiger bereitgestellt werden als in den Industrieländern, auch bei Beachtung hoher Nachhaltigkeitsstandards.

In diesem Sinne hat die westliche Welt die historische Chance auch den Bauern in den wirtschaftlich benachteiligten Staaten der Welt einen fairen Zugang zu den hiesigen „biogenen Rohstoffmärkten" zu ermöglichen ohne gleichzeitig den für die hiesigen Landwirtschaftsstrukturen überlebenswichtigen Außenschutz der Nahrungsmittelmärkte abzuschaffen.

Es ist in diesem Sinne zu hinterfragen, ob es sinnvoll ist, dass Biokraftstoffe oder Rohstoffe zu deren Erzeugung durch Importzölle benachteiligt werden (die Importsteuer für Ethanol entspricht 19,2 Cent):

1. hat die westliche Welt eine moralische Verantwortung, unter der Prämisse des „freien Welthandels" auch für Chancengleichheit in Bezug auf landwirtschaftliche Rohstoffe zu sorgen,

2. besteht ein vitales Interesse, dem globalen Extremismus und Terrorismus über diese Form der Armutsbekämpfung und Armutsverhinderung die Grundlage zu entziehen und

3. können wir uns, unter klimapolitischen Gesichtspunkten, einen Verzicht auf das immense Biomassepotential dieser Regionen gar nicht leisten.

Festzuhalten bleibt, dass die Förderung von Biokraftstoffen allein bei weitem nicht ausreicht, um die CO_2-Emissionen des Verkehrs-Sektors zu begrenzen. Global gesehen kann voraussichtlich lediglich ein Teil der Verbrauchszunahme in den kommenden Jahrzehnten über die Erzeugung von Biokraftstoffen abgedeckt werden, wenn man den Bedarfs-Prognosen der IEA folgt (vgl. Kapitel 3.2).

Die wichtigste Herausforderung der Zukunft wird daher die radikale Begrenzung des Energieverbrauchs sein. Ob dies über höhere globale Energiesteuern oder Emissionszertifikate geregelt wird ist sekundär. Wichtig ist, dass sich alle externen Kosten die mit dem Einsatz klimaschädlicher Energieträger zusammenhängen in vollem Umfang auf den Preis niederschlagen. Auch die CO_2-Sequestrierung wird in diesem Zusammenhang zukünftig immer stärker in den Fokus rücken

Im Zuge dieser Entwicklung, die die Nutzung fossiler Energieträger drastisch verteuern würde, könnten sich Biokraftstoffe und andere regenerative Energien ganz von selbst entfalten. Eine zusätzliche Absatzförderung wäre dann nicht mehr nötig sondern ungerechtfertigt, da Chancengleichheit bereits hergestellt ist.

Zusätzlich würden sich Technologien mit wesentlich geringerem Energiebedarf durchsetzten, die unter den derzeitigen Rahmenbedingungen aufgrund hoher Entwicklungs- und Anschaffungskosten noch nicht konkurrenzfähig sein können.

Letztgenannte Entwicklung wird in ihrer Bedeutung oftmals unterschätzt, doch liegt darin, vom heutigen Standpunkt aus gesehen, insgesamt ein mindestens genauso hohes kurz- und mittelfristig erschließbares Emissions-Minderungspotential wie bei allen erneuerbaren Energien zusammengenommen. Auch sollte bedacht werden, dass solange insbesondere in den Industrieländern verschwenderisch mit Energie umgegangen wird für Schwellenländer eine schlechte Vorbildfunktion ausgeübt wird und erneuerbare Energien ihr wahres Substitutionspotentials gar nicht entfalten können, da die insgesamt zu substituierende Energiemenge zu hoch ist.

Energieeffizienz und erneuerbare Energien sollten daher nicht als Konkurrenten, sondern als Partner betrachtet werden. Denn Energieeffizienz alleine reicht nicht aus um den Herausforderungen des Klimawandels langfristig und wirkungsvoll zu begegnen. Regenerative Energien wiederum sind auf äußerst effiziente Technologien beim Verbrauch der erzeugten Energie angewiesen um an Akzeptanz und Wirtschaftlichkeit zu gewinnen.

In einem solchen Szenario wird Energie zumindest für eine Übergangszeit einen höheren Preis haben als heute. Dies hängt einerseits mit der Internalisierung externer Kosten bei der Nutzung fossiler Energieträger und andererseits unter anderem mit einem steigenden Bedarf an Arbeit bei der Erzeugung und Bereitstellung etwa von Biokraftstoffen zusammen. Da jedoch analog dazu eine effizientere Nutzung von Energie erfolgt, wird sich beispielsweise ein mit dem Pkw zurückgelegter Kilometer nicht um den gleichen Kostenfaktor verteuern. Zudem führen die Entwicklung effizienter Technologien und die Erzeugung erneuerbarer Energien zu einem zunehmenden Beschäftigungspotential, einer steigenden Wertschöpfung und entsprechendem Wirtschaftswachstum.

Wie das Beispiel der vom Institut für Wirtschaftsforschung (ifo) durchgeführten gesamtwirtschaftlichen Bewertung von Biodiesel (siehe Kapitel: 7.1.5) zeigt, ist dieser Effekt bereits in der Gegenwart zu beobachten.

Der langfristig unumgängliche Umbau der fossilen Energiekette zu einem regenerativen Energiekreislauf kann zu einem der Hauptwachstums- und Beschäftigungsfelder der Zukunft werden. Die Zunahme der Arbeitslosigkeit, die in der Vergangenheit aus der Divergenz zwischen Wirtschaftswachstum und Produktivitätsfortschritt maßgeblich mit verursacht wurde, kann dadurch zumindest abgeschwächt werden, da es bei der Energiebereitstellung in gewisser Weise einen „Produktivitäts-Rückschritt" pro erzeugte Energieeinheit geben wird.

In Anbetracht des akuten Klimawandels sind weitaus deutlichere Weichstellungen erforderlich als derzeit ersichtlich. Findet in diesem und dem kommenden Jahrzehnt kein entscheidender Umdenkungsprozess statt, der die gesamte Welt in einen rasanten, revolutionären Umbau des Energiesystems einbezieht, ist möglicherweise mit einem Klimakollaps und unkalkulierbaren Folgen zu rechnen. Allein der rein materielle Schaden würde dann die kurzfristigen wirtschaftlichen Vorteile aus der exzessiven Nutzung fossiler Energieträger bei Weitem übertreffen.

Auch die die unmittelbare Finanzierbarkeit eines derartigen „Energie-Marschall-Plans" sollte vor dem Hintergrund globaler Militärausgaben in Höhe von 1.118 Milliarden US Dollar bzw. 178 US Dollar pro Person im Jahr 2005[273] keine ernstzunehmende Hürde sein, sobald das Gefahrenpotential von allen Hauptwirtschaftsmächten entsprechend eingestuft und die notwendigen Schritte in einer weltweit konzertierten Aktion umgesetzt werden.

Quellenangaben

1 Campbell, C.: Die Erschöpfung der Welterdölreserven, Vortrag 2000, http://www.geologie.tu-clausthal.de/Campbell/vortrag.html

2 Vgl. Europäische Kommission (Hrsg.): Grünbuch – Hin zu einer europäischen Strategie für Energieversorgungssicherheit, (Amt für amtliche Veröffentlichungen der Europäischen Gemeinschaften) Luxemburg 2001, S. 20.

3 Vgl. Scheer, H.: Solare Weltwirtschaft, 4. Auflage 2000, Kunstmann München, S. 29–30.

4 Vgl. Uchatius, W.: Der wichtigste Preis der Welt, in: Die Zeit, 8(2003)13.02, S.17.

5 Müller, W.: Rede vom 19.06.2001, Anlässlich der Mitgliederversammlung des Mineralölwirtschaftsverbandes.

6 Vgl. Uchatius, W.: Der wichtigste Preis der Welt, in: Die Zeit, 8(2003)13.02., S.17.

7 Vgl. Fischermann, T.: Imperium oeconomicum, in: Die Zeit, 14(2003)27.03, S. 23.

8 Fischermann, T.: Imperium oeconomicum, in: Die Zeit, 14(2003)27.03, S. 23.

9 Vgl. Stanley, B.: Oil Experts draw Fire for Warning, http://www.oilcrisis.com/aspo/iwood/uppsalanews.htm

10 Uchatius, W.: Der wichtigste Preis der Welt, in: Die Zeit, 8(2003)13.02., S. 17.

11 Vgl. Europäische Kommission (Hrsg.): Grünbuch - Hin zu einer europäischen Strategie für Energieversorgungssicherheit, (Amt für amtliche Veröffentlichungen der Europäischen Gemeinschaften) Luxemburg 2001, S. .76–77.

12 Dean, S.: Strategische Energiepolitik der USA, http://www.ifdt.de/0204/Artikel/dean.htm

13 International Energy Agency (IEA) (Hrsg.): Welt Energie Ausblick 2002 – Schwerpunkte, S. 69

14 Europäische Kommission (Hrsg.): Grünbuch – Hin zu einer europäischen Strategie für Energieversorgungssicherheit, (Amt für amtliche Veröffentlichungen der Europäischen Gemeinschaften) Luxemburg 2001, S. 77.

15 Europäische Kommission (Hrsg.): Grünbuch – Die Sicherheit der Energieversorgung der Union, Technischer Hintergrund, S. 35, http://www.vpe.ch/pdf/Gruenbuch_Sicherheit_Energie.pdf

16 Vgl. International Energy Agency (Hrsg.): Welt Energie Ausblick 2002 – Schwerpunkte, S. 24, 25, 40, 85.

17 Vgl. International Energy Agency (Hrsg.): Welt Energie Ausblick 2002 – Schwerpunkte, S. 24, 25, 85.

18 International Energy Agency (Hrsg.): Welt Energie Ausblick 2002 – Schwerpunkte, S. 27.

19 Europäische Kommission (Hrsg.): Grünbuch – Hin zu einer europäischen Strategie für Energieversorgungssicherheit, (Amt für amtliche Veröffentlichungen der Europäischen Gemeinschaften) Luxemburg 2001, S. 41; http://europa.eu.int/eur-lex/de/com/gpr/2000/act769de01/com2000_0769de01-01.pdf

20 Vgl. Scheer, H.: Solare Weltwirtschaft, 4. Auflage 2000, Kunstmann München, S. 298.

21 Vgl. Scheer, H.: Solare Weltwirtschaft, 4. Auflage 2000, Kunstmann München, S. 296–301.

22 Planet Ark (Hrsg.): Green Fuel Rules Increase Refinery Emissions, 9.11.2002, http://www.planetark.org/dailynewsstory.cfm?newsid=17660&newsdate=09-Sep-2002

23 Europäische Kommission (Hrsg.): Grünbuch – Hin zu einer europäischen Strategie für Energieversorgungssicherheit, (Amt für amtliche Veröffentlichungen der Europäischen Gemeinschaften) Luxemburg 2001, S. 46.

24 Bockey, D. (Union zur Förderung von Oel- und Proteinpflanzen e. V.) Hrsg.: Biodiesel und pflanzliche Öle als Kraftstoffe – aus der Nische in den Kraftstoffmarkt, Stand und Entwicklungsperspektiven, 2006.

25 Jensen, D.: Die Zukunft liegt in der Zuckerrübe, taz vom 3.12.2005, S. 33.

26 neue energie (Hrsg.): Nordzucker baut Ethanolanlage, Juni 2006, S. 28.

27 Berg, C.: World Ethanol Production 2001, http://www.distill.com/world_ethanol_production.html

28 Vgl. Umweltbundesamt (Hrsg.): Umweltdaten Deutschland 2002, S. 16, http://www.umweltbundesamt.de/udd/udd2002.pdf

29 AE Brazil (Hrsg.): Brazil 2003/04 sugarcane to total 330m/t, http://www.aebrazil.com/highlights/2003/fev/24/42.htm

30 Ministry of Mines and Energy Brazil (Hrsg.): THE HYDROGEN ECONOMY DEVELOPMENT IN BRAZIL - Road Map Road Map --1st version, 22.03.2005, http://www.iphe.net/IPHErestrictedarea/Rio%20Dejaneiro%20ILC/ilc%20rio%20pdfs/22_03 %20-%20Tuesday/Morning/11h30 %20-%20Brasil%20-%2022-03-05.pdf

31 Overview: Energy from Sugar Cane in Brazil, http://www.carensa.net/Brazil.htm

32 Wikipedia (Hrsg.): Ethanol als Kraftstoff, http://de.wikipedia.org/wiki/Ethanol-Kraftstoff

33 Vgl. International Energy Agency (Hrsg.): Welt Energie Ausblick 2002 – Schwerpunkte, S. 31.

34 ExxonMobil (Hrsg.): Oeldorado 2002, S. 4, http://www.esso.de/ueber_uns/info_service/publikationen/downloads/files/oeldorado2002.pdf

35 ExxonMobil Central Europe Holding GmbH (Hrsg.): Oeldorado 2005, S. 7, http://www.esso.de/ueber_uns/info_service/publikationen/downloads/files/oeldorado2005.pdf.

36 International Energy Agency (Hrsg.): Welt Energie Ausblick 2002 – Schwerpunkte, S. 17 und 42.

37 International Energy Agency (Hrsg.): Welt Energie Ausblick 2002 – Schwerpunkte, S. 29.

38 Vgl. International Energy Agency (Hrsg.): Welt Energie Ausblick 2002 – Schwerpunkte, S. 33–34.

39 International Energy Agency (Hrsg.): Welt Energie Ausblick 2002 – Schwerpunkte, S. 27,

40 International Energy Agency (Hrsg.): World Energy Outlook 2005 – Executive Summary, S. 44, http://www.iea.org/textbase/npsum/WEO2005SUM.pdf

41 Vgl. International Energy Agency (Hrsg.): World Energy Outlook 2005 – Executive Summary, S. 45, http://www.iea.org/textbase/npsum/WEO2005SUM.pdf

42 ExxonMobil Central Europe Holding GmbH (Hrsg.): Oeldorado 2005, S. 7, http://www.esso.de/ueber_uns/info_service/publikationen/downloads/files/oeldorado2005.pdf

43 Vgl. ExxonMobil Central Europe Holding GmbH (Hrsg.): Oeldorado 2002, S. 1, http://www.esso.de/ueber_uns/info_service/publikationen/downloads/files/oeldorado2002.pdf

44 International Energy Agency (Hrsg.): Welt Energie Ausblick 2002 – Schwerpunkte, S. 31.

45 Vgl. Campbell, C.: Die Erschöpfung der Welterdölreserven, Vortrag 2000, http://www.hubbertpeak.com/de/vortrag.html

46 Schindler, J., Zittel, W.: Weltweite Entwicklung der Energienachfrage und der Ressourcenverfügbarkeit, 2000, S. 4–5, http://www.asic.at/Dokumente/Enquete_Ressourcen_Hearing.pdf

47 Vgl. Schindler, J., Zittel, W.: Weltweite Entwicklung der Energienachfrage und der Ressourcenverfügbarkeit, 2002, S. 4–5, http://www.asic.at/Dokumente/Enquete_Ressourcen_Hearing.pdf

48 Vgl. Campbell, C.: Die Erschöpfung der Welterdölreserven, Vortrag 2000.

49 Reuters (Hrgs.): Kuwait oil reserves only half official estimate-PIW, 20.01.2006; http://today.reuters.com/business/newsarticle.aspx?type=tnBusinessNews&storyID=nL20548125&imageid=&cap

50 Vgl. Europäische Kommission (Hrsg.): Grünbuch – Hin zu einer europäischen Strategie für Energieversorgungssicherheit, (Amt für amtliche Veröffentlichungen der Europäischen Gemeinschaften) Luxemburg 2001, S. 40.

51 Vgl. Spiegel Online: Opec erbost über Bushs Öl-Drohungen, 02.02.2006, http://www.spiegel.de/wirtschaft/0,1518,398668,00.html

52 Vgl. BB & T Capital Markets / Onvista: GOLDINVEST-Kolumne: Nach China zeigt jetzt auch Japan Interesse an Kanadas Ölsanden, http://rohstoffe.onvista.de/news/kolumne.html?ID_NEWS=19498564

53 ExxonMobil (Hrsg.): Contribution to the Debate on the Green Paper – Towards a European Strategy for the Security of Energy Supply, S. 6.

54 Vgl. Europäische Kommission (Hrsg.): Grünbuch – Hin zu einer europäischen Strategie für Energieversorgungssicherheit, (Amt für amtliche Veröffentlichungen der Europäischen Gemeinschaften) Luxemburg 2001, S. 41.

55 Niederberger, W.; Tages-Anzeiger: Ölpreis von 250 Dollar, 23.07.2005, http://www.tagesanzeiger.ch/dyn/news/wirtschaft/521329.html

56 Vgl. Spiegel Online: Schweden will sich bis 2020 vom Öl befreien, 09.02.2006, http://www.spiegel.de/wissenschaft/erde/0,1518,399996,00.html

57 International Energy Agency (Hrsg.): World Energy Outlook 2005 – Executive Summary, S. 44, http://www.iea.org/textbase/npsum/WEO2005SUM.pdf

58 Vgl. International Energy Agency (Hrsg.): Welt Energie Ausblick 2002 – Schwerpunkte, S. 65, 43.

59 Rosenkranz, G.: Energie der Zukunft, in: Der Spiegel, 23(2000)05.06.

60 Umweltbundesamt (Hrsg.): „umwelt deutschland", Informations-CD, 2000, Berlin, zitiert in: Zukunftsfähig, Ressourcenverbrauch, http://www.zukunftsfaehig.de/ergebnis/11ressourc.htm

61 Vgl. Intergovernmental Panel on Climate Change (IPCC) (Hrsg.): Klimawandel 2001: Die wissenschaftliche Basis, Zusammenfassung für politische Entscheidungsträger (übersetzt durch Greenpeace), S. 2, 12, http://archiv.greenpeace.de/GP_DOK_3P/HINTERGR/C08HI49.PDF

62 Intergovernmental Panel on Climate Change (IPCC) (Hrsg.): Klimawandel 2001: Die wissenschaftliche Basis, Zusammenfassung für politische Entscheidungsträger (übersetzt durch Greenpeace), S. 15, 16, http://archiv.greenpeace.de/GP_DOK_3P/HINTERGR/C08HI49.PDF

63 Intergovernmental Panel on Climate Change (IPCC) (Hrsg.): Klimawandel 2001: Die wissenschaftliche Basis, Zusammenfassung für politische Entscheidungsträger (übersetzt durch Greenpeace), S. 6, http://archiv.greenpeace.de/GP_DOK_3P/HINTERGR/C08HI49.PDF

64 Intergovernmental Panel on Climate Change (IPCC) (Hrsg.): Klimawandel 2001: Die wissenschaftliche Basis, Zusammenfassung für politische Entscheidungsträger (übersetzt durch Greenpeace), S. 7, http://archiv.greenpeace.de/GP_DOK_3P/HINTERGR/C08HI49.PDF

65 Europäische Kommission (Hrsg.): Grünbuch – Hin zu einer europäischen Strategie für Energieversorgungssicherheit, (Amt für amtliche Veröffentlichungen der Europäischen Gemeinschaften) Luxemburg 2001, S. 51.

66 Europäische Kommission (Hrsg.): Grünbuch – Hin zu einer europäischen Strategie für Energieversorgungssicherheit, (Amt für amtliche Veröffentlichungen der Europäischen Gemeinschaften) Luxemburg 2001, S. 51.

67 Vgl. International Energy Agency (Hrsg.): Welt Energie Ausblick 2002 – Schwerpunkte, S. 48–49.

68 Vgl. Carbon Future der EEX, http://www.eex.de/index.php

69 Vgl. Scheer, H.: Solare Weltwirtschaft, 4. Auflage 2000, Kunstmann München, S. 296–301.

70 Scheer, H.: Solare Weltwirtschaft, 4. Auflage 2000, Kunstmann München, S. 34, 35.

71 Vgl. Scheer, H.: Solare Weltwirtschaft, 4. Auflage 2000, Kunstmann München, S. 50–65.

72 Europäische Kommission (Hrsg.): Grünbuch – Die Sicherheit der Energieversorgung der Union, Technischer Hintergrund, S. 53, http://www.vpe.ch/pdf/Gruenbuch_Sicherheit_Energie.pdf

73 Europäische Kommission (Hrsg.): Grünbuch – Hin zu einer europäischen Strategie für Energieversorgungssicherheit, (Amt für amtliche Veröffentlichungen der Europäischen Gemeinschaften) Luxemburg 2001, S. 46–48.

74 Europäische Kommission (Hrsg.): Vorschlag für eine Richtlinie des Europäischen Parlaments und des Rates zur Förderung der Verwendung von Biokraftstoffen und Vorschlag für eine Richtlinie des Rates zur Änderung der Richtlinie 92/81/EWG bezüglich der Möglichkeit, auf bestimmte Biokraftstoffe und Biokraftstoffe enthaltende Mineralöle einen ermäßigten Verbrauchsteuersatz anzuwenden (Kom(2001) 547), Brüssel, 7.11.2001, http://europa.eu.int/eur-lex/de/com/pdf/2001/de_501PC0547_01.pdf

75 Europäische Union (Hrsg.): Richtlinie 2003/30/EG des Europäischen Parlaments und des Rates vom 8. Mai 2003 zur Förderung der Verwendung von Biokraftstoffen oder anderen erneuerbaren Kraftstoffen im Verkehrssektor, in: Amtsblatt der Europäischen Union 17.05.2003, http://www.nova-institut.de/news-images/20030526-01/EU-Amtsblatt-Biokraftstoffe.pdf

76 Europäische Kommission (Hrsg.): Vorschlag für eine Richtlinie des Europäischen Parlaments und des Rates zur Förderung der Verwendung von Biokraftstoffen (Kom(2001) 547), Brüssel, 7.11.2001, S. 6, http://europa.eu.int/eur-lex/de/com/pdf/2001/de_501PC0547_01.pdf

77 Europäische Kommission (Hrsg.): Vorschlag für eine Richtlinie des Europäischen Parlaments und des Rates zur Förderung der Verwendung von Biokraftstoffen (Kom(2001) 547), Brüssel, 7.11.2001, S. 6, http://europa.eu.int/eur-lex/de/com/pdf/2001/de_501PC0547_01.pdf

78 Vgl. EU-Kommission (Hrsg.): Eine EU-Strategie für Biokraftstoffe (KOM(2006) 34 endgültig), 08.02.2006, http://europa.eu.int/comm/agriculture/biomass/biofuel/com2006_34_de.pdf

79 EU-Kommission (Hrsg.): Eine EU-Strategie für Biokraftstoffe (KOM(2006) 34 endgültig), 08.02.2006, http://europa.eu.int/comm/agriculture/biomass/biofuel/com2006_34_de.pdf

80 Das Parlament (Hrsg.): Bundestag befreit Biokraftstoffe von der Mineralölsteuer, 24(2002)14.06.

81 Deutsche Bundesregierung (Hrsg.): Mineralölsteuergesetz, http://bundesrecht.juris.de/bundesrecht/min_stg_1993/gesamt.pdf

82 CDU, CSU, SPD (Hrsg.): Koalitionsvertrag, 11.11.2005, http://www.cducsu.de/upload/2C2581D5821FD61A7A4DEA71E3C644CA11376-by1b0oli.pdf

83 Bundesregierung (Hrsg.): Eckpunktepapier für ein Gesetz zur Einführung einer Quotenlösung bei Biokraftstoffen, 27. April 2006, S. 2, http://www.bundesfinanzministerium.de/lang_de/DE/Aktuelles/Pressemitteilungen/2006/05/20060205__PM0056__1,templateId=raw,property=publicationFile.pdf

84 Bundesregierung Österreich (Hrsg.): Mineralölsteuergesetz, http://www.jusline.at

85 Bundesregierung Österreich (Hrsg.): Bundesgesetzblatt der Republik Österreich – Änderung der Kraftstoffverordnung 1999, veröffentlicht am 04.11.2004, http://www.umweltbundesamt.at/fileadmin/site/umweltthemen/verkehr/4_kraftstoffe/BGBL_II_417-04_Kraftstoffverordnung.pdf

86 Frantzis, L. (Navigant Consulting: Global Power Markets – Why Should the U.S. Care, S. 15.

87 Shell (Royal Dutch Petroleum Company) (Hrsg.): Annual Report and Accounts 2002, S. 25.

88 CHOREN Industries GmbH (Hrsg.): Shell und CHOREN: Umfangreiche Zusammenarbeit zu SunFuel vereinbart, Pressemitteilung: 17.08 2005, http://www.choren.com/de/choren_industries/informationen_presse/pressemitteilungen/?nid=57

89 Shell International Limited (Hrsg.): Energy Needs, Choices and Possibilities, Scenarios to 2050, 2001, S. 18.

90 Vgl. Shell International Limited (Hrsg.): Energy Needs, Choices and Possibilities, Scenarios to 2050, 2001, S. 60.

91 British Petroleum (BP) (Hrsg.): Frequently Asked Questions, 2000, http://www.bp.com/faqs/faqs_answer.asp?id=127

92 British Petroleum (Hrsg.): Products and the Environment, http:/bp.com/environ_social/environment/impact_prod.inc?bpcomprintversion=true

93 British Petroleum (Hrsg.): BP und DuPont geben Partnerschaft zur Entwicklung moderner Biokraftstoffe bekannt – DuPonts Biotech-Wissen und BPs Kraftstoffexpertise werden die Biokraftstoffe der nächsten Generation auf den Markt bringen, 20.06.2006, http://www.deutschebp.de/genericarticle.do?categoryId=2010149&contentId=7018972

94 ExxonMobil (Hrsg.): UK Energy Policy: Key Issues for Consultation – ExxonMobil Response, 11.2002.

95 ExxonMobil (Hrsg): Tomorrows Energy – a Perspective on Energy Trends, Greenhouse Gas Emissions and Future Energy Options, Februar 2006, http://exxonmobil.com/Corporate/Files/Corporate/tomorrows_energy.pdf

96 ExxonMobil (Hrsg.): Exxon Mobil Contribution to the Debate on the Green Paper – Towards a European Strategy for the Security of Energy Supply, S. 10.

97 ExxonMobil (Hrsg.): UK Energy Policy: Key Issues for Consultation – ExxonMobile Response, 11.2002.

98 Total (Hrsg.): Pursuing Our Commitment to Renewable Energies, http://www.total.com/en/corporate-social-responsibility/Challenges_actions/Future-Energy/renewable-energies_9067.htm

99 Vgl. Sasol Chevron: http://www.sasolchevron.com

100 Social Times (Hrsg.): Umweltstiftung fordert von der Autobranche mehr Klimaschutz, 13.04.2006, http://www.social-times.de/nachricht.php?nachricht_id=7632&newsrubrik_id=3

101 Steiger, W.: Alternative Kraftstoffe aus der Sicht von Volkswagen, in: Solarzeitalter (Eurosolar), 3/2002, S. 34–40, S. 35.

102 Volkswagen AG (Hrsg.): Ich höre keinen Widerspruch, Interview mit Dr. Wolfgang Steiger, http://www.volkswagen-umwelt.de/_content/magazin_521.asp

103 Steiger, W.: Alternative Kraftstoffe aus der Sicht von Volkswagen, in: Solarzeitalter (Eurosolar), 3/2002, S. 34–40, S. 36.

104 Steiger, W.: Alternative Kraftstoffe aus der Sicht von Volkswagen, in: Solarzeitalter (Eurosolar), 3/2002, S. 34–40, S. 38.

105 Steiger, W. (Volkswagen AG): SunFuel Strategie – Basis nachhaltiger Mobilität, 2002, S. 5.

106 Isenberg, G: Alternative Kraftstoffe aus der Sicht von DaimlerChrysler, in: Solarzeitalter (Eurosolar) 3/2002, S. 32.

107 Isenberg, G: Alternative Kraftstoffe aus der Sicht von DaimlerChrysler, in: Solarzeitalter (Eurosolar) 3/2002, S. 33.

108 Reuters News Service (Hrsg.): A squeaky clean future for the car?, 16.09.02, http://www.planetark.org/dailynewsstory.cfm?newsid=17770&newsdate=16-Sep-2002

109 Ford Motor Company (Hrsg.): Ethanol Vehicles, http://ford.com/en/vehicles/specialtyVehicles/environmental/ethanol.htm

110 Reuter News Service (Hrsg.): Ford, Ballard unveil hydrogen-fueled generator, 08.08.02, http://www.planetark.org/dailynewsstory.cfm?newsid=17200&newsdate=08-Aug-2002

111 Spiegel Online (Hrsg.): „Brennstoffzellenautos nicht vor 2015 bezahlbar" – Interview mit Ford Forschungschef, http://www.spiegel.de/auto/aktuell/0,1518217335,00.html

112 GM (Hrsg.): Reinventing the Automobile with Fuel Cell Technology, http://www.gm.com/company/gmability/adv_tech/400_fcv/index.html?query=fuel+cell

113 General Motors (Hrsg.): Vision and Strategy – Sustainability in GM's Business, http://gm.com/company/gmability/sustainability/reports/01/sustainability_and_gm/vision_strategy/key_issues.html

114 Toyota Motor Corp. (Hrsg.): Fueling the Fuel Cell, http://www.toyota.co.jp/IRweb/corp_info/eco/advanced_hybrid09.html

115 Toyota Motor Corp. (Hrsg.): Hydrogen Production, http://www.toyota.co.jp/IRweb/corp_info/eco/fchv/fchv13.html

116 Vgl: Bünger, U; Schindler, J; Altmann, M, Kraftstoffalternativen für Brennstoffzellenfahrzeuge, Euroforum Fachkonferenz, 21/22.01.2000, http://www.hydrogen.org/Wissen/pdf/EUROFORUM.pdf

117 Vgl. Widmann, B. et al.: Produktion und Nutzung von Pflanzenölkraftstoffen, in: Kaltschmitt, M.; Hartmann, H. (Hrsg.): Energie aus Biomasse – Grundlagen, Techniken und Verfahren, Spinger-Verlag Berlin et al. 2001, S. 537–583, S. 538.

118 Vgl.: Widmann, B; Thunke, K.: Rapsöl als Kraftstoff, in: Tagungsband – Kraftstoffe der Zukunft, Hrsg.: Bundesinitiative BioEnergie, Bonn Dezember 2002, S. 70.

119 Vgl. VOG (Hrsg.): Unterschiede bei der Ölgewinnung von Speiseölen, http://www.vog.at/neuigkei.htm

120 Vgl. Widmann, B. et al.: Produktion und Nutzung von Pflanzenölkraftstoffen, in: Kaltschmitt, M.; Hartmann, H. (Hrsg.): Energie aus Biomasse – Grundlagen, Techniken und Verfahren, Spinger-Verlag Berlin et al. 2001, S. 537–583, S. 544.

121 Widmann, B. et al.: Produktion und Nutzung von Pflanzenölkraftstoffen, in: Kaltschmitt, M.; Hartmann, H. (Hrsg.): Energie aus Biomasse – Grundlagen, Techniken und Verfahren, Spinger-Verlag Berlin et al. 2001, S. 537–583, S. 539.

122 VOG (Hrsg.): Unterschiede bei der Ölgewinnung von Speiseölen, http://www.vog.at/neuigkei.htm

123 VOG (Hrsg.): Unterschiede bei der Ölgewinnung von Speiseölen, http://www.vog.at/neuigkei.htm

124 Vgl. Widmann, B. et al.: Produktion und Nutzung von Pflanzenölkraftstoffen, in: Kaltschmitt, M.; Hartmann, H. (Hrsg.): Energie aus Biomasse – Grundlagen, Techniken und Verfahren, Spinger-Verlag Berlin et al. 2001, S. 537–583, S. 550.

125 Bockey, D. (Union zur Förderung von Oel- und Proteinpflanzen e. V.) Hrsg.: Biodiesel und pflanzliche Öle als Kraftstoffe – aus der Nische in den Kraftstoffmarkt, Stand und Entwicklungsperspektiven, 2006.

126 AG-Energiebilanzen (Hrsg.): Endenergieverbrauch des Verkehrs in Deutschland, http://www.ag-energiebilanzen.de/daten/eev_verkehr.pdf

127 Schrimpff, E.: Treibstoff der Zukunft: Wasserstoff oder Pflanzenöl?, http://www.solarverein-muenchen.de/bioenergie/treibstoff_text.htm

128 Schrimpff, E.: Treibstoff der Zukunft: Wasserstoff oder Pflanzenöl?, http://www.solarverein-muenchen.de/bioenergie/treibstoff_text.htm

129 ExxonMobil Central Europe Holding GmbH (Hrsg.): Oeldorado 2005, S. 7, http://www.esso.de/ueber_uns/info_service/publikationen/downloads/files/oeldorado2005.pdf

130 World Fact Book 2001: World Geography, http://workmall.com/wfb2001/world/world_geography.html

131 World Fact Book 2001: World Geography, http://workmall.com/wfb2001/world/world_geography.html

132 Agriculture and Agri-Food Canada (Hrsg.): An Economic Analysis of a Major Bio-fuel Program undertaken by OECD Countries, Ottawa 2002, S. 13.

133 Vgl. Graß, R.; Scheffer, K.: Gülle als Konjunkturmotor, in: die tageszeitung (taz), 02.09.2000, S. 18.

134 Scharmer, K. (Union zur Förderung von Oel- und Proteinpflanzen e. V.): Biodiesel – Energie- und Umweltbilanz / Rapsölmethylester, 11.02, S. 31-35.

135 Vgl. Scharmer, K. / Union zur Förderung von Oel- und Proteinpflanzen e. V: Biodiesel – Energie- und Umweltbilanz / Rapsölmethylester, 11.02, S. 33.

136 Bugge, J. / Folkecenter for Renewable Energy: Rape Seed Oil for Transport – Energy Balance and CO2-Balance, 2000, http://folkecenter.dk/plant-oil/publications/energy_co2_balance.htm

137 Scharmer, K. / Union zur Förderung von Oel- und Proteinpflanzen e. V: Biodiesel / Energie- und Umweltbilanz / Rapsölmethylester, 11.02, S. 25.

138 Vgl.: Scharmer, K. (Union zur Förderung von Oel- und Proteinpflanzen e. V.): Biodiesel – Energie- und Umweltbilanz / Rapsölmethylester, 11.2001, S. 23 und 25.

139 Scharmer, K. (Union zur Förderung von Oel- und Proteinpflanzen e. V.): Biodiesel – Energie- und Umweltbilanz / Rapsölmethylester, 11.2001, S. 30.

140 Gärtner, S.; Reinhard, G.: Ökologischer Vergleich von Rapsöl und RME (Kurzfassung des Gutachtens), Heidelberg, Okt. 2001.

141 BMVEL (Hrsg.): Ernte 2005: Mengen und Preise, 31.08.2005, S. 9.

142 Scharmer, K. (Union zur Förderung von Oel- und Proteinpflanzen e. V.): Biodiesel – Energie- und Umweltbilanz / Rapsölmethylester, 11.2001, S. 23.

143 Vgl. Hartmann, H.: Ökonomische Analyse, in: Hartmann, H.; Kaltschmitt, M (Hrsg.): Biomasse als erneuerbarer Energieträger, Schriftenreihe „Nachwachsende Rohstoffe" Band 3, 2. Auflage, Landwirtschaftsverlag Münster 2002, S. 506.

144 Vgl. Hartmann, H.: Ökonomische Analyse, in: Hartmann, H.; Kaltschmitt, M (Hrsg.): Biomasse als erneuerbarer Energieträger, Schriftenreihe „Nachwachsende Rohstoffe" Band 3, 2. Auflage, Landwirtschaftsverlag Münster 2002, S. 507.

145 Hartmann, H.: Ökonomische Analyse, in: Hartmann, H.; Kaltschmitt, M (Hrsg.): Biomasse als erneuerbarer Energieträger, Schriftenreihe „Nachwachsende Rohstoffe" Band 3, 2. Auflage, Landwirtschaftsverlag Münster 2002, S. 507.

146 Hartmann, H.: Ökonomische Analyse, in: Hartmann, H.; Kaltschmitt, M (Hrsg.): Biomasse als erneuerbarer Energieträger, Schriftenreihe „Nachwachsende Rohstoffe" Band 3, 2. Auflage, Landwirtschaftsverlag Münster 2002, S. 507.

147 UFOP (Hrsg.): UFOP Marktinformationen, Ölsaaten und Biokraftstoffe, Ausgabe Juni 2006, http://www.ufop.de/downloads/RZ_MI_06_06b.pdf

148 Institut für Wirtschaftsforschung (ifo) Hrsg.: Volkswirtschaftliche Effekte der Wertschöpfungskette „Biodiesel", 29. Mai 2006, http://www.cesifo-group.de/pls/portal/docs/PAGE/IFOCONTENT/NEUESEITEN/PR/PR-PDFS/BIODIESEL-MAI-2006.PDF

149 Biomasse Info-Zentrum (BIZ) (Hrsg.): Was ist Biogas?, http://www.biomasse-info.net/Energie_aus_Biomasse/Biogas/was_ist_biogas.htm, online: 10.07.2003.

150 Vgl. Hartmann, H.: Ökonomische Analyse, in: Hartmann, H.; Kaltschmitt, M (Hrsg.): Biomasse als erneuerbarer Energieträger, Schriftenreihe „Nachwachsende Rohstoffe" Band 3, 2. Auflage, Landwirtschaftsverlag Münster 2002, S. 507.

151 Renewable Fuels Association (Hrsg.): Ethanol Industry Outlook 2003, Februar 2003, S. 15.

152 Vgl. Schmitz, N. (Hrsg.): Bioethanol in Deutschland, Schriftenreihe „Nachwachsende Rohstoffe", Band 21, Landwirtschaftsverlag GmbH, Münster 2003, (oder: http://www.fnr-server.de/pdf/literatur/pdf_25ethanol2003.pdf), S. 76.

153 Vgl. Schmitz, N. (Hrsg.): Bioethanol in Deutschland, Schriftenreihe „Nachwachsende Rohstoffe", Band 21, Landwirtschaftsverlag GmbH, Münster 2003, S. 79.

154 Vgl. Schmitz, N. (Hrsg.): Bioethanol in Deutschland, Schriftenreihe „Nachwachsende Rohstoffe", Band 21, Landwirtschaftsverlag GmbH, Münster 2003, S. 81-82.

155 Vgl. Schmitz, N. (Hrsg.): Bioethanol in Deutschland, Schriftenreihe „Nachwachsende Rohstoffe", Band 21, Landwirtschaftsverlag GmbH, Münster 2003, S. 87-90.

156 Brown, S. / Fortune (Hrsg.): Biorefinery Breaktrough, 13.02.2006, http://www.iogen.ca/news_events/iogen_news/2006_02_13_Biorefinery_Breakthrough.pdf

157 Schmitz, N. (Hrsg.): Bioethanol in Deutschland, Schriftenreihe „Nachwachsende Rohstoffe", Band 21, Landwirtschaftsverlag GmbH, Münster 2003, S. 255.

158 Vgl. Shapouri, H.; Duffield, J.; Wang, M.: The Energy Balance of Corn Ethanol: An Update, in: Agricultural Economic Report Number 813, Juli 2002, S. 2.

159 Berg, C.: World Fuel Ethanol Analysis and Outlook, April 2004, http://www.distill.com/World-Fuel-Ethanol-A&O-2004.html

160 Schmitz, N. (Hrsg.): Bioethanol in Deutschland, Schriftenreihe „Nachwachsende Rohstoffe", Band 21, Landwirtschaftsverlag GmbH, Münster 2003, S. 41.

161 World Fact Book 2001: World Geography, http://workmall.com/wfb2001/world/world_geography.html

162 Grassi, G.: Bioethanol – Industrial World Perspectives, in: Renewable Energy World, Mai/Juni 2000, http://www.jxj.com/magsandj/rew/2000_03/bioethanol.html

163 Vgl. Schmitz, N. (Hrsg.): Bioethanol in Deutschland, Schriftenreihe „Nachwachsende Rohstoffe", Band 21, Landwirtschaftsverlag GmbH, Münster 2003, S. 251.

164 C&T Brasil (Ministério da Ciência e Tecnologia) (Hrsg.): Net Emissions for the Sugar Cane to Ethanol Cycle.

165 Gesellschaft für Technische Zusammenarbeit (GTZ) (Hrsg.): Liquid Biofuels for Transportation in Brazil, Seite 83, November 2005, http://www.gtz.de/de/dokumente/en-biofuels-for-transportation-in-brazil-2005.pdf

166 Lorenz, D.; Morris, D.: How Much Energy Does It Take to Make a Gallon of Ethanol?, 1995, http://www.carbohydrateeconomy.org/library/admin/uploadedfiles/How_Much_Energy_Does_it_Take_to_Make_a_Gallon_.html

167 Shapouri, H.; Duffield, J.; Graboski, M.: Estimating the Net Energy Balance of Corn Ethanol, in: Agricultural Economic Report Number 721, Juli 1995, http://www.ethanol-gec.org/corn_eth.htm

168 Shapouri, H.; Duffield, J.; Wang, M.: The Energy Balance of Corn Ethanol: An Update, in: Agricultural Economic Report Number 813, Juli 2002, S. 10.

169 Shapouri, H.; Duffield, J.; Wang, M.: The Energy Balance of Corn Ethanol: An Update, in: Agricultural Economic Report Number 813, Juli 2002, S. 11.

170 Schmitz, N. (Hrsg.): Bioethanol in Deutschland, Schriftenreihe „Nachwachsende Rohstoffe", Band 21, Landwirtschaftsverlag GmbH, Münster 2003, S. 255

171 Vgl. Schmitz, N. (Hrsg.): Bioethanol in Deutschland, Schriftenreihe „Nachwachsende Rohstoffe", Band 21, Landwirtschaftsverlag GmbH, Münster 2003, S. 106-107.

172 Schmitz, N. (Hrsg.): Bioethanol in Deutschland, Schriftenreihe „Nachwachsende Rohstoffe", Band 21, Landwirtschaftsverlag GmbH, Münster 2003, S. 102.

173 Schmitz, N. (Hrsg.): Bioethanol in Deutschland, Schriftenreihe „Nachwachsende Rohstoffe", Band 21, Landwirtschaftsverlag GmbH, Münster 2003, S. 50.

174 Deutsche Shell GmbH (Hrsg.): Fakten & Argumente – Aktuelle Themen aus der Mineralöl und Energiewirtschaft, November 2001, S. 39.

175 Vgl. Schmitz, N. (Hrsg.): Bioethanol in Deutschland, Schriftenreihe „Nachwachsende Rohstoffe", Band 21, Landwirtschaftsverlag GmbH, Münster 2003, S. 208.

176 Schmitz, N. (Hrsg.): Bioethanol in Deutschland, Schriftenreihe „Nachwachsende Rohstoffe", Band 21, Landwirtschaftsverlag GmbH, Münster 2003, S. 202.

177 Vgl. Schmitz, N. (Hrsg.): Bioethanol in Deutschland, Schriftenreihe „Nachwachsende Rohstoffe", Band 21, Landwirtschaftsverlag GmbH, Münster 2003, S. 56.

178 Fachverband Biogas e. V. (Hrsg.): Biogas in Deutschland 2005, http://www.biogas.org/datenbank/file/notmember/presse/Pressegespr_Hintergrunddaten1.pdf

179 Deutsche Bundesregierung (Hrsg.): Zweites Gesetz zur Änderung des Mineralölsteuergesetzes, 2002, http://www.hans-josef-fell.de/download/energie/biogene/bkg.pdf

180 Vgl. Schulz, H.; Eder, B.: Biogaspraxis, 2. Auflage, Ökobuch-Verlag Staufen bei Freiburg 2001, S. 17–18.

181 Biomasse Info-Zentrum (BIZ) (Hrsg.): Technik der Biogaserzeugung, http://www.biomasse-info.net/index2.htm

182 Vgl. Schulz, H.; Eder, B.: Biogaspraxis, 2. Auflage, Ökobuch-Verlag Staufen bei Freiburg 2001, S. 22.

183 Weber, J.: Clean fuel from biowaste – A Swiss solution, in: Waste Management World, May-June 2002.

184 Wuppertal Institut (Hrsg.): Analyse und Bewertung der Nutzungsmöglichkeiten von Biomasse, Band 1:Gesamtergebnisse und Schlussfolgerungen, Seite 23, Januar 2006, http://www.bgw.de/pdf/0.1_resource_2006_1_13_3.pdf

185 Edelmann, W.: Biogaserzeugung und –nutzung, in: Kaltschmitt, M.; Hartmann H. (Hrsg.): Energie aus Biomasse – Grundlagen, Techniken und Verfahren, Spinger-Verlag Berlin et al. 2001, S. 641.

186 AG-Energiebilanzen (Hrsg.): Endenergieverbrauch des Verkehrs in Deutschland, http://www.ag-energiebilanzen.de/daten/eev_verkehr.pdf

187 AG-Energiebilanzen (Hrsg.): Primärenergieverbrauch in Deutschland nach Energieträgern, http://www.ag-energiebilanzen.de/daten/pev.pdf

188 Bundesverband Erneuerbare Energie e. V. (Hrsg.): Zukunftsperspektiven für Wärme und Treibstoff aus Biogas.

189 Biomasse Info-Zentrum (BIZ) (Hrsg.):Biogas Potenziale, http://www.biomasse-info.net/Energie_aus_Biomasse/Biogas/potenziale.htm

190 Fachverband Biogas e. V. (Hrsg.): Der Grüne Teil des fossilen Gasrechts – unverzichtbar und erneuerbar, 2001, S. 3.

191 Biomasse Info-Zentrum (BIZ) (Hrsg.): Biogas – Wirtschaftlichkeit – Allgemeine Vergleichszahlen.

192 Vgl. Fachverband Biogas e. V. (Hrsg.): Der Grüne Teil des fossilen Gasrechts – unverzichtbar und erneuerbar, 2001, S. 6.

193 Vgl. Informationssystem Nachwachsende Rohstoffe (INARO) (Hrsg.): Primärenergetische Energiebilanz sowie Nettoerträge und die mögliche CO_2-Minderung in Mitteleuropa, zitiert aus: KTBL-Arbeitspapier 235 „Energieversorgung und Landwirtschaft", 1996, http://www.inaro.de/Deutsch/ROHSTOFF/ENERGIE/Biomasse/BIOMUMW1.HTM

194 Vgl. Fachverband Biogas e. V. (Hrsg.): Der Grüne Teil des fossilen Gasrechts – unverzichtbar und erneuerbar, 2001, S. 6.

195 Waitze, O. (Biomasse Info-Zentrum): Wirtschaftlichkeitsberechnung einer Biogasanlage mit 300 GVE und 20 ha Mais, http://www.biomasse-info.net.

196 Vgl.: Keymer, U. (Bayerische Landesanatalt für Landwirtschaft): Wie rechnet sich Biogas?, S. 5, Mai 2003.

197 Angaben von Herrn Cornelius Herb, Anlagenplanung/Fondskonzeption/PR, Aufwind Schmack GmbH, Regensburg, telefonisches Gespräch vom 22.08.2003.

198 Angaben von Herrn Marco Quade, farmatic biotech ag, Nortorf, telefonisches Gespräch vom 11.07.2003.

199 Angaben von Herrn Manfred Schöffel, Leitung Vertrieb CNG, Bauer Kompressoren GmbH, München, telefonisches Gespräch 30.07.2003.

200 Keymer, U.; Schilcher, A.: Wirtschaftlichkeit von Biogasanlagen, 2003.

201 Buderus Heiztechnik AG: Buderus Gas-Brennwertk.Logano plus SB615 240 kW, Gas-Gebläsebr., Erdg. E/LL-50mbar, http://www.heiztechnik.buderus.de

202 Schrum, P. (Bundesverband Biogene Kraftstoffe e. V.): Das Bio-Methan-Potential in Deutschland und seine Bedeutung für den zukünftigen Ersatz von Erdgas, in: Eurosolar-Konferenzband „Wie wird der Landwirt zum Energiewirt?", 2003, S. 41–45, S. 42.

203 Schulz, W.; Hille, M.; (Tentscher, W.): Untersuchung zur Aufbereitung von Biogas zur Erweiterung der Nutzungsmöglichkeiten, 2003, S. 57, http://images.energieportal24.de/dateien/downloads/bioenergie/gutachten-bremen.pdf

204 Wuppertal Institut (Hrsg.): Analyse und Bewertung der Nutzungsmöglichkeiten von Biomasse, Band 1:Gesamtergebnisse und Schlussfolgerungen, Seite 32, Januar 2006, http://www.bgw.de/pdf/0.1_resource_2006_1_13_3.pdf

205 Schmalschläger, T.; Blase, T.; Gerstmayr, B.: Biogaseinspeisung ins Erdgasnetz – Technik, Wirtschaftlichkeit und CO2-Einsparungen, 2002, S. 37, http://www.act-energy.org/weitere_infos/veroeffentlichungen/Biogaseinspeisung_Vortrag.pdf

206 Angaben von Herrn Michael Lorenz, Gasanstalt Kaiserslautern AG, Funktionsbereich Dienstleistungen, telefonisches Gespräch vom 15.08.2003.

207 Scheffer, K: Die Bedeutung einer integralen Landwirtschaft, in: Konferenzband der 5. Eurosolar-Konferenz „Der Landwirt als Energie- und Rohstoffwirt", 2003, S. 51–57, S. 51.

208 BV. d. Dt. Gas- u. Wasserwirtschaft BGW (Hrsg.): Selbstverpflichtung der Erdgaswirtschaft – Bioenergie für Erdgasfahrzeuge, Pressemitteilung vom 09.05.2006, http://erdgasfahrzeuge.01kunden.net/cgi-bin/WebObjects/presseservice2004.woa/1/wa/MediaContentWithId/1000580?wosid=YkdiNm8hGpnG4xeHFDIXhM

209 Vgl. Specht, M; Bandi, A; Pehnt, M: Regenerative Kraftstoffe – Bereitstellung und Perspektiven, in: Forschungs-Verbund Sonnenenergie Themenheft 2001, S. 114–126, S. 120, http://www.fv-sonnenenergie.de/publikationen/th2001__13.pdf

210 Luby, P.: Advanced Systems in Biomass Gasification – Commercial Reality and Outlook, 2003, S. 1, http://www.ecb.sk/download/isbf2003/zbornik/05_luby.pdf

211 U.S. Department of Energy (Hrsg.): Gasification – Current Industry Perspective, September 2005, http://www.netl.doe.gov/publications/brochures/pdfs/Gasification_Brochure.pdf

212 Luby, P.: Advanced Systems in Biomass Gasification – Commercial Reality and Outlook, 2003, S. 2, http://www.ecb.sk/download/isbf2003/zbornik/05_luby.pdf

213 Hofbauer, H.; Kaltschmitt, M.: Thermochemische Umwandlung, in: Kaltschmitt, M.; Hartmann H. (Hrsg.): Energie aus Biomasse – Grundlagen, Techniken und Verfahren, Spinger-Verlag Berlin et al. 2001, S. 449.

214 Vgl. Hofbauer, H.; Kaltschmitt, M.: Thermochemische Umwandlung, in: Kaltschmitt, M.; Hartmann H. (Hrsg.): Energie aus Biomasse – Grundlagen, Techniken und Verfahren, Spinger-Verlag Berlin et al. 2001, S. 434–435.

215 Hofbauer, H.; Kaltschmitt, M.: Thermochemische Umwandlung, in: Kaltschmitt, M.; Hartmann H. (Hrsg.): Energie aus Biomasse – Grundlagen, Techniken und Verfahren, Spinger-Verlag Berlin et al. 2001, S. 435–437.

216 Hofbauer, H.; Kaltschmitt, M.: Thermochemische Umwandlung, in: Kaltschmitt, M.; Hartmann H. (Hrsg.): Energie aus Biomasse – Grundlagen, Techniken und Verfahren, Spinger-Verlag Berlin et al. 2001, S. 439–444.

217 Vgl. Hofbauer, H.; Kaltschmitt, M.: Thermochemische Umwandlung, in: Kaltschmitt, M.; Hartmann H. (Hrsg.): Energie aus Biomasse – Grundlagen, Techniken und Verfahren, Spinger-Verlag Berlin et al. 2001, S. 446.

218 Hartmann, H.: Techniken und Verfahren, in: Hartmann, H.; Kaltschmitt, M. (Hrsg.): Biomasse als erneuerbarer Energieträger, Schriftenreihe „Nachwachsende Rohstoffe" Band 3, 2. Auflage, Landwirtschaftsverlag Münster 2002, S. 164.

219 Vgl. Schmitz, N. (Hrsg.): Bioethanol in Deutschland, Schriftenreihe „Nachwachsende Rohstoffe", Band 21, Landwirtschaftsverlag GmbH, Münster 2003, S. 115.

220 Vgl. Specht, M; Bandi, A; Pehnt, M: Regenerative Kraftstoffe – Bereitstellung und Perspektiven, in: ForschungsVerbund Sonnenenergie Themenheft 2001, S. 114–126, S. 121, http://www.fv-sonnenenergie.de/publikationen/th2001_13.pdf

221 Hofbauer, H.; Kaltschmitt, M.: Thermochemische Umwandlung, in: Kaltschmitt, M.; Hartmann H. (Hrsg.): Energie aus Biomasse – Grundlagen, Techniken und Verfahren, Spinger-Verlag Berlin et al. 2001, S. 466.

222 Specht, M; Bandi, A; Pehnt, M: Regenerative Kraftstoffe – Bereitstellung und Perspektiven, in: ForschungsVerbund Sonnenenergie Themenheft 2001, S. 114–126, S. 121, http://www.fv-sonnenenergie.de/publikationen/th2001_13.pdf, online

223 Vgl. Oukaci, R.: Fischer-Tropsch Synthesis – 2nd Annual Global GTL Summit – Executive Briefing, 2002.

224 Stucki, S.; Biollaz, S.: Treibstoffe aus Biomasse, in: MTZ Motortechnische Zeitschrift, 62(2001)4, S. 310.

225 Stucki, S.; Biollaz, S.: Treibstoffe aus Biomasse, in: MTZ Motortechnische Zeitschrift, 62(2001)4, S. 310.

226 Specht, M; Bandi, A; Pehnt, M: Regenerative Kraftstoffe – Bereitstellung und Perspektiven, in: ForschungsVerbund Sonnenenergie Themenheft 2001, S. 114–126, S. 121, http://www.fv-sonnenenergie.de/publikationen/th2001_13.pdf

227 Stucki, S.; Biollaz, S.: Treibstoffe aus Biomasse, in: MTZ Motortechnische Zeitschrift, 62(2001)4, S. 310.

228 Faaij, A. et al.: Production of methanol and hydrogen from biomass via advanced conversion concepts – preliminary results, Biomass for Energy ans Industry, 1st World Conference and Technology Exhibition, Sevilla 2000, zitiert in: Stucki, S.; Biollaz, S.: Treibstoffe aus Biomasse, in: MTZ Motortechnische Zeitschrift, 62(2001)4, S. 310.

229 Stucki, S.; Biollaz, S.: Treibstoffe aus Biomasse, in: MTZ Motortechnische Zeitschrift, 62(2001)4, S. 310.

230 Vgl. Bensmann, M.: Den Königsweg finden, in: neue energie, Ausgabe Mai 2006, S. 64–65.

231 Vgl. Siemens Power Generation (Hrsg.): Siemens übernimmt Kohlevergasungsgeschäft der Schweizer Sustec-Gruppe – Zukunftsweisende Lösungen für schadstoffarme Kohleverstromung, Pressemitteilung: 16.05.2006, http://www.powergeneration.siemens.com/de/press/pg200605041d/index.cfm

232 Vgl. Henrich, E.; et al.: Biomassenutzung durch Flugstrom-Druckvergasung von Pyrolyseprodukten; FVS Fachtagung 2003, http://www.fv-sonnenenergie.de/publikationen/07_c_biomasse_01.pdf

233 Vgl. FNR e. V. (Hrsg.): BMELV/FNR fördert an den Standorten Freiberg und Karlsruhe zwei Anlagen mit verschiedenen Herstellungskonzepten, http://www.fnr-server.de/cms35/fileadmin/fnr/images/aktuelles/medien/BTL/BtL_Freiberg_und_Karlsruhe.pdf

234 Vgl. Leible, L.; et al.: Kraftstoff, Wärme oder Strom aus Stroh und Waldrestholz – ein systemanalytischer Vergleich, in: Biogene Kraftstoffe – Kraftstoffe der Zukunft?, (Sonderdruck des Themenschwerpunkts Heft Nr. 1, 15. Jahrgang (April 2006) der Zeitschrift „Technikfolgenabschätzung – Theorie und Praxis"), Seite 65.

235 Vgl. Maschinenfabrik Bernhard Krone GmbH: Firmenangaben zur Quaderballenpresse BiG Pack 1290 HDP, http://www.kroneshop.de/ldm_pros/bp2_de.pdf

236 Forschungszentrum Karlsruhe (Hrsg.): Mit bioliq® zukunftsfähige Mobilität in China, Pressemitteilung vom 23.05.2006, http://idw.tu-clausthal.de/pages/de/news?print=1&id=160850

237 CHOREN Industries GmbH (Hrsg.): Shell und CHOREN: Umfangreiche Zusammenarbeit zu SunFuel vereinbart, Pressemitteilung: 17.08 2005, http://www.choren.com/de/choren_industries/informationen_presse/pressemitteilungen/?nid=57

238 Wolf, B.: Öl aus Sonne – Die Brennstoffformel der Erde, Ponte Press Verlags GmbH, Bochum, 2005, Seite 22.

239 Wolf, B.: Öl aus Sonne – Die Brennstoffformel der Erde, Ponte Press Verlags GmbH, Bochum, 2005, Seite 30.

240 Wolf, B.: Öl aus Sonne – Die Brennstoffformel der Erde, Ponte Press Verlags GmbH, Bochum, 2005, Seite 31.

241 Schmitz, N. (Hrsg.): Bioethanol in Deutschland, Schriftenreihe „Nachwachsende Rohstoffe", Band 21, Landwirtschaftsverlag GmbH, Münster 2003, S. 118.

242 Tijm, P. (Rentech Inc.): Assessment of Different Feedstocks for Synthesis Gas Production and Fischer-Tropsch (F-T) Conversion, 2001, S. 15–19.

243 PriceWaterhouseCoopers (Hrsg.): Shell Middle Distillate Synthesis (SMDS) Update of a Life Cycle Approach to Assess the Environmental Inputs and Outputs, and Associated Environmental Impacts, of Production and Use of Distillates from a Complex Refinery and SMDS Route Client: Shell International Gas Limited, 21.05.2003, http://www.shell.com/static/shellgasandpower-en/downloads/what_is_gas_to_liquids/PwC%20LCA%20Review%20May%202003l.pdf

244 Vgl. Arcate, J.: Global Markets and Technologies for Torrefied Wood, in: WOOD ENERGY N°6, July 2002, Seite 26-28, http://www.techtp.com/recent%20papers/Wood%20Energy%20Article%20about%20TW.pdf

245 Leible, L. et al.: DGMK Tagungsbericht 2002-2, S. 63. Zitiert aus: Heinrich, E.; Dinjus E.; Meier, D.: Hochwertige Biomassenutzung durch Flugstrom-Druckvergasung von Pyrolyseprodukten, 2002, S. 1.

246 International Energy Agency (IEA) (Hrsg.): Key World Energy Statistics, 2005, S. 6, http://www.iea.org/dbtw-wpd/Textbase/nppdf/free/2005/key2005.pdf

247 ExxonMobil Central Europe Holding GmbH (Hrsg.): Oeldorado 2005, S. 4, http://www.esso.de/ueber_uns/info_service/publikationen/downloads/files/oeldorado2005.pdf

248 Vgl. International Energy Agency (IEA) (Hrsg.): Key World Energy Statistics, 2005, S. 6, http://www.iea.org/dbtw-wpd/Textbase/nppdf/free/2005/key2005.pdf

249 International Energy Agency (IEA) (Hrsg.): Welt Energie Ausblick 2002 – Schwerpunkte, S. 42.

250 International Energy Agency (Hrsg.): Welt Energie Ausblick 2002 – Schwerpunkte, S. 42.

251 International Energy Agency (IEA) (Hrsg.): Key World Energy Statistics, 2005, S. 33, http://www.iea.org/dbtw-wpd/Textbase/nppdf/free/2005/key2005.pdf

252 Vgl. Fritsche, U.; et al.: Stoffstromanalyse zur nachhaltigen energetischen Nutzung von Biomasse, Mai 2004, S. 189; 197–202, http://www.bmu.de/files/pdfs/allgemein/application/pdf/biomasse_vorhaben_endbericht.pdf

253 Vgl. Heinrich, E.; Dinjus E.; Meier, D.: Hochwertige Biomassenutzung durch Flugstrom-Druckvergasung von Pyrolyseprodukten, 2002, S. 2.

254 Vgl. Baitz, M. et al.: Vergleichende Ökobilanz von SunDiesel (CHOREN-Verfahren) und konventionellem Dieselkraftstoff - Kurzfassung, September 2004, http://www.choren.com/dl.php?file=LCA_-_Ökobilanz_Sundiesel.pdf

255 Informationssystem Nachwachsende Rohstoffe (INARO) (Hrsg.): Primärenergetische Energiebilanz sowie Nettoerträge und die mögliche CO2-Minderung in Mitteleuropa, zitiert aus: KTBL-Arbeitspapier 235 „Energieversorgung und Landwirtschaft", 1996, http://www.inaro.de/Deutsch/ROHSTOFF/ENERGIE/Biomasse/BIOMUMW1.HTM

256 Maier, J. et al.: Anbau von Energiepflanzen - Ganzpflanzengewinnung mit verschiedenen Beerntungsmethoden (ein- und mehrjährige Pflanzenarten); Schwachholzverwertung, 1998, S. 23, http://www.inaro.de/download/AB_energiepfloA.pdf

257 Scholz, V. et al.: Energy Balance of Solid Biofuels, S. 3–4, http://www.atb-potsdam.de/hauptseite-deutsch/Institut/Abteilungen/Abt2/Mitarbeiter/jhellebrand/jhellebrand/Publikat/SGGW.pdf

258 Maier, J. et al.: Anbau von Energiepflanzen - Ganzpflanzengewinnung mit verschiedenen Beerntungsmethoden (ein- und mehrjährige Pflanzenarten); Schwachholzverwertung, 1998, S. 23, http://www.inaro.de/download/AB_energiepfloA.pdf

259 Vgl. Baitz, M. et al.: Vergleichende Ökobilanz von SunDiesel (CHOREN-Verfahren) und konventionellem Dieselkraftstoff - Kurzfassung, September 2004, http://www.choren.com/dl.php?file=LCA_-_Ökobilanz_Sundiesel.pdf

260 Fachagentur Nachwachsende Rohstoffe e. V. (Hrsg.): Dieselverbrauch von LKW bezogen auf Gesamtmasse und Fahrstrecke.

Quellenangaben

261 Fachagentur Nachwachsende Rohstoffe e. V. (FNR) (Hrsg.): Daten und Fakten zu BtL-Kraftstoffen, 2005, http://www.fnr-server.de/cms35/fileadmin/fnr/images/aktuelles/medien/BTL/BtL_Daten_Fakten.pdf

262 Vgl. Baitz, M. et al.: Vergleichende Ökobilanz von SunDiesel (CHOREN-Verfahren) und konventionellem Dieselkraftstoff - Kurzfassung, September 2004, http://www.choren.com/dl.php?file=LCA_-_Ökobilanz_Sundiesel.pdf

263 Leible, L. et al.: Kraftstoff, Wärme oder Strom aus Stroh und Waldrestholz – ein systemanalytischer Vergleich, , in: Biogene Kraftstoffe – Kraftstoffe der Zukunft?, (Sonderdruck des Themenschwerpunkts Heft Nr. 1, 15. Jahrgang (April 2006) der Zeitschrift „Technikfolgenabschätzung – Theorie und Praxis"), S. 66, http://www.itas.fzk.de/tatup/061/leua06b.pdf

264 Ree, R. et all.: Market competitive Fischer-Tropsch diesel production - Techno-economic and environmental analysis of a thermo-chemical Biorefinery process for large scale Biosyngas-derived FT-diesel production, Presentation: 1st International Biorefinery Workshop, Washington, 20-21 July 2005, S. 16, http://www.biorefineryworkshop.com/presentations/Ree.pdf

265 Deutsche Energie Agentur GmbH (Hrsg.): dena-Studie Biomass to Liquid (BTL): Deutschland auf dem Weg ins Zeitalter der Biokraftstoffe, Pressemitteilung vom 4. Oktober 2005, http://www.presseportal.de/story.htx?nr=732309&firmaid=43338

266 Dieter, M; Englert, H. / Bundesforschungsanstalt für Forst- und Holzwirtschaft Hamburg: Abschätzung des Rohholzpotentials für die energetische Nutzung in der Bundesrepublik Deutschland, 2001, S. 25, http://www.bfafh.de/bibl/pdf/iii_01_11.pdf

267 Seyfried, F.: Biokraftstoffe aus Sicht der Automobilindustrie, in: Biogene Kraftstoffe – Kraftstoffe der Zukunft?, (Sonderdruck des Themenschwerpunkts Heft Nr. 1, 15. Jahrgang (April 2006) der Zeitschrift „Technikfolgenabschätzung – Theorie und Praxis"), Seite 18.

268 AG-Energiebilanzen (Hrsg.): Endenergieverbrauch des Verkehrs in Deutschland, 2004, http://www.ag-energiebilanzen.de/daten/eev_verkehr.pdf

269 International Energy Agency (IEA) (Hrsg.): Key World Energy Statistics, 2005, Seite 33, http://www.iea.org/dbtw-wpd/Textbase/nppdf/free/2005/key2005.pdf

270 International Energy Agency (IEA) (Hrsg.): Prospects for CO2 Capture and Storage – Executive Summary, 2004, http://www.iea.org/Textbase/publications/free_new_Desc.asp?PUBS_ID=1466

271 International Energy Agency (IEA) (Hrsg.): Key World Energy Statistics, 2005, S. 33, http://www.iea.org/dbtw-wpd/Textbase/nppdf/free/2005/key2005.pdf

272 EU-Komission (Hrsg.): Energie: Jährliche Statistiken – Daten 2002, Edition 2004, S. 11.

273 Stockholm International Peace Research Institute (Hrsg.): SIPRI Yearbook 2006: Armaments, Disarmment and International Security – Chapter Summaries; S. 15, http://yearbook2006.sipri.org/sipri-yb06-summaries.pdf

Literatur- und Quellenverzeichnis

AG-Energiebilanzen (Hrsg.): Endenergieverbrauch des Verkehrs in Deutschland, 2004, http://www.ag-energiebilanzen.de/daten/inhalt1.php

AG-Energiebilanzen (Hrsg.): Primärenergieverbrauch in Deutschland nach Energieträgern, http://www.ag-energiebilanzen.de/daten/inhalt1.php

Agriculture and Agri-Food Canada (Hrsg.): An Economic Analysis of a Major Bio-fuel Program undertaken by OECD Countries, Ottawa 2002.

Alcosuisse (Hrsg.): Marktsituation und Perspektiven für die Biotreibstoffe: World Biofuels 2002 – Sevilla 23.–24. April 2002.

Allied Biodiesel Industries (UK) (Hrsg.): What is Biodiesel?, http://www.biofuels.fsnet.co.uk/basics.htm

Arcate, J.: Global Markets and Technologies for Torrefied Wood, in: WOOD ENERGY N°6, July 2002, Seite 26-28, http://www.techtp.com/recent%20papers/Wood%20Energy%20Article%20about%20TW.pdf

Baitz, M. et al.: Vergleichende Ökobilanz von SunDiesel (CHOREN-Verfahren) und konventionellem Dieselkraftstoff - Kurzfassung, September 2004, http://www.choren.com/dl.php?file=LCA_-_Ökobilanz_Sundiesel.pdf

BB & T Capital Markets / Onvista: GOLDINVEST-Kolumne: Nach China zeigt jetzt auch Japan Interesse an Kanadas Ölsanden, http://rohstoffe.onvista.de/news/kolumne.html?ID_NEWS=19498564

Bensmann, M.: Den Königsweg finden, in: neue energie, Ausgabe Mai 2006.

Berg, C.: World Ethanol Production 2001, http://www.distill.com/world_ethanol_production.html

Berg, C.: World Fuel Ethanol Analysis and Outlook, April 2004, http://www.distill.com/World-Fuel-Ethanol-A&O-2004.html

Biomasse Info-Zentrum (BIZ) (Hrsg.): Biogas – Wirtschaftlichkeit – Allgemeine Vergleichszahlen.

Biomasse Info-Zentrum (BIZ) (Hrsg.): Technik der Biogaserzeugung.

Biomasse Info-Zentrum (BIZ) (Hrsg.): Was ist Biogas?

Biomasse Info-Zentrum (BIZ) (Hrsg.):Biogas Potenziale.

BMVEL (Hrsg.): Ernte 2005: Mengen und Preise, 31.08.2005, http://www.bv-agrar.de/bvagrar/agrarwelt/daten/ernte_2005_31082005.pdf

Bockey, D. (Union zur Förderung von Oel- und Proteinpflanzen e. V.): Die Produktion von Biodiesel, Stand- und Entwicklungspotenzial –Eine internationale Bestandsaufnahme, http://www.ufop.de/downloads/Bioproduktion_2002.pdf

Bockey, D. (Union zur Förderung von Oel- und Proteinpflanzen e. V.) Hrsg.: Biodiesel und pflanzliche Öle als Kraftstoffe – aus der Nische in den Kraftstoffmarkt, Stand und Entwicklungsperspektiven, 2006, http://www.ufop.de/downloads/Biodieselb_dt_230206.pdf

British Petroleum (BP) (Hrsg.): Frequently Asked Questions, 2000, http://www.bp.com/faqs/faqs_answer.asp?id=127

British Petroleum (Hrsg.): Products and the Environment, http://bp.com/environ_social/environment/impact_prod.inc?bpcomprintversion=true

Brown, S. / Fortune (Hrsg.): Biorefinery Breaktrough, 13.02.2006, http://www.iogen.ca/news_events/iogen_news/2006_02_13_Biorefinery_Breakthrough.pdf

Buderus Heiztechnik AG: Buderus Gas-Brennwertk.Logano plus SB615 240 kW, Gas-Gebläsebr.,Erdg. E/LL-50mbar, http://www.heiztechnik.buderus.de

Bugge, J. / Folkecenter for Renewable Energy: Rape Seed Oil for Transport – Energy Balance and CO_2-Balance, 2000, http://folkecenter.dk/plant-oil/publications/energy_co2_balance.htm

Bundesregierung (Hrsg.): Eckpunktepapier für ein Gesetz zur Einführung einer Quotenlösung bei Biokraftstoffen, 27. April 2006, http://www.bundesfinanzministerium.de/lang_de/DE/Aktuelles/Pressemitteilungen/2006/05/20060205__PM0056__1,templateId=raw,property=publicationFile.pdf

Bundesregierung Österreich (Hrsg.): Bundesgesetzblatt der Republik Österreich – Änderung der Kraftstoffverordnung 1999, Veröffentlicht am 04.11.2004, http://www.umweltbundesamt.at/fileadmin/site/umweltthemen/verkehr/4_kraftstoffe/BGBL_II_417-04_Kraftstoffverordnung.pdf

Bundesregierung Österreich (Hrsg.): Mineralölsteuergesetz, http://www.jusline.at

BV. d. Dt. Gas- u. Wasserwirtschaft BGW (Hrsg.): Selbstverpflichtung der Erdgaswirtschaft – Bioenergie für Erdgasfahrzeuge, Pressemitteilung vom 09.05.2006, http://www.erdgasfahrzeuge.de/appFrameset.html

Bundesverband Erneuerbare Energie e. V. (Hrsg.): Zukunftsperspektiven für Wärme und Treibstoff aus Biogas.

Bünger, U; Schindler, J; Altmann, M, Kraftstoffalternativen für Brennstoffzellenfahrzeuge, Euroforum Fachkonferenz, 21/22.01.2000, http://www.hydrogen.org/Wissen/pdf/EUROFORUM.pdf

C&T Brasil (Ministério da Ciência e Tecnologia) (Hrsg.): Net Emissions for the Sugar Cane to Ethanol Cycle, http://ftp.mct.gov.br/Clima/ingles/comunic_old/coperal2.htm

Campbell, C.: Die Erschöpfung der Welterdölreserven, Vortrag 2000, http://www.geologie.tu-clausthal.de/Campbell/vortrag.html

Carbon Future der EEX, http://www.eex.de/index.php

CDU, CSU, SPD (Hrsg.): Koalitionsvertrag, 11.11.2005, http://www.cducsu.de/upload/2C2581D5821FD61A7A4DEA71E3C644CA11376-by1b0oli.pdf

CHOREN Industries GmbH (Hrsg.): Shell und CHOREN: Umfangreiche Zusammenarbeit zu SunFuel vereinbart, Pressemitteilung: 17.08 2005, http://www.choren.com/de/choren_industries/informationen_presse/pressemitteilungen/?nid=57

Das Parlament (Hrsg.): Bundestag befreit Biokraftstoffe von der Mineralölsteuer, 24(2002)14.06.

Dean, S.: Strategische Energiepolitik der USA, http://www.ifdt.de/0204/Artikel/dean.htm

Deutsche Bundesregierung (Hrsg.): Mineralölsteuergesetz,
http://bundesrecht.juris.de/bundesrecht/min_stg_1993/gesamt.pdf

Deutsche Bundesregierung (Hrsg.): Zweites Gesetz zur Änderung des Mineralölsteuergesetzes, 2002, http://www.hans-josef-fell.de/download/energie/biogene/bkg.pdf

Deutsche Shell GmbH (Hrsg.): Fakten & Argumente – Aktuelle Themen aus der Mineralöl und Energiewirtschaft, November 2001.

Dieter, M; Englert, H. / Bundsforschungsanstalt für Forst- und Holzwirtschaft Hamburg: Abschätzung des Rohholzpotentials für die energetische Nutzung in der Bundesrepublik Deutschland, 2001, http://www.bfafh.de/bibl/pdf/iii_01_11.pdf

Edelmann, W.: Biogaserzeugung und –nutzung, in: Kaltschmitt, M.; Hartmann H. (Hrsg.): Energie aus Biomasse – Grundlagen, Techniken und Verfahren, Spinger-Verlag Berlin et al. 2001.

Environment News Service (Hrsg.): One in Five ExxonMobil Shareholders Want Climate Action, 28.05.2003.

EU-Komission (Hrsg.): Energie: Jährliche Statistiken – Daten 2002, Edition 2004.

EU-Kommission (Hrsg.): Eine EU-Strategie für Biokraftstoffe (KOM(2006) 34 endgültig), 08.02.2006,
http://europa.eu.int/comm/agriculture/biomass/biofuel/com2006_34_de.pdf

Europäische Kommission (Hrsg.): Grünbuch - Die Sicherheit der Energieversorgung der Union, Technischer Hintergrund,
http://www.vpe.ch/pdf/Gruenbuch_Sicherheit_Energie.pdf

Europäische Kommission (Hrsg.): Grünbuch - Hin zu einer europäischen Strategie für Energieversorgungssicherheit, (Amt für amtliche Veröffentlichungen der Europäischen Gemeinschaften) Luxemburg 2001, http://europa.eu.int/eur-lex/de/com/gpr/2000/act769de01/com2000_0769de01-01.pdf

Europäische Kommission (Hrsg.): Vorschlag für eine Richtlinie des Europäischen Parlaments und des Rates zur Förderung der Verwendung von Biokraftstoffen" und „Vorschlag für eine Richtlinie des Rates zur Änderung der Richtlinie 92/81/EWG bezüglich der Möglichkeit, auf bestimmte Biokraftstoffe und Biokraftstoffe enthaltende Mineralöle einen ermäßigten Verbrauchsteuersatz anzuwenden (Kom(2001) 547), Brüssel, 7.11.2001,
http://europa.eu.int/eur-lex/de/com/pdf/2001/de_501PC0547_01.pdf

Europäische Union (Hrsg.): Richtlinie 2003/30/EG des Europäischen Parlaments und des Rates vom 8. Mai 2003 zur Förderung der Verwendung von Biokraftstoffen oder anderen erneuerbaren Kraftstoffen im Verkehrssektor, in: Amtsblatt der Europäischen Union 17.05.2003, http://www.nova-institut.de/news-images/20030526-01/EU-Amtsblatt-Biokraftstoffe.pdf

ExxonMobil (Hrsg): Tomorrows Energy - a Perspective on Energy Trends, Greenhouse Gas Emissions and Future Energy Options, Februar 2006,
http://exxonmobil.com/Corporate/Files/Corporate/tomorrows_energy.pdf

ExxonMobil (Hrsg.): Contribution to the Debate on the Green Paper - Towards a European Strategy for the Security of Energy Supply.

ExxonMobil (Hrsg.): Exxon Mobil Contribution to the Debate on the Green Paper - Towards a European Strategy for the Security of Energy Supply.

ExxonMobil (Hrsg.): Oeldorado 2002,
http://www.esso.de/ueber_uns/info_service/publikationen/downloads/files/o eldorado2002.pdf

ExxonMobil (Hrsg.): UK Energy Policy: Key Issues for Consultation – ExxonMobil Response, 11.2002.

ExxonMobil Central Europe Holding GmbH (Hrsg.): Oeldorado 2005,
http://www.esso.de/ueber_uns/info_service/publikationen/downloads/files/o eldorado2005.pdf.

Fachagentur Nachwachsende Rohstoffe e. V. (FNR) (Hrsg.): Daten und Fakten zu BtL-Kraftstoffen, 2005, http://www.fnr-server.de/cms35/fileadmin/fnr/images/aktuelles/medien/BTL/BtL_Daten_Fakten.pdf

Fachagentur Nachwachsende Rohstoffe e. V. (Hrsg.): Dieselverbrauch von LKW bezogen auf Gesamtmasse und Fahrstrecke.

Fachverband Biogas e. V. (Hrsg.): Der Grüne Teil des fossilen Gasrechts – unverzichtbar und erneuerbar, 2001.

Fachverband Biogas e. V. (Hrsg.): Biogas in Deutschland 2005,
http://www.biogas.org/datenbank/file/notmember/presse/Pressegespr_Hintergrunddaten1.pdf

Fischermann, T.: Imperium oeconomicum, in: Die Zeit, 14(2003)27.03, Seite 23.

FNR e. V. (Hrsg.): BMELV/FNR fördert an den Standorten Freiberg und Karlsruhe zwei Anlagen mit verschiedenen Herstellungskonzepten, http://www.fnr-server.de/cms35/fileadmin/fnr/images/aktuelles/medien/BTL/BtL_Freiberg_und_Karlsruhe.pdf

Ford Motor Company (Hrsg.): Ethanol Vehicles,
http://ford.com/en/vehicles/specialtyVehicles/environmental/ethanol.htm

Forschungszentrum Karlsruhe (Hrsg.): Mit bioliq® zukunftsfähige Mobilität in China, Pressemitteilung vom 23.05.2006, http://idw.tu-clausthal.de/pages/de/news?print=1&id=160850

Frantzis, L. (Navigant Consulting): Global Power Markets – Why Should the U.S. Care.

Fritsche, U.; et al.: Stoffstromanalyse zur nachhaltigen energetischen Nutzung von Biomasse, Mai 2004,
http://www.bmu.de/files/pdfs/allgemein/application/pdf/biomasse_vorhaben_endbericht.pdf

Gärtner, S.; Reinhard, G.: Ökologischer Vergleich von Rapsöl und RME (Kurzfassung des Gutachtens), Heidelberg, Okt. 2001.

Gärtner, S.; Reinhardt, G.: Erweiterung der Ökobilanz für RME, Mai 2003,
http://www.ufop.de/downloads/IFEU_Gutachten.pdf

General Motors (Hrsg.): Vision and Strategy – Sustainability in GM's Business,
http://gm.com/company/gmability/sustainability/reports/01/sustainability_and_gm/vision_strategy/key_issues.html

Gesellschaft für Technische Zusammenarbeit (GTZ) (Hrsg.): Liquid Biofuels for Transportation in Brazil, November 2005,
http://www.gtz.de/de/dokumente/en-biofuels-for-transportation-in-brazil-2005.pdf

Gesellschaft für technische Zusammenarbeit (GTZ) (Hrsg.): Kraftstoffe aus nachwachsenden Rohstoffen – Globale Potenziale und Implikationen für eine nachhaltige Landwirtschaft und Energieversorgung im 21. Jahrhundert, Konferenzhandreichung, Mai 2006, http://www.gtz.de/de/dokumente/de-Konferenz_Handout-2006.pdf

GM (Hrsg.): Reinventing the Automobile with Fuel Cell Technology, http://www.gm.com/company/gmability/adv_tech/400_fcv/index.html?query=fuel+cell

Graß, R.; Scheffer, K.: Gülle als Konjunkturmotor, in: die tageszeitung (taz), 02.09.2000, S. 18.

Grassi, G.: Bioethanol – Industrial World Perspectives, in: Renewable Energy World, Mai/Juni 2000, http://www.jxj.com/magsandj/rew/2000_03/bioethanol.html

Hartmann, H.: Ökonomische Analyse, in: Hartmann, H.; Kaltschmitt, M (Hrsg.): Biomasse als erneuerbarer Energieträger, Schriftenreihe „Nachwachsende Rohstoffe" Band 3, 2. Auflage, Landwirtschaftsverlag Münster 2002.

Hartmann, H.: Techniken und Verfahren, in: Hartmann, H.; Kaltschmitt, M (Hrsg.): Biomasse als erneuerbarer Energieträger, Schriftenreihe „Nachwachsende Rohstoffe" Band 3, 2. Auflage, Landwirtschaftsverlag Münster 2002.

Heinrich, E.; Dinjus E.; Meier, D.: Hochwertige Biomassenutzung durch Flugstrom-Druckvergasung von Pyrolyseprodukten, 2002.

Henrich, E.; et al.: Biomassenutzung durch Flugstrom-Druckvergasung von Pyrolyseprodukten; FVS Fachtagung 2003, http://www.fv-sonnenenergie.de/publikationen/07_c_biomasse_01.pdf

Hofbauer, H.; Kaltschmitt, M.: Thermochemische Umwandlung, in: Kaltschmitt, M.; Hartmann H. (Hrsg.): Energie aus Biomasse – Grundlagen, Techniken und Verfahren, Spinger-Verlag Berlin et al. 2001.

Informationssystem Nachwachsende Rohstoffe (INARO) (Hrsg.): Primärenergetische Energiebilanz sowie Nettoerträge und die mögliche CO_2-Minderung in Mitteleuropa, zitiert aus: KTBL-Arbeitspapier 235 „Energieversorgung und Landwirtschaft",1996, http://www.inaro.de/Deutsch/ROHSTOFF/ENERGIE/Biomasse/BIOMUMW1.HTM

Institut für Wirtschaftsforschung (ifo) Hrsg.: Volkswirtschaftliche Effekte der Wertschöpfungskette „Biodiesel", 29. Mai 2006, http://www.cesifo-group.de/pls/portal/docs/PAGE/IFOCONTENT/NEUESEITEN/PR/PR-PDFS/BIODIESEL-MAI-2006.PDF

Intergovernmental Panel on Climate Change (IPCC) (Hrsg.): Klimawandel 2001: Die wissenschaftliche Basis, Zusammenfassung für politische Entscheidungsträger (übersetzt durch Greenpeace), S. 7, http://archiv.greenpeace.de/GP_DOK_3P/HINTERGR/C08HI49.PDF

International Energy Agency (IEA) (Hrsg.): Key World Energy Statistics, 2005, http://www.iea.org/dbtw-wpd/Textbase/nppdf/free/2005/key2005.pdf

International Energy Agency (IEA) (Hrsg.): Welt Energie Ausblick 2002 - Schwerpunkte.

International Energy Agency (IEA) (Hrsg.): Prospects for CO_2 Capture and Storage – Executive Summary, 2004, http://www.iea.org/Textbase/publications/free_new_Desc.asp?PUBS_ID=1466

Isenberg, G: Alternative Kraftstoffe aus der Sicht von DaimlerChrysler, in: Solarzeitalter (Eurosolar) 3/2002.

Jensen, D.: Die Zukunft liegt in der Zuckerrübe, taz vom 3.12.2005.

Keymer, U. (Bayerische Landesanatalt für Landwirtschaft): Wie rechnet sich Biogas?, Mai 2003.

Keymer, U.; Schilcher, A.: Wirtschaftlichkeit von Biogasanlagen, 2003.

Leible, L. et al.: Kraftstoff, Wärme oder Strom aus Stroh und Waldrestholz – ein systemanalytischer Vergleich, , in: Biogene Kraftstoffe – Kraftstoffe der Zukunft?, (Sonderdruck des Themenschwerpunkts Heft Nr. 1, 15. Jahrgang (April 2006) der Zeitschrift „Technikfolgenabschätzung – Theorie und Praxis"), http://www.itas.fzk.de/tatup/061/leua06b.pdf

Lorenz, D.; Morris, D.: How Much Energy Does It Take to Make a Gallon of Ethanol?, 1995, http://www.carbohydrateeconomy.org/library/admin/uploadedfiles/How_Much_Energy_Does_it_Take_to_Make_a_Gallon_.html

Luby, P.: Advanced Systems in Biomass Gasification – Commercial Reality and Outlook, 2003, http://www.ecb.sk/download/isbf2003/zbornik/05_luby.pdf

Maier, J. et al.: Anbau von Energiepflanzen - Ganzpflanzengewinnung mit verschiedenen Beerntungsmethoden (ein- und mehrjährige Pflanzenarten); Schwachholzverwertung, 1998, S.23, http://www.inaro.de/download/AB_energiepfloA.pdf

Maschinenfabrik Bernhard Krone GmbH: Firmenangaben zur Quaderballenpresse BiG Pack 1290 HDP, http://www.kroneshop.de/ldm_pros/bp2_de.pdf

Müller, W.: Rede vom 19.06.2001, Anlässlich der Mitgliederversammlung des Mineralölwirtschaftsverbandes.

NBB (Hrsg.): U.S. Biodiesel Production Capacity, http://www.biodiesel.org/pdf_files/Capacity.PDF

neue energie (Hrsg.): Nordzucker baut Ethanolanlage, Juni 2006, S. 28.

Niederberger, W.; Tages-Anzeiger: Ölpreis von 250 Dollar, 23.07.2005, http://www.tagesanzeiger.ch/dyn/news/wirtschaft/521329.html

Oukaci, R.: Fischer-Tropsch Synthesis - 2nd Annual Global GTL Summit - Overview: Energy from Sugar Cane in Brazil, http://www.carensa.net/Brazil.htm

Planet Ark (Hrsg.): Green Fuel Rules Increase Refinery Emissions, 9.11.2002, http://www.planetark.org/dailynewsstory.cfm?newsid=17660&newsdate=09-Sep-2002

PriceWaterhouseCoopers (Hrsg.): Shell Middle Distillate Synthesis (SMDS) Update of a Life Cycle Approach to Assess the Environmental Inputs and Outputs, and Associated Environmental Impacts, of Production and Use of Distillates from a Complex Refinery and SMDS Route Client: Shell International Gas Limited, 21.05.2003, http://www.shell.com/static/shellgasandpower-en/downloads/what_is_gas_to_liquids/PwC%20LCA%20Review%20May%2020031.pdf

Ree, R. et all.: Market competitive Fischer-Tropsch diesel production - Techno-economic and environmental analysis of a thermo-chemical Biorefinery process for large scale Biosyngas-derived FT-diesel production, Presentation: 1st International Biorefinery Workshop, Washington, 20-21 July 2005, http://www.biorefineryworkshop.com/presentations/Ree.pdf

Renewable Fuels Association (Hrsg.): Ethanol Industry Outlook 2003, Februar 2003.

Reuter News Service (Hrsg.): Ford, Ballard unveil hydrogen-fueled generator, 08.08.02, http://www.planetark.org/dailynewsstory.cfm?newsid=17200&newsdate=08-Aug-2002

Reuters (Hrgs.): Kuwait oil reserves only half official estimate-PIW, 20.01.2006; http://today.reuters.com/business/newsarticle.aspx?type=tnBusinessNews&storyID=nL20548125&imageid=&cap

Reuters News Service (Hrsg.): A squeaky clean future for the car?, 16.09.02, http://www.planetark.org/dailynewsstory.cfm?newsid=17770&newsdate=16-Sep-2002

Rosenkranz, G.: Energie der Zukunft, in: Der Spiegel, 23(2000)05.06.

Sasol Chevron: http://www.sasolchevron.com

Scharmer, K. (Union zur Förderung von Oel- und Proteinpflanzen e. V.): Biodiesel - Energie- und Umweltbilanz / Rapsölmethylester, 11.2001.

Scheer, H.: Solare Weltwirtschaft, 4. Auflage 2000, Kunstmann München.

Scheffer, K: Die Bedeutung einer integralen Landwirtschaft, in: Konferenzband der 5. Eurosolar-Konferenz „Der Landwirt als Energie- und Rohstoffwirt", 2003, S. 51 – 57.

Schindler, J., Zittel, W.: Weltweite Entwicklung der Energienachfrage und der Ressourcenverfügbarkeit, 2000, http://www.asic.at/Dokumente/Enquete_Ressourcen_Hearing.pdf

Schmalschläger, T.; Blase, T.; Gerstmayr, B.: Biogaseinspeisung ins Erdgasnetz – Technik, Wirtschaftlichkeit und CO_2-Einsparungen, 2002, http://www.act-energy.org/weitere_infos/veroeffentlichungen/Biogaseinspeisung_Vortrag.pdf

Schmitz, N. (Hrsg.): Bioethanol in Deutschland, Schriftenreihe „Nachwachsende Rohstoffe", Band 21, Landwirtschaftsverlag GmbH, Münster 2003, (oder: http://www.fnr-server.de/pdf/literatur/pdf_25ethanol2003.pdf).

Scholz, V. et al.: Energy Balance of Solid Biofuels, http://www.atb-potsdam.de/hauptseite-deutsch/Institut/Abteilungen/Abt2/Mitarbeiter/jhellebrand/jhellebrand/Publikat/SGGW.pdf

Schrimpff, E.: Treibstoff der Zukunft: Wasserstoff oder Pflanzenöl?, http://www.solarverein-muenchen.de/bioenergie/treibstoff_text.htm

Schrum, P. (Bundesverband Biogene Kraftstoffe e. V.): Das Bio-Methan-Potential in Deutschland und seine Bedeutung für den zukünftigen Ersatz von Erdgas, in: Eurosolar-Konferenzband „Wie wird der Landwirt zum Energiewirt?", 2003.

Schulz, H.; Eder, B.: Biogaspraxis, 2. Auflage, Ökobuch-Verlag Staufen bei Freiburg 2001.

Schulz, W.; Hille, M.; (Tentscher, W.): Untersuchung zur Aufbereitung von Biogas zur Erweiterung der Nutzungsmöglichkeiten, 2003, http://images.energieportal24.de/dateien/downloads/bioenergie/gutachten-bremen.pdf

Seyfried, F.: Biokraftstoffe aus Sicht der Automobilindustrie, in: Biogene Kraftstoffe – Kraftstoffe der Zukunft?, (Sonderdruck des Themenschwerpunkts Heft Nr. 1, 15. Jahrgang (April 2006) der Zeitschrift „Technikfolgenabschätzung – Theorie und Praxis"), Seite 18.

Shapouri, H.; Duffield, J.; Graboski, M.: Estimating the Net Energy Balance of Corn Ethanol, in: Agricultural Economic Report Number 721, Juli 1995, http://www.ethanol-gec.org/corn_eth.htm

Shapouri, H.; Duffield, J.; Wang, M.: The Energy Balance of Corn Ethanol: An Update, in: Agricultural Economic Report Number 813, Juli 2002.

Shell (Royal Dutch Petroleum Company) (Hrsg.): Annual Report and Accounts 2002.

Shell International Limited (Hrsg.): Energy Needs, Choices and Possibilities, Scenarios to 2050, 2001.

Siemens Power Generation (Hrsg.): Siemens übernimmt Kohlevergasungsgeschäft der Schweizer Sustec-Gruppe – Zukunftsweisende Lösungen für schadstoffarme Kohleverstromung, Pressemitteilung: 16.05.2006, http://www.powergeneration.siemens.com/de/press/pg200605041d/index.cfm

Specht, M; Bandi, A; Pehnt, M: Regenerative Kraftstoffe – Bereitstellung und Perspektiven, in: ForschungsVerbund Sonnenenergie Themenheft 2001.

Spiegel Online (Hrsg.): „Brennstoffzellenautos nicht vor 2015 bezahlbar" – Interview mit Ford Forschungschef, http://www.spiegel.de/auto/aktuell/0,1518217335,00.html

Spiegel Online: Opec erbost über Bushs Öl-Drohungen, 02.02.2006, http://www.spiegel.de/wirtschaft/0,1518,398668,00.html

Spiegel Online: Schweden will sich bis 2020 vom Öl befreien, 09.02.2006, http://www.spiegel.de/wissenschaft/erde/0,1518,399996,00.html

Stanley, B.: Oil Experts draw Fire for Warning, http://www.oilcrisis.com/aspo/iwood/uppsalanews.htm

Steiger, W. (Volkswagen AG): SunFuel Strategie – Basis nachhaltiger Mobilität, 2002.

Steiger, W.: Alternative Kraftstoffe aus der Sicht von Volkswagen, in: Solarzeitalter (Eurosolar), 3/2002.

Stockholm International Peace Research Institute (Hrsg.): SIPRI Yearbook 2006: Armaments, Disarm ment and International Security – Chapter Summaries; S. 15, http://yearbook2006.sipri.org/sipri-yb06-summaries.pdf

Stucki, S.; Biollaz, S.: Treibstoffe aus Biomasse, in: MTZ Motortechnische Zeitschrift, 62(2001)4, S. 310.

Tijm, P. (Rentech Inc.): Assessment of Different Feedstocks for Synthesis Gas Production and Fischer-Tropsch (F-T) Conversion, 2001.

Total (Hrsg.): Biofuels, http://216.95.210.238:8210/en/part6/chap2/content.htm

Toyota Motor Corp. (Hrsg.): Fueling the Fuel Cell,
http://www.toyota.co.jp/IRweb/corp_info/eco/advanced_hybrid09.html

Toyota Motor Corp. (Hrsg.): Hydrogen Production,
http://www.toyota.co.jp/IRweb/corp_info/eco/fchv/fchv13.html

U.S. Department of Energy (Hrsg.): Gasification – Current Industry Perspective, September 2005,
http://www.netl.doe.gov/publications/brochures/pdfs/Gasification_Brochure.pdf

Uchatius, W.: Der wichtigste Preis der Welt, in: Die Zeit, 8(2003)13.02., S.17.

UFOP (Hrsg.): UFOP Marktinformationen, Ölsaaten und Biokraftstoffe, Ausgabe Juni 2006, http://www.ufop.de/downloads/RZ_MI_06_06b.pdf

Umweltbundesamt (Hrsg.): „umwelt deutschland", Informations-CD, 2000, Berlin, zitiert in: Zukunftsfähig, Ressourcenverbrauch,
http://www.zukunftsfaehig.de/ergebnis/11ressourc.htm

Umweltbundesamt (Hrsg.): Umweltdaten Deutschland 2002,
http://www.umweltbundesamt.de/udd/udd2002.pdf

VOG (Hrsg.): Unterschiede bei der Ölgewinnung von Speiseölen,
http://www.vog.at/neuigkei.htm

Volkswagen AG (Hrsg.): Ich höre keinen Widerspruch, Interview mit Dr. Wolfgang Steiger, http://www.volkswagen-umwelt.de/_content/magazin_521.asp

Waitze, O. (Biomasse Info-Zentrum): Wirtschaftlichkeitsberechnung einer Biogasanlage mit 300 GVE und 20 ha Mais, http://www.biomasse-info.net

Weber, J.: Clean fuel from biowaste – A Swiss solution, in: Waste Management World, May-June 2002.

Widmann, B; Thunke, K.: Rapsöl als Kraftstoff, in: Tagungsband – Kraftstoffe der Zukunft, Hrsg.: Bundesinitiative BioEnergie, Bonn Dezember 2002.

Wolf, B.: Öl aus Sonne – Die Brennstoffformel der Erde, Ponte Press Verlags GmbH, Bochum, 2005.

World Fact Book 2001: World Geography,
http://workmall.com/wfb2001/world/world_geography.html

Wuppertal Institut (Hrsg.): Analyse und Bewertung der Nutzungsmöglichkeiten von Biomasse, Band 1:Gesamtergebnisse und Schlussfolgerungen, Januar 2006, http://www.bgw.de/pdf/0.1_resource_2006_1_13_3.pdf